示范院校国家级重点建设专业

■ 建筑工程技术专业课程改革系列教材

——学习领域十三

建筑设备工程施工与组织

主 编 王 锋

中国水利水电出版社
www.waterpub.com.cn

内 容 提 要

    本教材为示范院校国家级重点建设专业——建筑工程技术专业课程改革系列教材之一。本书包括建筑给排水系统施工与组织、建筑采暖系统施工与组织、通风与空调系统施工与组织、建筑电气系统施工与组织、建筑小区管网系统施工与组织 5 个学习情境。本书在教材内容上以工作过程为导向，将建筑设备所涉及的内容通过典型的学习情境体现，以工作任务引领知识、技能和态度，让学生在完成工作任务的过程中学习相关的知识。

    本书可作为高职高专建筑工程、工程造价、建筑设备及相关专业的教材使用，也可作为广大从事建筑设备的安装、维护、管理的操作工人、技术人员、管理人员等的学习和参考用书。

图书在版编目（CIP）数据

    建筑设备工程施工与组织/王锋主编.—北京：中国水利水电出版社，2009（2021.6 重印）

    （示范院校国家级重点建设专业、建筑工程技术专业课程改革系列教材.学习领域十三）

    ISBN 978 - 7 - 5084 - 6722 - 1

    Ⅰ.建… Ⅱ.王… Ⅲ.房屋建筑设备-工程施工-高等学校-教材 Ⅳ.TU8

    中国版本图书馆 CIP 数据核字（2009）第 134618 号

书　　名	示 范 院 校 国 家 级 重 点 建 设 专 业 建筑工程技术专业课程改革系列教材——学习领域十三 **建筑设备工程施工与组织**
作　　者	主编 王 锋
出版发行	中国水利水电出版社 （北京市海淀区玉渊潭南路 1 号 D 座　100038） 网址：www.waterpub.com.cn E - mail：sales@waterpub.com.cn 电话：(010) 68367658（营销中心）
经　　售	北京科水图书销售中心（零售） 电话：(010) 88383994、63202643、68545874 全国各地新华书店和相关出版物销售网点
排　　版	中国水利水电出版社微机排版中心
印　　刷	清淞永业（天津）印刷有限公司
规　　格	184mm×260mm　16 开本　16.75 印张　397 千字
版　　次	2009 年 8 月第 1 版　2021 年 6 月第 6 次印刷
印　　数	10301—14300 册
定　　价	**52.00 元**

《建筑设备工程施工与组织》是非设备专业的一门职业技术课程，本课程的基本任务是使学生掌握建筑给排水与采暖工程、通风与空调工程、建筑电气系统的组成、常用设备及工作原理，掌握一般建筑设备工程施工图的识读方法、施工工艺和质量验收标准，了解建筑设备工程施工对非设备专业的土建工种的协调配合要求。

本教材是以某综合楼全套安装工程施工图为载体，全面介绍建筑设备所涉及给排水系统、采暖系统、电气系统、通风空调系统、小区管道系统的组成、原理、施工图识读及施工过程。

在教材内容上以工作过程为导向，将建筑设备所涉及的内容通过典型的学习情境体现，以工作任务引领知识、技能和态度，让学生在完成工作任务的过程中学习相关的知识；将知识目标、能力目标、素质目标培养三者有机结合，学生在完成学习型工作任务的过程之中自主地获得知识，习得技能，建构属于自己的知识体系，将有利于真正培养学生的职业能力。

本教材由杨凌职业技术学院王锋主编，由黄河水利职业技术学院王付全教授主审。本书共分五个学习情境。其中，杨凌职业技术学院王锋编写学习情境1、学习情境2，中建一局集团建设发展有限公司缪亮俊、西安航空技术高等专科学校张瑞杰编写学习情境3，陕西省建设厅造价办赵启哲、杨凌职业技术学院王兵利编写学习情境4，陕西建工集团设备安装工程有限公司杨殿华、杨凌职业技术学院王杨睿编写学习情境5。

由于编者水平有限，书中难免有不足之处，恳请读者批评指正。

编者

2009 年 1 月

课 程 描 述 表

学习领域十三：建筑设备工程施工与组织　　第二学年	基本学时：120 学时
其中：理论 60 学时、校内实训 30 学时、企业实训 30 学时	

学习目标

- 能够选用室内给水与排水的材料、设备，并分析系统组成与工作原理；
- 能够选用室内强电与弱电系统的材料、设备，并分析系统组成与工作原理；
- 能够分析室内采暖、通风、空调系统的系统组成与工作原理；
- 能够利用计算机辅助绘图设计布置建筑设备系统；
- 能够识读给排水、采暖、通风空调、建筑电气等建筑设备工程施工图；
- 具有确定建筑设备工程的施工方案、进行施工组织设计的能力；
- 能确定放线方案、进行施工放线的能力；
- 具有施工企业管理的初步能力；
- 具有对建筑设备工程系统进行质量检测的能力；
- 能够选择并使用相关工具进行设备系统安装；
- 能够对建筑设备工程施工进行指导、质量监督及验收；
- 能够解决建筑施工、管理及监理工作中与建筑设备工程施工协调配合的常见问题；
- 能够编制项目安全、环境计划及安全作业交底

内容

- 流体力学与传热学；
- 给水与排水系统；
- 电工与电子基本知识；
- 强电与弱电系统；
- 采暖与通风空调系统；
- 系统构造与施工图识读；
- 施工准备工作与支吊架安装；
- 系统安装定位与放线；
- 安装工程工程量计算；
- 设备系统施工方案、施工组织及进度计划；
- 安装工程施工方法和工艺要求；
- 建筑设备工程质量检验与评定；
- 安全生产、文明施工、环境保护

方法

- 讲授；
- 参观；
- 分组讨论；
- 设计项目；
- 实训项目；
- 小组工作；
- 项目教学；
- 企业实训；
- 案例教学；
- 项目教学；
- 任务驱动教学

媒体

- 建筑设备施工图；
- 施工方案工作页；
- 录像、多媒体；
- 质检表格页

学生需要的技能

- 施工方案及进度计划编制；
- 质量验收；
- 工作保护；
- 材料消耗量计算；
- 建筑构造；
- 建筑识图；
- 测量放线

教师需要的技能

- 具有教师资格的学士/硕士；
- 工程实践经验；
- 建筑学；
- 项目管理；
- 施工规范与操作规程；
- 质量检测；
- 建筑室内设备

目录

学习情境 1　建筑给排水系统施工与组织

学习单元 1.1　建 筑 给 水 系 统 分 析

1.1.1　学习目标

通过本单元的学习，能够分析不同类型的给水系统的组成及特点；能够选用给水系统所用的管材、管件、附件和设备；能够选择给水系统方式及进行布置；能够分析消火栓灭火系统组成及工作原理；能够分析自动喷淋灭火系统组成及工作原理；能够选用消防系统所用材料及设备。

1.1.2　学习任务

本学习单元以某综合楼给水系统（附录 1）为例，对给水系统的组成、给水方式、工作原理进行分析。具体学习任务有流体性质分析与计算、给水系统常用材料选用、生活给水方式选择、室内消防系统分析。

1.1.3　任务分析

根据学习目标及任务，首先必须熟悉流体运动的规律及给水系统的任务和要求，分析给水系统组成及原理，然后选择系统所用材料及设备并进行验收，包括材料的种类、规格以及型号。最后进行给水管道布置与敷设。

建筑给水系统是将城、镇给水管网（或自备水源给水管网）中的水引入一幢建筑或一个建筑群体，供人们生活、生产和消防之用，并满足各类用水对水质、水量和水压要求的冷水供应系统。

给水系统按照其用途可分为三类基本给水系统。

1. 生活给水系统

为民用建筑和工业建筑内的饮用、盥洗、洗涤、淋浴等日常生活用水所设的给水系统称为生活给水系统，其水质必须满足国家规定的饮用水的水质标准。

2. 生产给水系统

为工业企业生产方面用水所设的给水系统称为生产给水系统，如冷却用水、锅炉用水等。生产给水系统的水质、水压因生产工艺的不同而异。

3. 消防给水系统

为建筑物扑灭火灾用水而设置的给水系统称为消防给水系统。消防给水系统对水质的要求不高，但必须根据建筑设计防火规范要求，要保证足够的水量和水压。

上述三类基本给水系统可以独立设置，也可根据各类用水对水质、水量、水压、水温的不同要求，结合室外给水系统的实际情况，经技术经济比较，或兼顾社会、经济、技术、环境等因素的综合考虑，设置成组合各异的共用系统。如生活、生产共用给水系统，生活、消防生产共用给水系统等。

1.1.4　任务实施

建筑内部给水系统如图 1.1.1 所示，一般由以下各部分组成：

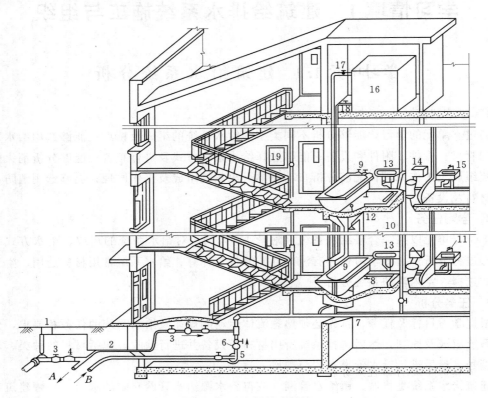

图 1.1.1　生活给水系统

1—阀门井；2—引入管；3—闸阀；4—水表；5—水泵；6—止回阀；7—干管；8—支管；9—浴盆；
10—立管；11—水龙头；12—淋浴器；13—洗脸盆；14—大便器；15—洗涤盆；16—水箱；
17—进水管；18—出水管；19—消火栓
A—进入贮水池；B—来自贮水池

（1）水源。是指城镇给水管网、室外给水管网或自备水源。

（2）引入管。引入管又称进户管，是市政给水管网和建筑内部给水管网之间的连接管道。其作用是从市政给水管网引水至建筑内部给水管网。对一幢单独建筑物而言，引入管是穿越建筑物承重墙或基础，自室外给水管网将水引入室内给水管网的管段，也称进户管。对于一个工厂、一个建筑群体、一个学校，引入管是指总进水管。

（3）水表节点。水表节点是指引入管上装设的水表及其前后设置的阀门及泄水装置等的总称。如图 1.1.2 所示。此处水表用以计量该幢建筑的总用水量。水表前后的阀门用以水表检修、拆换时关闭管路之用。

水表及前后的附件一般设在水表井中，温暖地区的水表井一般设在室外，寒冷地区为避免水表冻裂，可将水表设在采暖房间内。

（4）给水管网。给水管网指建筑内给水水平干管、立管和横支管等。

（5）配水装置和附件。在管道系统中调节水量、水压，控制水流方向以及关断水流等

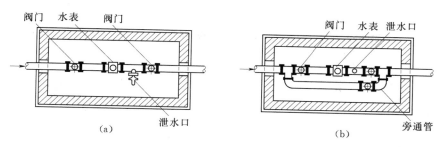

图 1.1.2　水表节点
(a) 水表节点；(b) 有旁通管的水表节点

作用，即配水龙头、消火栓、喷头与各类阀门（控制阀、减压阀、止回阀等）。

（6）增压、贮水设备。当室外给水管网的水压、水量不能满足建筑给水要求或要求供水压力稳定、确保供水安全可靠时，应根据需要在给水系统中设置水泵、气压给水设备和水池、水箱等增压、贮水设备。

（7）给水局部处理设施。当有些建筑对给水水质要求很高，超出生活饮用水卫生标准或其他原因造成水质不能满足要求时，就需设置一些设备、构筑物进行给水深度处理。

1.1.4.1　流体性质分析与计算

在建筑给排水、采暖、通风工程中，所用的工作介质都是流体。因此，首先必须了解流体的性质并掌握流体运动的规律。

1.1.4.1.1　流体的性质分析

1. 流体的主要力学性质分析

流体的流动性是流体的最基本的特性，流动性是指流体不能承受切向力，如果有切向力存在，即使切向力很微小，流体也会发生变形。流体的流动主要是由其力学性质决定的，流体的主要力学性质有：

（1）质量密度和重量密度。单位体积流体的质量称为流体的密度，即

$$\rho = m/V \tag{1.1.1}$$

流体单位体积内所具有的重量称为重度或容重，以 γ 表示。

$$\gamma = G/V \tag{1.1.2}$$

质量密度与重量密度的关系为

$$\gamma = G/V = mg/V = \rho g \tag{1.1.3}$$

（2）流体的黏性。表明流体流动时产生内摩擦力阻碍流体质点或流层间相对运动的特性称为黏性，内摩擦力称为黏滞力。

黏性是流动性的反面，流体的黏性越大，其流动性越小。

平板间液体速度变化如图 1.1.3 所示。实际流体在管内的速度分布如图 1.1.4 所示。

实验证明，对于一定的流体，内摩擦力 F 与两流体层的速度差 $\mathrm{d}u$ 成正比，与两层之间的垂直距离 $\mathrm{d}y$ 成反比，与两层间的接触面积 A 成正比，即

$$F = \mu A \, \mathrm{d}u/\mathrm{d}y \tag{1.1.4}$$

在通常情况下，单位面积上的内摩擦力称为剪应力，以 τ 表示，单位为 Pa，则式

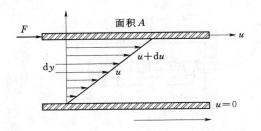

图 1.1.3　平板间液体速度变化

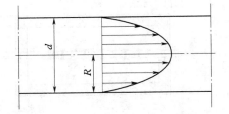

图 1.1.4　实际流体在管内的速度分布

（1.1.4）变为

$$\tau = \mu \mathrm{d}u/\mathrm{d}y \qquad\qquad (1.1.5)$$

式（1.1.4）、式（1.1.5）称为牛顿黏性定律，表明流体层间的内摩擦力或剪应力与法向速度梯度成正比。

（3）流体的压强。垂直作用于流体单位面积上的压力称为流体的压强，以 p 表示。单位 Pa，俗称压力，表示静压力强度。

以绝对真空为基准测得的压力称为绝对压力，它是流体的真实压力；以大气压为基准测得的压力称为表压或真空度、相对压力，它是在把大气压强视为零压强的基础上得出来的，如图 1.1.5 所示。

三种压力之间的关系为

表压强 ＝ 绝对压强 － 大气压强（压力表度量）

真空度 ＝ 大气压强 － 绝对压强（真空表度量）

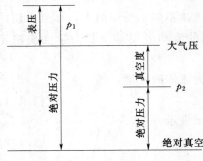

图 1.1.5　绝对压力、表压
与真空度的关系

（4）压缩性和膨胀性。流体受压、体积缩小、密度增大的性质，称作流体的压缩性；流体受热、体积膨胀、密度减小的性质，称作流体的热胀性。

在实际工程中，首先把流体视作连续介质，即在所研究空间内，流体是质点间无空隙的连续体；其次，在一些问题中的研究中，流体可以看作无黏性流体，即忽略流体的黏滞性影响；再次，把流体看作不可压缩流体，流体的压缩性很小，可以忽略而对气体来讲，在气体流速不超过音速的情况下，其压缩性对流体的宏观运动影响很小，因此也视为不可压缩流体。

2. 流体运动的基本概念分析

（1）流线和迹线。流线是指同一时刻不同质点所组成的运动的方向线。迹线是指同一个流体质点在连续时间内在空间运动中所形成的轨迹线。流线是为了形象化的描述流体的运动而引入的概念。在实际工程中，通常关注的是流体在某一固定断面或固定空间的运动状况，而不关心其来龙去脉，因此主要研究流线。流线可以反映流体流动的一些性质，如图 1.1.6 所示。某点的流速方向就是流线在改点的切线方向；流线的疏密可以反映流速的大小，流线越疏，流速越小，流线越密，流速越大；流线不能相交，也不能是折线，只能是一条光滑的曲线或直线。

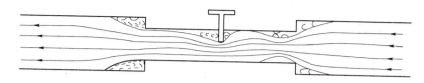

图 1.1.6　流线

（2）过流断面。在流体中取一封闭垂直于流向的平面，在其中划出极微小面积，则其微小面积的周边上各点都和流线正交，该横断面称为过流断面。

（3）流量。流体流动时，单位时间内通过过流断面的流体体积称为流体的体积流量，一般用 Q 表示，单位为 L/s（或 m^3/s）。单位时间内流经管道任意截面的流体质量，称为质量流量，以 m_s 表示，单位为 kg/s 或 kg/h。

体积流量与质量流量的关系为

$$m_s = \rho Q \tag{1.1.6}$$

体积流量、过流断面面积 A 与流速 v 之间的关系为

$$Q = Av \tag{1.1.7}$$

3. 流体运动的类别分析

流体运动的分类依据和运动特点见表 1.1.1。

表 1.1.1　　　　　　　　　　　**流 体 运 动 的 分 类**

分类依据	名称	运 动 特 点
根据流动要素与流动时间来进行分类	恒定流	流场内任一点的流速与压强不随时间变化，而仅与所处位置有关
	非恒定流	运动流体各质点的流动要素随时间而改变
根据流体流速的变化来进行分类	均匀流	在给定的某一时刻，各点速度都不随位置变化而变化
	非均匀流	流体中相应点流速不相等
按液流运动接触的壁面情况分类	压力流	流体过流断面的周界为壁面包围，没有自由面者称为有压流或压力流。一般供水、供热管道均为压力流。压力流有 3 个特点：流体温表充满整个管道；不能开成自由表面；流体对管壁有一定的压力
	无压流	流体过流断面的壁和底均为壁面包围，但有自由液面者称为无压流或重力流，如河流、明渠排水管网系统等
	射流	流体经由孔口或管嘴喷射到某一空间，由于运动的流体脱离了原来的限制它的固体边界，在充满流体的空间继续流动的这种流动运动称为射流，如喷泉、消火栓等喷射的水柱

1.1.4.1.2　流体计算

1. 流速计算——恒定流连续性方程分析（质量守恒定律）

恒定流系统如图 1.1.7 所示，流体连续地从 1—1 截面进入，再从 2—2 截面流出，且充满全部管道。以 1—1、2—2 截面以及管内壁为衡算范围，在管路中流体没有增加和漏失的情况下，单位时间进入截面 1—1 的流体质量与单位时间流出截面 2—2 的流体质量必然相等，即

$$m_{s1} = m_{s2} \tag{1.1.8}$$

或
$$\rho_1 v_1 A_1 = \rho_2 v_2 A_2 \qquad (1.1.9)$$

推广至任意截面，有
$$m_s = \rho_1 v_1 A_1 = \rho_2 v_2 A_2 = \cdots = \rho v A = 常数$$
$$(1.1.10)$$

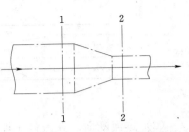

图 1.1.7　连续性方程的推导

式（1.1.8）～式（1.1.10）均称为连续性方程，表明在定态流动系统中，流体流经各截面时的质量流量恒定。

对不可压缩流体，$\rho =$ 常数，连续性方程可写为
$$Q = v_1 A_1 = v_2 A_2 = \cdots = v A = 常数 \qquad (1.1.11)$$

对于圆形管道，式（1.1.11）可变形为
$$v_1 / v_2 = A_2 / A_1 = (d_2 / d_1)^2 \qquad (1.1.12)$$

【例 1.1】　如图 1.1.8 所示，管路由一段管径 89mm×4mm 的管 1、一段管径 108mm×4mm 的管 2 和两段管径 57mm×3.5mm 的分支管 3a 及 3b 连接而成。若水以 9×10^{-3} m³/s 的体积流量流动，且在两段分支管内的流量相等，试求水在各段管内的流速。

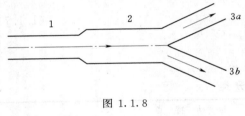

图 1.1.8

【解】　管 1 的内径为 $d_1 = 89 - 2 \times 4 = 81$mm，由式（1.1.7），则水在管 1 中的流速为
$$v_1 = \frac{4Q}{\pi d_1^2} = \frac{4 \times 9 \times 10^{-3}}{\pi \times (81 \times 10^{-3})^2} = 1.75(\text{m/s})$$

管 2 的内径为 $d_2 = 108 - 2 \times 4 = 100$(mm)，由式（1.1.7），则水在管 2 中的流速为
$$v_2 = \frac{4Q}{\pi d_2^2} = \frac{4 \times 9 \times 10^{-3}}{\pi \times (100 \times 10^{-3})^2} = 1.15(\text{m/s})$$

管 3a 及 3b 的内径为　$d_3 = 57 - 2 \times 3.5 = 50$(mm)
因水在分支管路 3a、3b 中的流量相等，则有
$$v_2 A_2 = 2 v_3 A_3$$
即水在管 3a 和 3b 中的流速为　$v_3 = 2.30(\text{m/s})$

2. 扬程计算——伯努利方程分析（能量守恒定律）

在理想流动的管段上取两个断面 1—1 和 2—2，两个断面的能量之和相等，即
$$Z_1 + \frac{P}{\gamma} + \frac{v_1^2}{2g} = Z_2 + \frac{P}{\gamma} + \frac{v_2^2}{2g} \qquad (1.1.13)$$

假设从 1—1 断面到 2—2 断面流动过程中损失为 h，则实际流体流动的伯努利方程为
$$Z_1 + \frac{P}{\gamma} + \frac{v_1^2}{2g} = Z_2 + \frac{P}{\gamma} + \frac{v_2^2}{2g} + h \qquad (1.1.14)$$

【例 1.2】　如图 1.1.9 所示，要用水泵将水池中的水抽到用水设备，已知该设备的用水量为 60m³/h，其出水管高出蓄水池液面 20m，水压为 200kPa。如果用直径 $d = 100$mm 的管道输送到用水设备，试确定该水泵的扬程需要多大才可以达到要求？

【解】　（1）取蓄水池的自由液面为 1—1 断面，取用水设备出口处为 2—2 断面。

（2）以 1—1 断面为基准液面，根据伯努利方程列出两个断面的能量方程

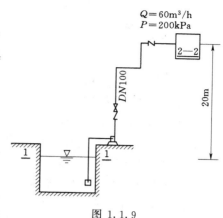

$$Z_1 + \frac{P_1}{\gamma} + \frac{v_1^2}{2g} + h_b = Z_2 + \frac{P_2}{\gamma} + \frac{v_2^2}{2g} + h$$

式中：$Z_1 = 0$，$P_1 = 0$，$v_1 = 0$；$Z_2 = 20\text{m}$，$P_2 = 200\text{kPa}$，且 $v_2 = Q/A = 4Q/(\pi d^2) = 60 \times 4/(3.14 \times 0.01 \times 3600) = 2.12(\text{m/s})$

故水泵的扬程为

$$h_b = Z_2 + \frac{P_2}{\gamma} + \frac{v_2^2}{2g} + h = 40.92 + h$$

图 1.1.9

3. 能量损失计算

(1) 沿程损失计算。流体在直管段中流动时，管道壁面对于流体会产生一个阻碍其运动的摩擦阻力（沿程阻力），流体流动中为克服摩擦阻力而损耗的能量称为沿程损失。

通常采用达西—维斯巴赫公式计算，即

$$h_f = \lambda \cdot \frac{l}{d} \cdot \frac{v^2}{2g} \tag{1.1.15}$$

(2) 局部损失计算。流体运动过程中通过断面变化处、转向处、分支或其他使流体流动情况发生改变时，都会有阻碍运动的局部阻力产生，为克服局部阻力所引起的能量损失称为局部损失。计算公式为

$$h_j = \zeta \cdot \frac{v^2}{2g} \tag{1.1.16}$$

流体在流动过程中的总损失等于各个管路系统所产生的所有沿程损失和局部损失之和，即

$$h = \sum h_f + \sum h_j \tag{1.1.17}$$

【例 1.3】 如图 1.1.9 所示，若蓄水池至用水设备的输水管的总长度为 30m，输水管的直径均为 100mm，沿程阻力系数为 $\lambda = 0.05$，局部阻力有：水泵底阀一个，$\xi = 7.0$；90° 弯头 4 个，$\xi = 1.5$；水泵进出口 1 个，$\xi = 1.0$；止回阀 1 个，$\xi = 2.0$；闸阀 2 个，$\xi = 1.0$；用水设备处管道出口一个，$\xi = 1.5$。试求：

(1) 输水管路的局部损失。

(2) 输水管道的沿程损失。

(3) 输水管路的总水头损失。

(4) 水泵扬程的大小。

【解】 由于从蓄水池到用水设备的管道的管径不变，均为 100mm，因此，总的局部水头损失为：

$$h_j = \sum \zeta \frac{v^2}{2g} = (7.0 + 1.5 \times 4 + 1.0 + 2.0 + 1.0 \times 2 + 1.5) \times \frac{2.12^2}{2 \times 9.8} = 4.47(\text{m})$$

整个管路的沿程损失为：

$$h_f = \lambda \frac{l}{d} \frac{v^2}{2g} = 0.05 \times \frac{30}{0.1} \times \frac{2.12^2}{2 \times 9.8} = 3.44(\text{m})$$

输水管路的总损失为：

$$h = h_j + h_f = 4.47 + 3.44 = 7.91(\text{m})$$

水泵的总扬程为：

$$h_b = 40.92 + h = 40.92 + 7.91 = 48.83(\text{m})$$

1.1.4.2　给水系统常用材料选用

1.1.4.2.1　给水管材选用

1. 生活给水系统的管材

生活给水系统的管材要求对水质无污染，室内目前使用较多的是塑料管。用于给水系统的塑料管有 PPR 管（无规共聚聚丙烯管）、PE 管（聚乙烯给水管）、UPVC 管（硬聚氯乙烯给水管）和 ABS 管（工程塑料给水管）等。塑料管的共同特点是质轻、耐腐蚀、管内壁光滑、流体摩擦阻力小、使用寿命长。

另外，生活给水系统还可以选择铜管或复合管材。铜管可以有效防止卫生洁具被污染，且光亮美观、豪华气派。复合管包括钢塑复合管和铝塑复合管等多种类型。

2. 室内消防给水系统的管材

消防系统常用采用钢管。钢管主要有焊接钢管和无缝钢管两种，焊接钢管又分为镀锌钢管和不镀锌钢管。钢管镀锌的目的是防锈、防腐，不使水质变坏，延长使用年限。

1.1.4.2.2　给水管件选用

管件是指在管道系统中起连接、变径、转向、分支等作用的零件，又称管道配件。各种不同管材有相应的管道配件。

管道配件有带螺纹接头（多用于塑料管、钢管，如图 1.1.10 所示）、带法兰接头和带承插接头（多用于铸铁管、塑料管）等几种形式。

按照使用功能，螺纹连接管件可分为以下几种：

（1）管路延长连接用配件：管箍、对丝。

（2）管子变径用配件：补芯、异径管箍（大小头）。

（3）管路分支连接用配件：三通、四通。

（4）管路转弯用配件：90°弯头、45°弯头。

（5）节点碰头连接用配件：根母、活接头。

（6）管子堵口用配件：丝堵、管堵头。

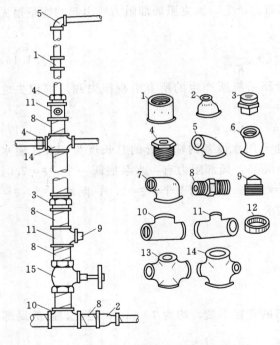

图 1.1.10　钢管螺纹管道配件及连接方法

1—管箍；2—大小头；3—活接头；4—补芯；5—90°弯头；
6—45°弯头；7—异径弯头；8—对丝；9—堵头；
10—等径三通；11—异径三通；12—根母；
13—等径四通；14—异径四通

1.1.4.2.3　管道附件及水表选用

管道附件是给水管网系统中调节水量和水压、控制水流方向、关断水流等各类装置的总称，可分为配水附件和控制附件两类。

1. 配水附件选用

配水附件主要是用以调节和分配水流，常用配水附件如图 1.1.11 所示。

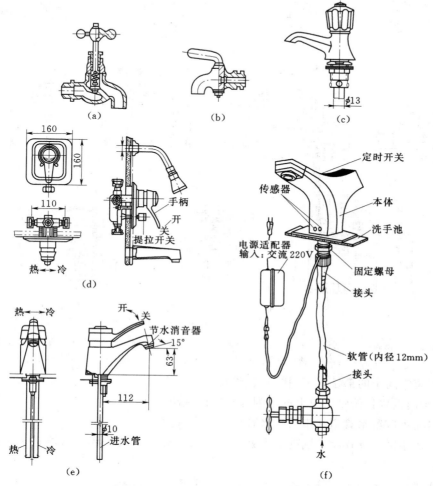

图 1.1.11　各类配水龙头（尺寸单位：mm）

（a）球形阀式配水龙头；（b）旋塞式配水龙头；（c）普通洗脸盆配水龙头；
（d）单手柄浴盆配水龙头；（e）单手柄洗脸盆配水龙头；（f）自动水龙头

2. 控制附件选用

控制附件用来调节水量和水压以及关断水流等，如截止阀、闸阀、止回阀、浮球阀和安全阀等。常用控制附件如图 1.1.12 所示。

（1）阀门选择：给水管道上使用的阀门，一般按下列原则选择：

1）管径不大于 50mm 时，宜采用截止阀，管径大于 50mm 时采用闸阀、蝶阀。

2）需调节流量、水压时宜采用调节阀、截止阀。

3）要求水流阻力小的部位（如水泵吸水管上），宜采用闸板阀。

4）水流需双向流动的管段上应采用闸阀、蝶阀，不得使用截止阀。

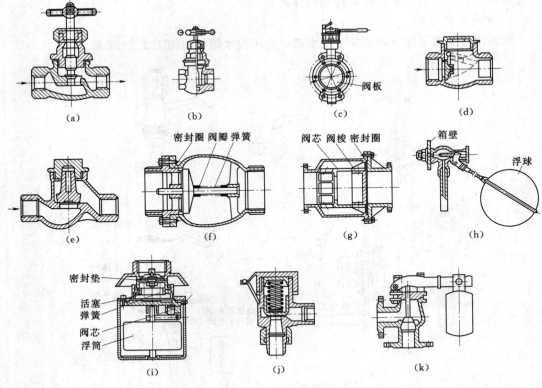

图 1.1.12　各类阀门

(a) 截止阀；(b) 闸阀；(c) 蝶阀；(d) 旋启式止回阀；(e) 升降式止回阀；(f) 消声止回阀；(g) 梭式止回阀；
(h) 浮球阀；(i) 液压水位控制阀；(j) 弹簧式安全阀；(k) 杠杆式安全阀

5）安装空间小的部位宜采用蝶阀、球阀。

（2）阀门设置：给水管道上的下列部位应设置阀门：

1）居住小区给水管道从市政给水管道的引入管段上。

2）居住小区室外环状管网的节点处，应按分隔要求设置。环状管段过长时，宜设置分段阀门。

3）从居住小区给水干管上接出的支管起端或接户管起端。

4）入户管、水表和各分支立管（立管底部、垂直环形管网立管的上、下端部）。

5）环状管网的分干管、贯通枝状管网的连接管。

6）室内给水管道向住户、公用卫生间等接出的配水管起端，配水支管上配水点在 3 个及 3 个以上时设置。

3.水表选用

水表可分为流速式和容积式两种。建筑内部的给水系统广泛使用的是流速式水表，它是根据管径一定时，水流速度与流量成正比的原理来测量用水量的。

流速式水表按叶轮构造不同分为旋翼式和螺翼式两种，如图 1.1.13 所示。

复式水表是旋翼式和螺翼式的组合形式，在流量变化很大时采用。按计数机构是否浸于水中，又分为干式和湿式两种。

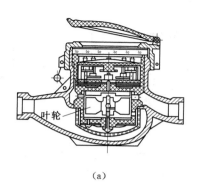
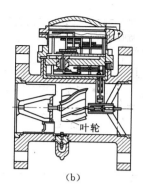

（a）   （b）

图 1.1.13   流速式水表
（a）旋翼式水表；（b）螺翼式水表

一般情况下，公称直径不大于 50mm 时应采用旋翼式水表；公称直径大于 50mm 时应采用螺翼式水表；当通过流量变化幅度很大时，应采用复式水表；计量热水时，宜采用热水水表。一般应优先采用湿式水表。

按经验，新建住宅分户水表的公称直径一般可采用 15mm，但如住宅中装有自闭式大便器冲洗阀时，为保证必要的冲洗强度，水表的公称直径不宜小于 20mm。

1.1.4.2.4 给水升压和贮水设备选用

1. 水泵选用

水泵是给水系统中的主要升压设备。在建筑给水系统中，一般采用离心式水泵，如图 1.1.14 所示，它具有结构简单、体积小、效率高且流量和扬程在一定范围内可以调整等优点。

选择水泵应以节能为原则，使水泵在给水系统中大部分时间保持高效运行。水泵的流量、扬程应根据给水系统所需的流量、压力确定。每台水泵宜设置独立的吸水管。每台水泵的出水管上应设阀门、止回阀和压力表，并应采取防水锤措施。

水泵机组一般设置在泵房内，泵房应远离需要安静、要求防振、防噪声的房间，并有良好的通风、采光、防冻和排水的条件；水泵机组的布置应保证机组工作可靠，运行安全，装卸、维修和管理方便，如图 1.1.15 所示。

2. 吸水井与贮水池

（1）吸水井。室外给水管网能够满足建筑内所需水量，不需设置贮水池，但室外给水管网又不允许直接抽水，即可设置满足水泵吸水要求的吸水井。吸水井的尺寸应满足吸水管的布置、安装和水泵正常工作的要求，如图 1.1.16 所示。

（2）贮水池。贮水池是建筑给水常用调节和贮存水量的构筑物，采用钢筋混凝土、砖石等

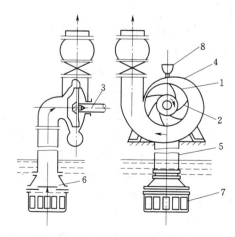

图 1.1.14   离心式水泵构造简图
1—叶轮；2—叶片；3—轴；4—外壳；5—吸水管；
6—底阀；7—滤水器；8—漏斗

11

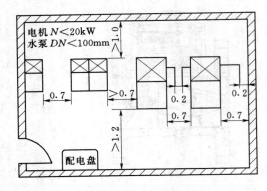

图 1.1.15 水泵机组的布置间距（单位：m）

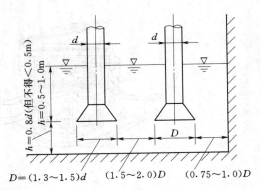

图 1.1.16 吸水管在吸水井中布置的最小尺寸

材料制作，形状多为圆形和矩形。贮水池宜布置在地下室或室外泵房附近，并应有严格的防渗漏、防冻和抗倾覆措施。贮水池一般应分为两格，并能独立工作，分别泄空，以便清洗和维修。

贮水池的有效容积应根据调节水量、消防贮备水量和生产事故备用水量计算确定，当资料不足时，贮水池的调节水量可按最高日用水量的 10%～20% 进行估算。

3. 水箱

按不同用途，水箱可分为高位水箱、减压水箱、冲洗水箱和断流水箱等多种类型，其形状多为矩形和圆形，制作材料有钢板、钢筋混凝土、玻璃钢和塑料等。如图 1.1.17 所示。水箱配管的设置位置和作用如下：

(1) 进水管：设于上部，距上缘 150～200mm，设浮球阀。

(2) 出水管：设于水箱下部，高出下缘 150mm。出水管与进水管合用时，出水管上应设止回阀。

(3) 溢流管：设于水箱上部，控制最高水位，高于进水管并一般比进水管大。溢流管上不设阀门。

(4) 泄水管：设于水箱最底部，用以放空水箱、清洗时排水等。经阀门后可与溢流管相连合用一根排水。

(5) 水位信号管：观察水位，可选择不设。

(6) 通气管：当贮量较大时，宜在箱盖上设通气管，以使箱内空气流通。

(7) 人孔：为便于清洗、检修，箱盖上应设人孔。

生活贮水量由水箱进出水量、时间以及水泵控制方式确定，实际工程如水泵自动启闭，可按最高日用水量的 10% 计；水泵人工操作时，可按最高日用水量的 12% 计；仅在夜间进水的水箱，宜按用水人数和用水定额确定。水箱的有效水深一般采用 0.7～2.5m 之间，保护高度一般为 200mm。

4. 气压给水设备选用

气压给水设备是利用密闭罐中空气的压缩性进行贮存、调节、压送水量和保持气压的装置，其作用相当于高位水箱或水塔。

气压给水设备按罐内水、气接触方式可分为补气式和隔膜式两类，按输水压力的稳定

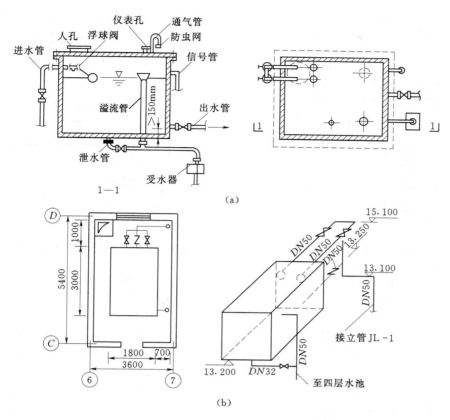

图 1.1.17 水箱配管、附件示意图（尺寸单位：mm；标高单位：m）

状况可分为变压式和定压式两类。

气压给水设备一般由气压水罐、水泵机组、管路系统、电控系统、自动控制箱（柜）等组成，补气式气压给水设备还有气体调节控制系统。

（1）补气变压式气压给水设备。如图 1.1.18 所示，罐内的水在压缩空气的起始压力 P_2 的作用下被压送至给水管网，随着罐内水量的减少，压缩空气体积膨胀，压力减小，当压力降至最小工作压力 P_1 时，压力信号器动作，使水泵启动。

（2）补气定压式气压给水设备。定压式气压给水设备在向给水系统输水过程中，水压相对稳定，如图 1.1.19 所示。目前，常见的做法是在变压式气压给水设备的供水管上安装压力调节阀或者设补气罐。

（3）隔膜式气压给水设备。隔膜式气压给水设备在气压水罐中设置弹性隔膜，将气、水分离，水质不易污染，气体也不会溶入水中，故不需设补气调压装置。隔膜主要有帽形、囊形两类。囊形隔膜气密性好，调节容积大，且隔膜受力合理，不易损坏，优于帽形隔膜。胆囊形隔膜式气压给水设备如图 1.1.20 所示。

1.1.4.3 生活给水方式选择

1.1.4.3.1 利用外网水压直接给水方式选择

1. 室外管网直接给水方式

室外管网水压任何时候都满足建筑内部用水要求，直接把室外管网的水引到建筑内各

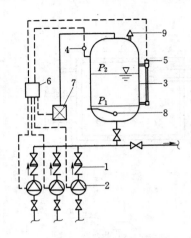

图 1.1.18   单罐变压式气压给水设备
1—止回阀；2—水泵；3—气压水罐；4—压力信号器；
5—液位信号器；6—控制器；7—补气装置；
8—排气阀；9—安全阀

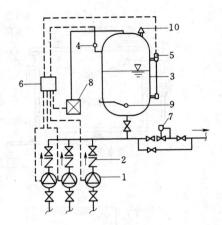

图 1.1.19   定压式气压给水设备
1—水泵；2—止回阀；3—气压水罐；4—压力信号器；
5—液位信号器；6—控制器；7—压力调节阀；
8—补气装置；9—排气阀；10—安全阀

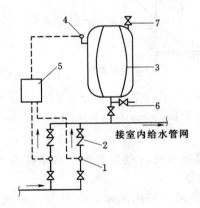

图 1.1.20   胆囊形隔膜式气压给水设备示意图
1—水泵；2—止回阀；3—隔膜式气压水罐；4—压力
信号器；5—控制器；6—泄水阀；7—安全阀

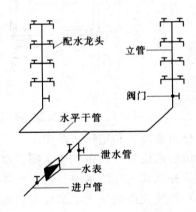

图 1.1.21   直接给水方式示意图

用水点，称为直接给水方式，如图 1.1.21 所示。

2. 单设水箱的给水方式

室外管网大部分时间能满足用水要求，仅高峰时期不能满足，或建筑内要求水压稳定，并且建筑具备设置高位水箱的条件，如图 1.1.22 所示。该方式在用水低峰时，利用室外给水管网水压直接供水并向水箱进水；用水高峰时，水箱出水供给给水系统，从而达到调节水压和水量的目的。

1.1.4.3.2   设有增压与贮水设备的给水方式选择

1. 单设水泵的给水方式

室外管网水压经常不足且室外管网允许直接抽水，可采用这种方式，当建筑内用水量

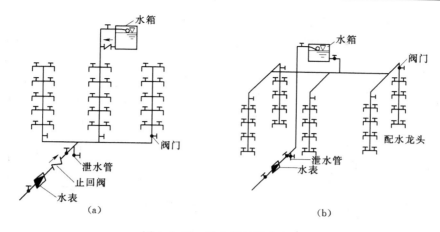

图 1.1.22 设水箱的给水方式

大且较均匀时，可用恒速水泵供水，如图 1.1.23 所示。当建筑物内用水不均匀时，宜采用多台水泵联合运行供水，以提高水泵的效率。

2. 设水泵和水箱的给水方式

室外管网水压经常不足，室内用水不均匀，且室外管网允许直接抽水，可采用这种方式，如图 1.1.24 所示。

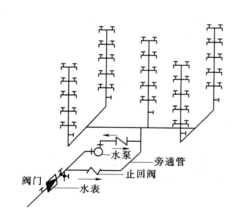

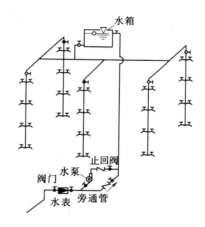

图 1.1.23 设水泵的给水方式　　　图 1.1.24 设水泵和水箱的给水方式

3. 设贮水池、水泵和水箱的给水方式

建筑的用水可靠性要求高，室外管网水量、水压经常不足，且室外管网不允许直接抽水；或室内用水量较大，室外管网不能保证建筑的高峰用水；或者室内消防设备要求贮备一定容积的水量，如图 1.1.25 所示。

4. 气压给水方式

室外管网压力低于或经常不能满足室内所需水压，室内用水不均匀，且不宜设置高位水箱可用此方式，如图 1.1.26 所示。

5. 变频调速恒压给水方式

变频调速恒压供水是指在供水网中用水量发生变化时，出口压力保持不变的供水

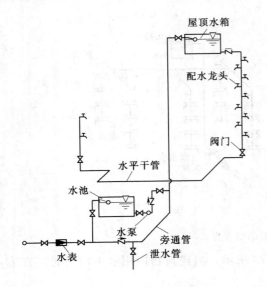

图 1.1.25 设贮水池、水泵
和水箱的给水方式

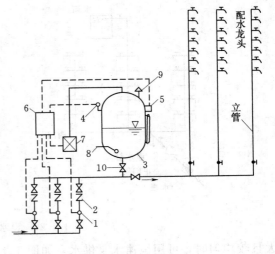

图 1.1.26 气压给水方式
1—水泵；2—止回阀；3—气压水罐；4—压力信号器；
5—液位信号器；6—控制器；7—补气装置；
8—排气阀；9—安全阀；10—阀门

方式。供水网系出口压力值是根据用户需求确定的。随着变频调速技术的日益成熟和广泛应用，利用变频器、PID 调节器、单片机、PLC 等器件的有机结合，构成控制系统，调节水泵的输出流量，实现恒压供水。变频调速恒压给水方式原理如图 1.1.27 所示。

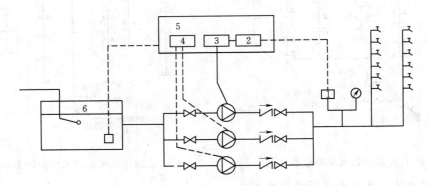

图 1.1.27 变频调速恒压给水方式原理图
1—压力传感器；2—数字式 PID 调节器；3—变频调速器；4—恒速控制器；5—电控柜；6—水池

室外管网压力经常不足，建筑内用水量较大且不均匀，要求可靠性高、水压恒定；或者建筑物顶部不宜设置高位水箱可采用此方式。

1.1.4.3.3 分区给水方式选择

当室外给水管网的压力只能满足建筑下层供水要求时，可采用分区给水方式。如图 1.1.28 所示，室外给水管网水压线以下楼层为低区由外网直接供水，以上楼层为高区由升压贮水设备供水。在分区处设阀门，以备低区进水管发生故障或外网压力不足时，打开阀门由高区水箱向低区供水。

1.1.4.3.4 分质给水方式选择

分质给水方式即根据不同用途所需的不同水质,分别设置独立的给水系统。如图 1.1.29 所示,饮用水给水系统供饮用、烹饪、盥洗等生活用水,水质符合《生活饮用水卫生标准》(GB 5749—2006)。杂用水给水系统,水质较差,仅符合《生活杂用水水质标准》(GB/T 18920—2002),只能用于建筑内冲洗便器、绿化、洗车、扫除等用水。近年来为确保水质,有些国家还采用了饮用水与盥洗、沐浴等生活用水分设两个独立管网的分质给水方式。

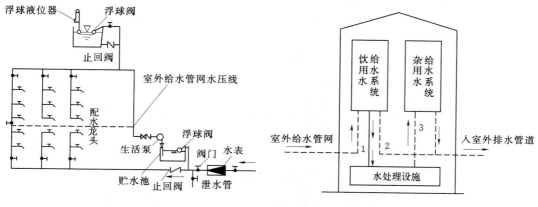

图 1.1.28 分区给水方式

图 1.1.29 分质给水方式
1—生活废水;2—生活污水;3—杂用水

1.1.4.4 室内消防系统分析

室内消防系统根据使用的灭火剂种类和灭火方式可分为三类:消火栓灭火系统、自动喷水灭火系统和其他使用非水灭火剂的固定灭火系统(如二氧化碳灭火系统、干粉灭火系统、卤代烷灭火系统、泡沫灭火系统等)。

1.1.4.4.1 室内消火栓灭火系统分析

1. 室内消火栓灭火系统组成分析

室内消火栓给水系统一般由水枪、水带、消火栓、消防管道、消防水池、高位水箱、水泵接合器和增压水泵等组成。

(1) 消火栓设备。消火栓设备由水枪、水带和消火栓组成,均安装于消火栓箱内。水枪一般为直流式,喷嘴口径有 13mm、16mm、19mm 三种,水带口径有 50mm 和 65mm 两种。消火栓均为内扣式接口的球形阀式龙头,有单出口和双出口之分。双出口消火栓直径为 65mm,单出口消火栓直径有 50mm 和 65mm 两种。

常用消火栓箱的规格为 800mm×650mm×200mm,材料为钢板或铝合金等制作,如图 1.1.30 所示。

消防卷盘设备可与 DN65 消火栓放置在同一个消火栓箱内,也可以单独设消火栓箱。如图 1.1.31 所示为带消防卷盘的室内消火栓箱。

(2) 消防水箱。消防水箱对扑救初期火灾起着重要作用,为确保其自动供水的可靠

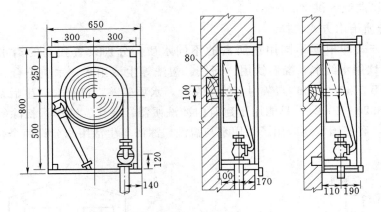

图 1.1.30　消火栓箱示意图（单位：mm）

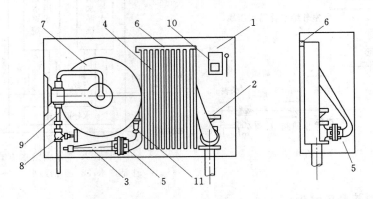

图 1.1.31　带消防卷盘的室内消火栓箱
1—消火栓箱；2—消火栓；3—水枪；4—水龙带；5—水龙带接扣；6—挂架；
7—消防卷盘；8—闸阀；9—钢管；10—消防按钮；11—消防卷盘喷嘴

性，应采用重力自流供水方式。消防水箱宜与生活（或生产）高位水箱合用，以保持箱内贮水经常流动，防止水质变坏。水箱应贮存有室内 10min 的消防用水量。

水箱的安装高度应满足室内最不利点消火栓所需的水压要求，高位消防水箱的设置高度应保证最不利点消火栓静水压力要求。按照我国建筑设计防火规范的要求，建筑高度不超过 100m 时，最不利点消火栓的静水压力不应低于 0.07MPa（检查用消火栓除外）；当建筑高度超过 100m 时，其最不利点消火栓静水压力不应低于 0.15MPa。当消防泵工作时，栓口压力超过 0.5MPa 的消火栓应采用减压措施，常用的减压装置为减压孔板。

（3）水泵接合器。当建筑物发生火灾，室内消防水泵不能启动或流量不足时，消防车可从室外消火栓、水池或天然水体取水，通过水泵接合器向室内消防给水管网供水。

水泵接合器一端与室内消防给水管道连接；另一端供消防车加压向室内管网供水。水泵接合器的接口直径有 $DN65$ 和 $DN80$ 两种，分地上式、地下式和墙壁式三种类型。消防水泵接合器，如图 1.1.32 所示。

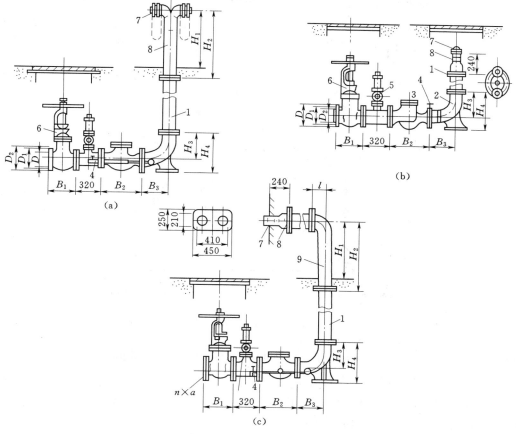

图 1.1.32 消防水泵接合器外形图（尺寸单位：mm）
(a) SQ 型地上式；(b) SQ 型地下式；(c) SQ 型墙壁式
1—法兰接管；2—弯管；3—升降式单向阀；4—放水阀；5—安全阀；6—楔式闸阀；
7—进水用消防接口；8—本体；9—法兰弯管

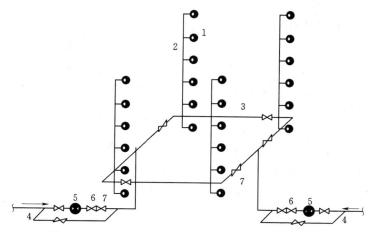

图 1.1.33 室外给水管网直接给水的消火栓供水方式
1—室内消火栓；2—室内消防立管；3—干管；4—进户管；5—水表；6—止回阀；7—旁通管及阀门

2. 消火栓给水系统的供水方式分析

（1）由室外给水管网直接给水的消火栓供水方式。当建筑物的高度不大，且室外给水管网的压力和流量在任何时候均能够满足室内最不利点消火栓所需的设计流量和压力时，宜采用此种方式，如图 1.1.33 所示。

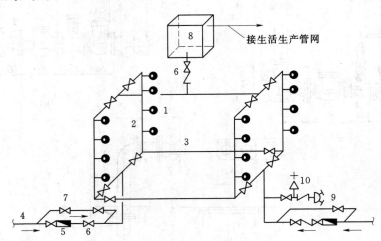

图 1.1.34　设水箱的消火栓供水方式

1—室内消火栓；2—室内消防立管；3—干管；4—进户管；5—水表；6—止回阀；
7—旁通管及阀门；8—水箱；9—水泵结合器；10—安全阀

（2）仅设水箱的消火栓供水方式。当室外给水管网的压力变化较大，但其水量能满足室内用水的要求时，可采用此种供水方式，如图 1.1.34 所示。

（3）设有消防水泵和水箱的消火栓供水方式。当室外给水管网的压力经常不能满足室内消火栓系统所需的水量和水压的要求时，宜采用此种供水方式，如图 1.1.35 所示。

（4）分区供水的消火栓供水方式。当建筑高度超过 50m 或建筑物最低处消火栓静水压力超过 0.80MPa 时，室内消火栓系统难以得到消防车的供水支援，宜采用分区给水方式。常见的有三种：①并联供水方式；②串联供水方式；③设置减压阀供水方式。如图 1.1.36 所示。

3. 消火栓给水系统布置分析
室内消防给水管道布置应满足以下

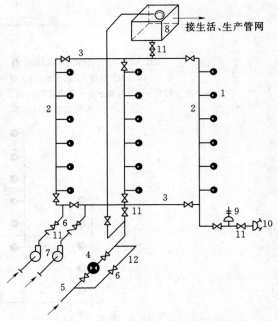

图 1.1.35　设有消防水泵和水箱的消火栓供水方式

1—室内消火栓；2—室内消防立管；3—干管；4—水表；
5—进户管；6—阀门；7—水泵；8—水箱；9—安全阀；
10—水泵结合器；11—止回阀

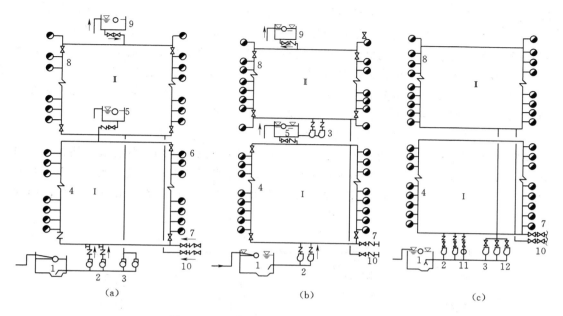

图 1.1.36　分区供水的室内消火栓给水方式

（a）并联分区供水方式；（b）串联分区供水方式；（c）无水箱供水

1—水池；2—Ⅰ区消防泵；3—Ⅱ区消防泵；4—Ⅰ区管网；5—Ⅰ区水箱；6—消火栓；7—Ⅰ区水泵结合器；
8—Ⅱ区管网；9—Ⅱ区水箱；10—Ⅱ区水泵结合器；11—Ⅰ区补压泵；12—Ⅱ区补压泵

要求：

（1）室内消火栓超过 10 个，而且室内消防水量大于 15L/s 时，室内消火栓给水管道应从建筑物不同方向至少设置 2 条引入管与室外环状给水管网相连接，以保证安全供水。

（2）高层建筑室内消防管道应布置成独立的环状管网，不仅水平管道成环状，立管也应布置成环状，以保证当 1 根管道发生事故时，仍然能够保证消防用水量和水压的要求。

（3）超过 6 层的塔楼（采用双阀双出口消火栓的除外）和通廊式住宅，超过 5 层或体积超过 10000m³ 的其他民用建筑，超过 4 层的厂房和库房，如室内消防立管为两条或两条以上时，应至少每 2 条立管连成环状；对于 18 层及 18 层以下，每层不超过 8 户，建筑面积小于 650m² 的塔式住宅，当设置两根消防立管有困难时，允许设置 1 根立管，但必须采用双阀双出口型消火栓。

（4）每根消防立管的直径应按通过的消防流量计算确定，但不应小于 100mm，对于带有 2 个及 2 个以上双阀双栓口的消防立管，其直径应为 150mm。

（5）室内消火栓给水管网与自动喷水灭火设备的管网应分开设置，如有困难，应在报警阀前分开设置。

（6）室内消防给水管道应用阀门分割成若干独立段，如某一管段损坏时，停止使用的消火栓在一层中不应超过 5 个。阀门应该经常处于开启状态，并应有明显的启闭标志。

1.1.4.4.2　自动喷水灭火系统分析

自动喷水灭火系统是当今社会在人们生产、生活和社会活动的各个主要场所中最普遍采用的一种固定灭火设备。国内外应用实践证明，自动喷水灭火系统具有灭火效率高、不污染环境、寿命长、经济适用、维护简便等优点，尤其是当今社会，环境污染日趋严重，面临威胁人类生存的情况下就更加突出其优点。所以自动喷水系统问世100多年来，至今仍处于兴盛发展状态，甚至将来仍是人们同火灾作斗争的主要手段之一。

根据喷头的开闭形式可分为闭式和开式自动喷水灭火系统。喷头是自动喷水灭火系统的管件部件，担负着探测火灾、启动系统和喷水灭火的任务。

1. 闭式自动喷水灭火系统的分类及组成分析

闭式自动喷水灭火系统使用闭式喷头，其喷口用由热敏元件组成的释放机构封闭，当达到一定温度时能自动开启，如玻璃球爆炸、易熔合金脱离。其构造按溅水盘的形式和安装位置有直立型、下垂型、边墙型、普通型、吊顶型和干式下垂型洒水喷头之分，如图1.1.37所示。

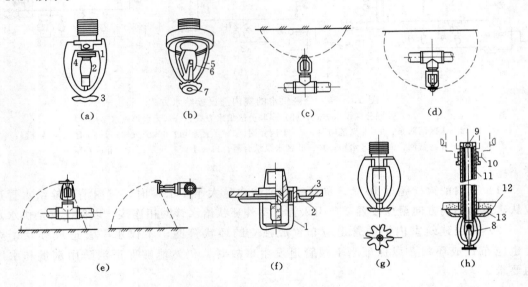

图1.1.37 闭式喷头构造示意图

(a) 玻璃球洒水喷头；(b) 易熔合金洒水喷头；(c) 直立型；(d) 下垂型；(e) 边墙型；

(f) 吊顶型；(g) 普通型；(h) 干湿下垂式

1—支架；2—玻璃球；3—溅水盘；4—喷水口；5—支架；6—合金锁片；7—溅水盘；8—过敏原件；

9—钢球；10—铜球密封圈；11—套筒；12—楼板；13—装饰罩

(1) 湿式自动喷水灭火系统。湿式自动喷水灭火系统由水源、供水设备、闭式喷头、供水管网、报警阀、火灾探测报警系统等，如图1.1.38所示。当喷头的保护区域内发生火灾时，火焰或热气流上升，使布置在吊顶下的喷头周围温度升高，当温度升高至预定限度时，易熔锁片熔化或玻璃球爆炸，管中的压力水冲开阀片，自动喷射在布水盘上，溅成花篮状水幕淋下，扑灭火焰。

(2) 干式自动喷水灭火系统。开式喷水灭火系统由开式喷头、管道系统、控制阀、火灾探测器、报警控制装置、控制组件和供水设备等组成，如图1.1.39所示。在干式报警阀前的管道内充有压力水，报警阀后的管道内充以压力气体（空气或氮气）。适用于环境

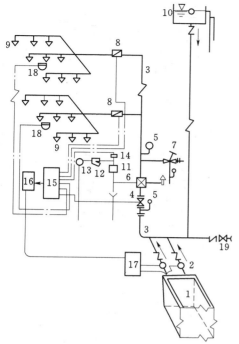

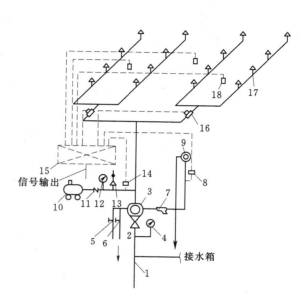

图 1.1.38 湿式自动喷水灭火系统示意图
1—消防水池；2—消防泵；3—管网；4—控制蝶阀；5—压力表；6—湿式报警阀；7—泄放试验阀；8—水流指示器；9—喷头；10—高位水箱、稳压泵或气压给水设备；11—延时器；12—过滤器；13—水力警铃；14—压力开关；15—报警控制器；16—非标控制箱；17—水泵启动箱；18—火灾探测器；19—水泵结合器

图 1.1.39 干式自动喷水灭火系统示意图
1—供水管；2—闸阀；3—干式阀；4—压力表；5、6—截止阀；7—过滤器；8—压力开关；9—水力警铃；10—空压机；11—止回阀；12—压力表；13—安全阀；14—压力开关；15—火灾报警控制箱；16—水流指示器；17—闭式喷头；18—火灾探测器

温度小于4℃或大于70°的场所。当发生火灾时，喷头首先喷出气体，致使管网中压力降低，供水管道中的压力水打开控制信号而进入配水管网，接着从喷头喷出灭火。

（3）预作用喷水灭火系统。预作用喷水灭火系统由无压气体的管网、自动报警装置、供水设施及探测和控制系统组成。管道中平时无水，呈干式，充以低压压缩空气。当发生火灾时，由火灾探测系统或手动开启控制预作用阀，使消防水进入阀后管道，当闭式喷头开启后，即可喷水灭火。适用于建筑装饰要求高，灭火要求及时的建筑物。

2. 开式自动喷水灭火系统

开式自动喷水灭火系统使用开式喷头，根据用途又分为开启式喷头、水幕喷头和喷雾喷头三种类型，其构造如图1.1.40所示。

（1）雨淋喷水灭火系统。雨淋喷水灭火系统由火灾探测系统、开式喷头、雨淋阀、管网、报警系统、供水设施等。在雨淋阀后的管道，平时为空管。当发生火灾时，管道内给水是通过火灾探测系统控制雨淋阀来供给，雨淋阀开启后被保护区内所有喷头一起喷水，出水量大，灭火及时。适用于火灾蔓延速度快、危险性大的建筑或部位。

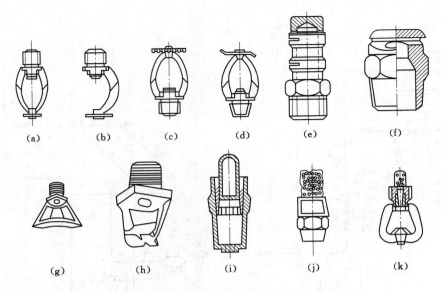

图 1.1.40　开式喷头构造示意图

(a) 双臂下垂型；(b) 单臂下垂型；(c) 双臂直立型；(d) 双臂边墙型；(e) 双隙式；

(f) 单隙式；(g) 窗口式；(h) 檐口式；(i)、(j) 高速喷雾式；(k) 中速喷雾式

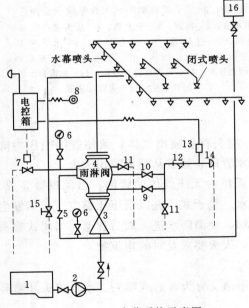

图 1.1.41　水幕系统示意图

1—水池；2—水泵；3—供水闸阀；4—雨淋阀；
5—止回阀；6—压力表；7—电磁阀；8—按钮；
9—试警铃阀；10—警铃管；11—放水阀；
12—滤网；13—压力开关；14—警铃；
15—手动快开阀；16—水箱

（2）水幕系统。水幕系统由水幕喷头、雨淋阀、供水设施、管网、探测系统和报警系统组成，如图 1.1.41 所示。其特点为开式喷头，喷出的水形成水帘状，与防火卷帘、防火水幕配合使用。适用于防火隔断、防火分区及局部降温。

（3）水喷雾灭火系统。水喷雾灭火系统由喷雾喷头，把水粉碎成细小的水雾滴之后喷射到不在燃烧的物质表面，通过表面冷却、窒息以及乳化、稀释的同时作用实现灭火。可用于扑灭可燃液体火灾、电器火灾。变压器水喷雾灭火系统布置，如图 1.1.42 所示。

3. 控制配件选用

（1）报警阀。报警阀的作用是开启和关闭管网的水流，传递控制信号至控制系统并启动水力警铃直接报警，有湿式、干式、干湿式和雨淋式四种类型，如图 1.1.43 所示。

（2）水流报警装置。水流报警装置主要有水力警铃、水流指示器和压力开关。

（3）延迟器。延迟器是一个罐式容器，安装于报警阀与水力警铃（或压力开关）之间，

24

用来防止由于水压波动原因引起报警阀开启而导致的误报。

（4）火灾探测器。火灾探测器有感烟探测器，感温探测器，火焰探测器，特殊气体探测器，布置在房间或走道的顶棚下面。

4. 喷头及管网布置

喷头的布置间距要求在所保护的区域内任何部位发生火灾都能得到一定强度的水量。喷

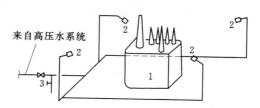

图 1.1.42　变压器水喷雾灭火系统示意图
1—变压器；2—水雾喷头；3—排水阀

头应根据天花板、吊顶的装修要求布置成正方形、矩形和菱形三种形式；水幕喷头根据成帘状的要求应布置成线状，根据隔离强度要求可布置成单排、双排和防火带形式。喷头布置的基本形式，如图 1.1.44 所示。

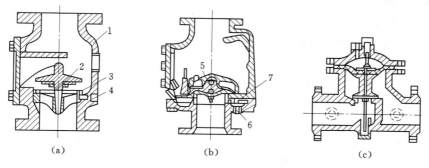

图 1.1.43　报警阀构造示意图
(a) 座圈型湿式阀；(b) 差动式干式阀；(c) 雨淋阀
1—阀门；2—阀瓣；3—沟槽；4—水力警铃接口；5—阀瓣；6—水力警铃接口；7—弹性隔膜

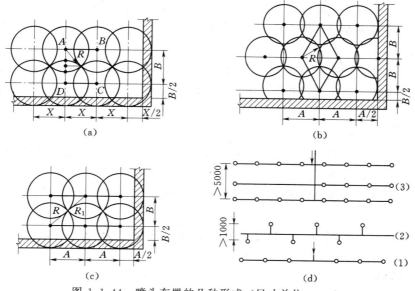

图 1.1.44　喷头布置的几种形式（尺寸单位：mm）

根据建筑平面的具体情况布置成侧边式和中央式两种形式，如图 1.1.45 所示。

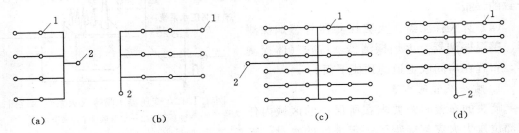

图 1.1.45　管网布置的形式

（a）侧边中心方式；（b）侧边末端方式；（c）中央中心方式；（d）中央末端方式

1—喷头；2—配水立管

1.1.4.4.3　其他灭火系统分析

1. 二氧化碳灭火系统

二氧化碳的灭火原理：气体二氧化碳在高压或低温下被液化，喷放时，气体体积急剧膨胀，同时吸收大量的热，可降低灭火现场或保护区内的温度，并通过高浓度的 CO_2 气体稀释被保护空间的氧气含量，以达到窒息灭火的效果。

二氧化碳灭火系统由贮存装置、管道、管件、二氧化碳喷头及选择阀组成。

2. 蒸汽灭火系统

水蒸气是热含量高的惰性气体。其灭火作用是通过水蒸气冲淡燃烧区内的可熔气体和氧的含量来实现的。蒸汽灭火系统主要由蒸汽源（蒸汽锅炉房）、输汽干管、支管、配气管或接口短管等组成。

蒸汽灭火系统有固定式和半固定式两种。

固定式蒸汽灭火系统用于扑救整个房间、舱室的火灾，即使燃烧房间惰性化，从而达到灭火的目的。半固定式蒸汽灭火系统用于扑救局部火灾，利用水蒸气机械冲击的力量吹散可燃气体，并瞬间在火焰周围形成蒸汽层而使燃烧失去空气的支持而熄灭。

3. 干粉灭火系统

干粉灭火系统是以干粉为灭火剂。干粉灭火剂是干燥的易于流动的细微粉末，平时贮存于干粉灭火器或干粉灭火设备中，灭火时靠加压气体（二氧化碳或氮气）的压力将干粉从喷嘴喷出，以粉雾的形式灭火，又称为干化学灭火剂。

4. 泡沫灭火系统

泡沫灭火系统是以泡沫为灭火剂。其主要灭火机理是通过泡沫的遮挡作用，将燃烧液体与空气隔离窒息而实现灭火。

泡沫灭火系统主要由消防泵、泡沫比例混合装置、泡沫产生装置及管道等组成。

学习单元 1.2　建筑排水系统分析

1.2.1　学习目标

通过本单元的学习，能够分析排水系统的类别、体制及组成；能够选用排水系统常用材料和卫生设备；能够分析屋面雨水排水系统组成及特点。

1.2.2 学习任务

本学习单元以某综合楼排水系统为例，对排水系统进行分析。具体学习任务有排水系统的类别、体制及组成分析，排水系统常用材料和卫生设备选用，屋面雨水排水系统分析。

1.2.3 任务分析

根据学习目标，首先必须了解排水系统的类别、体制及组成，然后选择排水系统常用材料和卫生设备，最后进行排水管道布置与敷设。

建筑内部排水的任务是把建筑内的生活污水、工业废水和屋面雨、雪水收集起来，有组织地及时畅通地排至室外排水管网。

1.2.4 任务实施

1.2.4.1 排水系统的类别、体制及组成分析

1.2.4.1.1 排水系统类别分析及体制选择

1. 排水系统类别分析

（1）生活排水系统。用于排除居住、公共建筑及工厂生活间的盥洗、洗涤和冲洗便器等污废水，可进一步分为生活污水排水系统和生活废水排水系统。

（2）工业废水排水系统。用于排除生产过程中产生的工业废水。

（3）雨水排水系统。用于收集排除建筑屋面上的雨、雪水。

2. 排水体制选择

建筑内部的排水体制可分为分流制和合流制两种，分别称为建筑内部分流排水和建筑内部合流排水。

建筑内部分流排水是指居住建筑和公共建筑中的粪便污水和生活废水及工业建筑中的生产污水和生产废水各自由单独的排水管道系统排除。

建筑内部合流排水是指建筑中两种或两种以上的污、废水合用一套排水管道系统排除。

1.2.4.1.2 排水系统的组成分析

完整的排水系统一般由下列部分组成如图 1.2.1 所示。

1. 卫生器具和生产设备受水器

它们是用来承受用水和将用后的废水、废物排泄到排水系统中的容器。建筑内的卫生器具应具有内表面光滑、不渗水、耐腐蚀、耐冷热、便于清洁卫生、经久耐用等性质。

2. 排水管道

排水管道由器具排水管（连接卫生器具和横支管之间的一段短管，除坐式大便器外，其

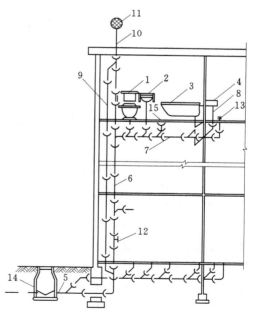

图 1.2.1 建筑内部排水系统的组成

1—大便器；2—洗脸盆；3—浴盆；4—洗涤盆；5—排出管；6—排水立管；7—排水横支管；8—排水支管；9—专用通气立管；10—伸顶通气管；11—通气帽；12—检查口；13—清扫口；14—检查井；15—地漏

间含有一个存水弯)、横支管、立管、埋设在地下的总干管和排出到室外的排出管等组成，其作用是将污（废）水能迅速安全地排除到室外。

3. 通气管道

卫生器具排水时，需向排水管系补给空气，减小其内部气压的变化，防止卫生器具水封破坏，使水流畅通；需将排水管系中的臭气和有害气体排到大气中去，需使管系内经常有新鲜空气和废气之间对流，可减轻管道内废气造成的锈蚀。因此，排水管系要设置一个与大气相通的通气系统。如图1.2.2所示，通气管道有以下几种类型：

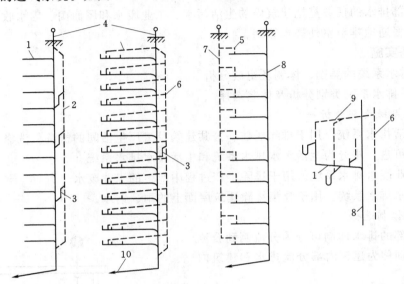

图1.2.2　几种典型的通气管示意图

1—排水横支管；2—专用通气管；3—结合通气管；4—伸顶通气管；5—环形通气管；
6—主通气管；7—副通气管；8—排水立管；9—器具通气管

4. 清通设备

为疏通建筑内部排水管道，保障排水畅通，常需设置检查口、清扫口及带有清通门的90°的弯头或三通接头、室内埋地横干管上的检查井等设备。

5. 提升设备

当建筑物内的污（废）水不能自流排至室外时，需设置污水提升设备。建筑内部污废水提升包括污水泵的选择、污水集水池容积确定和污水泵房设计，常用的污水泵有潜水泵、液下泵和卧式离心泵。

6. 污水局部处理构筑物

当室内污水未经处理不允许直接排入城市排水系统或水体时需设置局部水处理构筑物。常用的局部水处理构筑物有化粪池、隔油井和降温池。

1.2.4.2　排水系统常用材料和卫生设备选用

1.2.4.2.1　排水管材和管件选用

排水系统常用的管材是硬聚氯乙烯管（简称UPVC管）和铸铁管，UPVC管具有质量轻、不结垢、不腐蚀、外壁光滑、容易切割、便于安装、可制成各种颜色、投资省和节能等优点，但塑料管也有强度低、耐温性差、立管产生噪音、暴露于阳光下管道易老化、防火性能差等缺点。

目前市场供应的塑料管有实壁管、芯层发泡管、螺旋管等。塑料管通过各种管件来连接，常用的几种塑料排水管件，如图1.2.3所示。

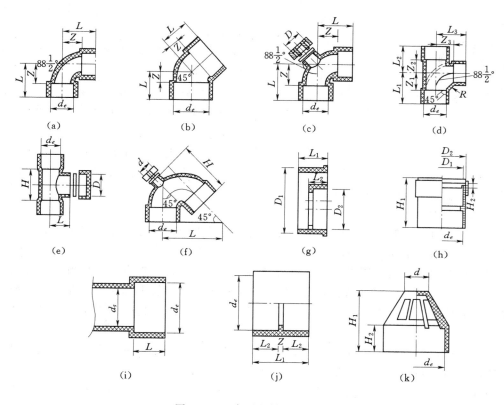

图 1.2.3 常用塑料排水管件

（a）90°弯头；（b）45°弯头；（c）带检查口90°弯头；（d）三通；（e）立管检查口；（f）带检查口存水弯；
（g）变径；（h）伸缩节；（i）管件黏接承口；（j）套筒；（k）通气帽

铸铁管的优点是耐腐蚀、经久耐用；缺点是质脆，焊接、套丝、撼弯困难，承压能力低，不能承受较大动荷载。

高耸构筑物和建筑高度超过100m的超高层建筑物内，排水立管应采用柔性接口。在地震设防烈度8度的地区或排水立管高度在50m以上时，则应在立管上每隔两层设置柔性接口。在地震设防烈度9度的地区，立管、横管均应设置柔性接口。

近年国内生产的GP—1型柔性抗振排水铸铁管是当前采用较为广泛的一种，如图1.2.4所示。

腐蚀性工业废水排放、室内生活污水埋地管可采用陶土管。陶土管耐酸碱、耐腐蚀性较好。

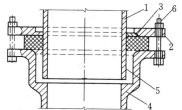

图 1.2.4 柔性排水铸铁管件接口
1—直管、管件直部；2—法兰压盖；
3—橡胶密封圈；4—承口端口；
5—插口端口；6—定位螺栓

1.2.4.2.2 排水附件选用

1. 存水弯

存水弯是设置在卫生器具排水管上和生产污废水受水器的泄水口下方的排水附件。在弯曲段内形成一定高度的水封，通常为 50～100mm，其作用是隔绝和防止排水管道内所产生的臭气、有害气体、可燃气体和小虫等通过卫生器具进入室内，污染环境。存水弯的类型有 S 型和 P 型两种，如图 1.2.5 所示。

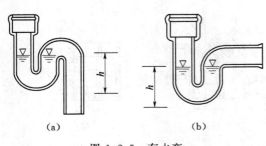

图 1.2.5 存水弯
(a) S 型；(b) P 型

S 型存水弯常用在器具支管与排水横管垂直连接的部位；P 型存水弯常用在器具支管与排水横管和排水立管不在同一平面位置而需连接的部位。

为满足美观要求，存水弯还有瓶式存水弯、存水盒等不同的类型。

2. 清通设备

（1）检查口。一般装于立管，供立管或立管与横支管连接处有异物堵塞时清掏用，多层或高层建筑的排水立管上每隔一层就应装一个，检查口间距不大于 10m。但在立管的最底层和设有卫生器具的两层以上坡顶建筑物的最高层必须设置检查口，平顶建筑可用通气口代替检查口。另外，立管如装有乙字管，则应在该层乙字管上部装设检查口。检查口设置高度一般从地面至检查口中心 1m 为宜。当排水横管管段超过规定长度时，也应设置检查口。

（2）清扫口。一般装于横管，尤其是各层横支管连接卫生器具较多时，横支管起点均应装置清扫口（有时亦可用能供清掏的地漏代替）。

当连接 2 个及 2 个以上的大便器或 3 个及 3 个以上的卫生器具的污水横管、水流转角小于 135°的污水横管，均应设置清扫口。清扫口安装不应高出地面，必须与地面平齐。为了便于清掏，清扫口与墙面应保持一定距离，一般不宜小于 0.15m。检查口、清扫口、检查井如图 1.2.6 所示。

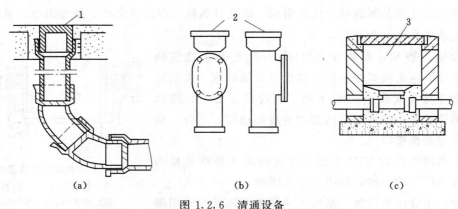

图 1.2.6 清通设备
1—清扫口；2—检查口；3—检查井

3. 地漏

地漏是一种特殊的排水装置，主要设置在厕所、浴室、盥洗室、卫生间及其他需要从地面排水的房间内，用以排除地面积水。地漏应布置在易溅水的卫生器具附近的最低处，地漏算子顶面要比地面低 5～10mm，地漏带水封的深度不小于 50mm，其周围地面应有不小于 0.01 的坡度坡向地漏。地漏有圆形和方形可供选择，材质为铸铁、塑料、黄铜、不锈钢、镀铬算子。普通地漏和多通道地漏如图 1.2.7 所示，其他还有存水盒地漏、双算杯式地漏、防回流地漏等。

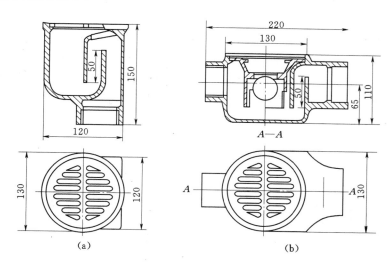

图 1.2.7　地漏（尺寸单位：mm）

（a）普通地漏；（b）多通道地漏

4. 其他附件

（1）隔油具。厨房或配餐间含油脂污水从洗涤池排入下水道前必须先经过隔油装置进行初步的隔油处理，这种隔油装置简称隔油具，装在室内靠近水池的台板下面，隔一定时间打开隔油具，将浮积在水面上的油脂除掉，亦可在几个水池的排水连接横管上设一个共用隔油具。

（2）滤毛器。理发室、游泳池和浴室的排水往往携带着毛发等絮状物，堆积多时容易造成管道堵塞，这些场所的排水管应先通过滤毛器后再与室内排水干管连接或直接排至室外。

（3）吸气阀。吸气阀分Ⅰ型和Ⅱ型两种。在使用 UPVC 管材的排水系统中，为保持压力平衡或无法设通气管时，可在排水横支管上装设吸气阀。

1.2.4.2.3　卫生器具选用及布置

卫生器具是收集和排除生活及生产污、废水的设备。常用卫生器具，按其用途可分为四类：

（1）便溺用卫生器具：如大便器、小便器等。

（2）盥洗、淋浴用卫生器具：如洗脸盆、浴缸、淋浴器等。

（3）洗涤用卫生器具：如洗涤盆、污水盆等。

（4）其他专用卫生器具：如医院、实验室、化验室等特殊需要的卫生器具。

卫生器具应耐腐蚀、耐老化、耐摩擦、耐冷热，并应有一定的强度，不含对人体有害的成分；表面应光滑，不易积污垢，易清洗，便于安装、维修和使用，并应在冲洗时尽量节水和减少噪音；如果卫生器具带存水弯时，应保证有一定的水封深度。

目前采用的卫生器具材料有陶瓷、搪瓷生铁、塑料、水磨石等，具有不透水、无气孔等特点。

1. 便溺器具

（1）坐式大便器。按冲洗的水力原理可分为冲洗式和虹吸式两种，如图 1.2.8 所示。坐式大便器都自带存水弯。后排式坐便器与其他坐式大便器不同之处在于排水口设在背后，便于排水横支管敷设在本层楼板上时选用，如图 1.2.9 所示。

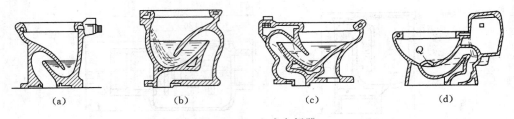

图 1.2.8 坐式大便器

（a）冲洗式；（b）虹吸式；（c）喷射虹吸式；（d）旋涡虹吸式

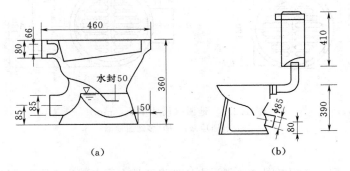

图 1.2.9 后排式坐式大便器（尺寸单位：mm）

（2）蹲式大便器。一般用于普通住宅、集体宿舍、公共建筑物的公用厕所和防止接触传染的医院内厕所，如图 1.2.10 所示。蹲式大便器比坐式大便器的卫生条件好，但蹲式大便器不带存水弯，设计安装时需另外配置存水弯。

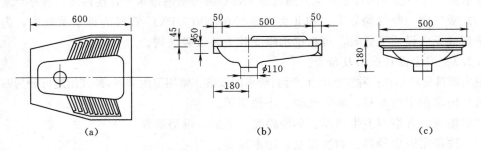

图 1.2.10 16 号蹲式大便器（尺寸单位：mm）

（3）大便槽。用于学校、火车站、汽车站、码头、游乐场所及其他标准较低的公共厕所，可代替成排的蹲式大便器，常用瓷砖贴面，且造价低。

（4）小便器。设于公共建筑的男厕所内，有的住宅卫生间内也需设置。小便器有挂式、立式和小便槽三类。其中立式小便器用于标准高的建筑，小便槽用于工业企业、公共建筑和集体宿舍等建筑的卫生间。如图1.2.11～图1.2.13所示。

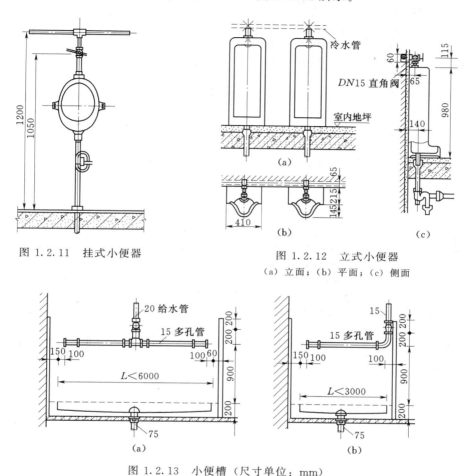

图 1.2.11　挂式小便器

图 1.2.12　立式小便器
（a）立面；（b）平面；（c）侧面

图 1.2.13　小便槽（尺寸单位：mm）
（a）立面；（b）侧面

2. 盥洗器具

（1）洗脸盆。一般用于洗脸、洗手、洗头，常设置在盥洗室、浴室、卫生间和理发室等场所。洗脸盆有长方形、椭圆形和三角形，安装方式有墙架式、台式和柱脚式，如图1.2.14所示。

（2）盥洗台。有单面和双面之分，常设置在同时有多人使用的地方，如集体宿舍、教学楼、车站、码头、工厂生活间内，如图1.2.15所示。

3. 淋浴器具

（1）浴盆。设于住宅、宾馆、医院等卫生间或公共浴室内，以供人们清洁身体。浴盆配有冷热水或混合龙头，并配有淋浴设备，如图1.2.16所示。

（2）淋浴器。多用于工厂、学校、机关、部队的公共浴室和体育馆内。淋浴器占地面积小，清洁卫生，避免疾病传染、耗水量小、设备费用低，如图1.2.17所示。

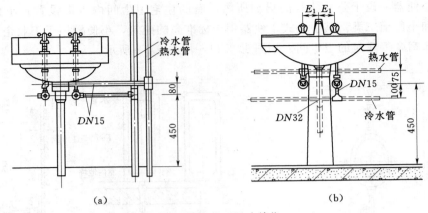

图 1.2.14　洗脸盆（尺寸单位：mm）

（a）普通型；（b）柱式

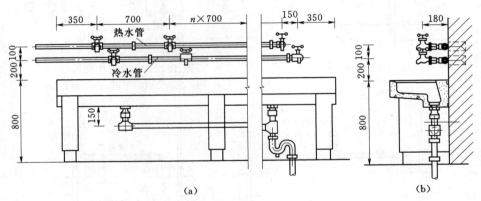

图 1.2.15　单面盥洗台（尺寸单位：mm）

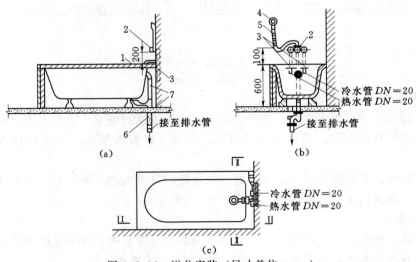

图 1.2.16　浴盆安装（尺寸单位：mm）

（a）Ⅰ—Ⅰ；（b）Ⅱ—Ⅱ；（c）平面

1—浴盆；2—混合阀门；3—给水管；4—莲蓬头；5—蛇皮管；6—存水弯；7—溢水管

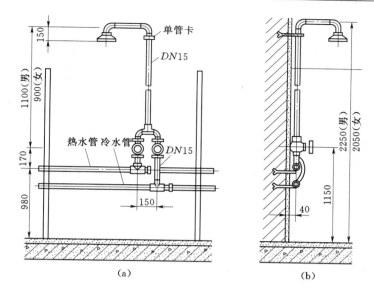

图 1.2.17 淋浴器（尺寸单位：mm）

4. 洗涤器具

（1）洗涤盆。常设置在厨房或公共食堂内，用来洗涤碗碟、蔬菜等。医院的诊室、治疗室等处也需设置洗涤盒。洗涤盆有单格和双格之分。

（2）化验盆。设置在工厂、科研机关和学校的化验室或实验室内，根据需要可安装单联、双联、三联鹅颈龙头。

（3）污水盆。又称污水池，常设置在公共建筑的厕所、盥洗室内，供洗涤拖把、打扫卫生或倾倒污水之用。

5. 卫生器具的冲洗设备

（1）大便器冲洗设备：

1）坐式大便器冲洗设备。常用低水箱冲洗和直接连接管道进行冲洗。低水箱与座体分为整体和分体，其水箱构造如图1.2.18所示，采用管道连接时必须设延时自闭式冲洗阀，如图1.2.19所示。

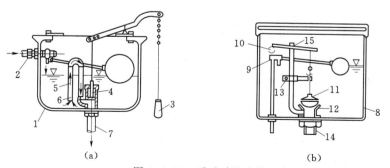

图 1.2.18 手动冲洗水箱

（a）虹吸冲洗水箱；（b）水力冲洗水箱

1—水箱；2—浮球阀；3—拉链、弹簧阀；4—橡胶球阀；5—虹吸管；6—φ5小孔；7—冲洗管；8—水箱；

9—浮球阀；10—扳手；11—橡胶球阀；12—阀座；13—导向设置；14—冲洗管；15—溢流管

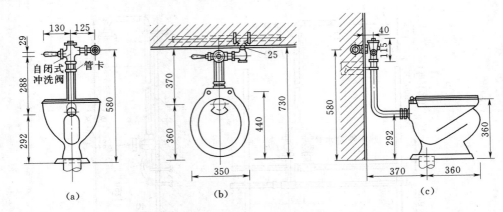

图 1.2.19　自闭式冲洗阀坐式大便器安装图（尺寸单位：mm）

(a) 立面；(b) 平面；(c) 侧面

2）蹲式大便器冲洗设备。常用冲洗设备有高位水箱和直接连接给水管加延时自闭式冲洗阀。为节约冲洗水量，在条件允许情况下尽量设置自动冲洗水箱。

3）大便槽冲洗设备。常在大便槽起端设置自动控制高位水箱或采用延时自闭式冲洗阀。

（2）小便器和小便槽冲洗设备：

1）小便器冲洗设备。常采用按钮式自闭式冲洗阀，既满足冲洗要求，又节约冲洗水量，如图 1.2.11 所示。

2）小便槽冲洗设备。常采用多孔管冲洗，多孔管孔径 2mm，与墙成 45°角安装，可设置高位水箱或手动阀。为克服铁锈水污染贴面，除给水系统选用优质管材外，多孔管常采用塑料管，其安装如图 1.2.13 所示。

（3）卫生器具布置：

根据《住宅设计规范》（GB 50096—1999）的规定，每套住宅应设卫生间。第四类住宅宜设两个或两个以上卫生间，每套住宅至少应配置三件卫生器具。不同卫生器具组合时应保证设置和卫生活动的最小使用面积，以避免蹲不下或坐不下、靠不拢等问题。

卫生器具的布置应在厨房、卫生间、公共厕所等的建筑平面图（大样图）上用定位尺寸加以明确。卫生器具的几种布置形式如图 1.2.20 所示。

卫生器具的布置，应根据厨房、卫生间和公共厕所的平面位置、房间面积大小、建筑质量标准、有无管道竖井或管槽、卫生器具数量及单件尺寸等来布置，既要满足使用方便、容易清洁、占房间面积小，还要充分考虑为管道布置提供良好的水力条件，应尽量做到管道少转弯、管线短、排水通畅，即卫生器具应顺着一面墙布置，如卫生间、厨房相邻，应在该墙两侧设置卫生器具，有管道竖井时，卫生器具应紧靠管道竖井的墙面布置，这样会减少排水横管的转弯或减少管道的接入根数。

1.2.4.3　屋面雨水排水系统分析

1.2.4.3.1　雨水外排水系统分析

1. 檐沟外排水系统

普通外排水系统由檐沟和雨落管组成，如图 1.2.21 所示。降落到屋面的雨水沿屋面集流到檐沟，然后流入到沿外墙设置的雨落管排至地面或雨水口。普通外排水方式适用于

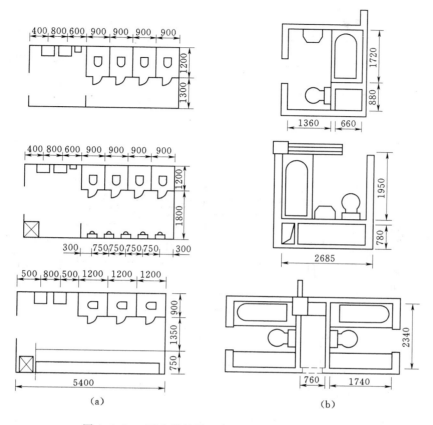

图 1.2.20 卫生器具平面布置图（尺寸单位：mm）

(a) 公共建筑厕所内；(b) 卫生间内

普通住宅、一般公共建筑和小型单跨厂房。根据经验，民用建筑雨落管间距为 8～12m，工业建筑为 18～24m。

2. 长天沟外排水系统

天沟外排水系统由天沟、雨水斗和排水立管组成，如图 1.2.22 所示。天沟设置在两跨中间并坡向端墙，雨水斗沿外墙布置，如图 1.2.23 所示。降落到屋面上的雨水沿坡向天沟的屋面汇集到天沟，沿天沟流至建筑物两端（山墙、女儿墙），入雨水斗，经立管排至地面或雨水井。

天沟的排水断面形式多为矩形和梯形，天沟坡度不宜太大，一般在 0.003～0.006。天沟内的排水分水线应设置在建筑物的伸缩缝或沉降缝处，天沟的长度一般不超过 50m。

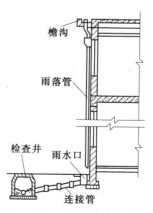

图 1.2.21 普通外排水系统

1.2.4.3.2 雨水内排水系统分析

1. 内排水系统组成分析

内排水系统由雨水斗、连接管、悬吊管、立管、排出管、埋地干管和检查井组成，如图 1.2.24 所示。

37

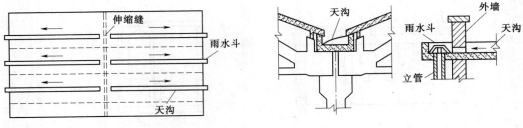

图 1.2.22 天沟布置示意   图 1.2.23 天沟与雨水管连接

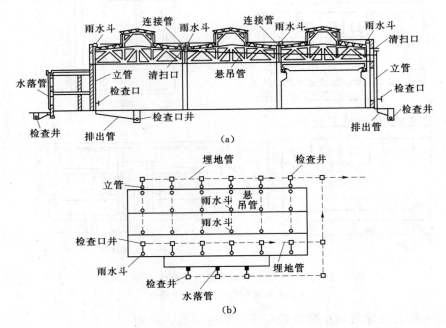

(a)

(b)

图 1.2.24 雨水排水系统
(a) 剖面图；(b) 平面图

降落到屋面上的雨水沿屋面流入雨水斗，经连接管、悬吊管进入排水立管，再经排出管流入雨水检查井或经埋地干管排至室外雨水管道。

2. 类别分析

内排水系统按雨水斗的连接方式可分为单斗和多斗雨水排水系统。单斗系统一般不设悬吊管，多斗系统中悬吊管将雨水斗和排水立管连接起来。多斗系统的排水量大约为单斗的 80%，在条件允许的情况下，应尽量采用单斗排水。按排除雨水的安全程度，内排水系统分为敞开式和密闭式两种排水系统。

3. 布置与敷设分析

(1) 雨水斗。雨水斗是一种专用装置，设在屋面雨水由天沟进入雨水管道的入口处。雨水斗有整流格栅装置，具有整流作用，避免形成过大的旋涡，稳定斗前水位，并拦截树叶等杂物。雨水斗有 65 型、79 型和 87 型，有 75mm、100mm、150mm 和 200mm 四种规格。内排水系统布置雨水斗时应以伸缩缝、沉降缝和防火墙为天沟分水线，各自自成排水系统。

（2）连接管。连接管是连接雨水斗和悬吊管的一段竖向短管。连接管一般与雨水斗同径，但不宜小于 100mm，连接管应牢固固定在建筑物的承重结构上，下端用斜三通与悬吊管连接。

（3）悬吊管。悬吊管连接雨水斗和排水立管，是雨水内排水系统中架空布置的横向管道。其管径不小于连接管的管径，也不应大于 300mm，坡度不小于 0.005。连接管与悬吊管、悬吊管与立管间宜采用 45°三通或 90°斜三通连接。

（4）立管。雨水立管承接悬吊管或雨水斗流来的雨水，一根立管连接的悬吊管根数不多于两根，立管管径不得小于悬吊管管径。立管宜沿墙、柱安装，在距地面 1m 处设检查口。立管的管材和接口与悬吊管相同。

（5）排出管。排出管是立管和检查井间的一段有较大坡度的横向管道，其管径不得小于立管管径。排出管与下游埋地管在检查井中宜采用管顶平接，水流转角不得小于 135°。

（6）埋地管。埋地管敷设于室内地下，承接立管的雨水并将其排至室外雨水管道。埋地管最小管径为 200mm，最大不超过 600mm。埋地管一般采用混凝土管、钢筋混凝土管或陶土管。

（7）附属构筑物。常见的附属构筑物有检查井、检查口井和排气井，用于雨水管道的清扫、检修、排气。检查井适用于敞开式内排水系统，设置在排出管与埋地管连接处，埋地管转弯、变径及超过 30m 的直线管路上。埋地管起端几个检查井与排出管间应设排气井，如图 1.2.25 所示。

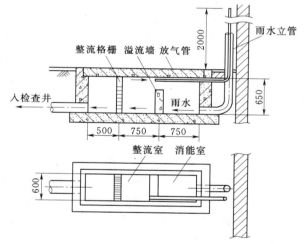

图 1.2.25　排气井（尺寸单位：mm）

1.2.4.3.3　混合排水系统分析

大型工业厂房的屋面形式复杂，为了及时有效地排除屋面雨水，往往同一建筑物采用几种不同形式的雨水排除系统，分别设置在屋面的不同部位，由此组合成屋面雨水混合排水系统。

一般情况左侧为檐沟外排水系统；右侧为多斗敞开式内排水系统；中间为单斗密闭式内排水系统，其排出管与检查井内管道直接相连，如图 1.2.24 所示。

学习单元 1.3　高层建筑给排水系统分析

1.3.1　学习目标

通过本单元的学习，能够分析高层建筑给排水系统的特点及组成；能够分析高层建筑给排水系统形式和要求。

1.3.2　学习任务

本学习单元对高层建筑给排水系统的组成、给水方式、工作原理进行分析。具体学习任务有高层建筑给水系统分析、排水系统分析。

1.3.3　任务分析

高层建筑的给水排水工程有着不同于低层建筑的特点。给水系统常采用分区的形式，排水系统则采用特殊单立管的形式，消防系统则包括消火栓给水系统和自动喷淋灭火系统。

1.3.4　任务实施

在《高层民用建筑设计防火规范》（GB 50045—95）中：10 层及 10 层以上的住宅建筑（包括底层设置商业服务网点的住宅）和建筑高度超过 24m 的公共建筑及其他民用建筑应属于高层建筑。高层建筑的给水排水工程不同于低层建筑，一般说来具有以下特点：

（1）高层建筑室内卫生设备多，用水量标准较高，使用人数较多，若发生停水和排水管阻等事故，影响较大，故无论在水源、水泵、系统设置、管道布置等方面都必须保证供水安全可靠和排水畅通。

（2）高层建筑层数多、高度大，压力管网下部管道及设备的静水压力必然很大，故对给水管网、热水以及消防管道系统须进行合理的竖向分区。

（3）高层建筑中人员众多、流动频繁，一旦发生火灾，火势猛、蔓延快，灭火难度大，人员疏散困难，故对消防要求较高，必须设置可靠的室内消防给水系统，可"立足自救"。

（4）高层建筑对防振、防沉降、防噪音、防漏等要求较高，并必须考虑防水锤、防管道伸缩等技术措施。

（5）高层建筑由于给水、排水、消防、空调、电气等各种管线较多，必须处理的各种管道的综合交叉并便于日后的维修。

1.3.4.1　高层建筑给水系统分析

高层建筑给水系统的竖向分区应根据建筑物用途、层数、使用要求，材料设备性能，维护管理等因素综合确定。供水压力首先应满足不损坏给水配件的要求，故卫生器具配水点的静压不得大于 0.6MPa。各分区最低卫生器具配水点处静水压不宜大于 0.45MPa（特殊情况下不宜大于 0.55MPa），水压大于 0.35MPa 的入户管（或配水横管），宜设减压或调压设施。一般可按下列要求分区：住宅、旅馆、医院卫生器具的最低静水压宜为 0.3～0.35MPa；办公楼、教学楼、商业楼宜为 0.35～0.45MPa。竖向分区供水有串联分区、并联分区等多种方式，应结合工程实际而选用。

1. 串联水泵、水箱的分区给水方式

各分区均设有水泵和水箱，从下向上逐区供水，下一区的高位水箱兼作上一区的贮水池，如图 1.3.1 所示。

（1）该方式优点是：无高压水泵和高压管道；投资较省且动力运行费用经济。

（2）该方式缺点是：设备分散设置，占地面积较多；振动及噪音干扰较大，且维护管理不方便；水箱容积较大，增加结构负荷；下区发生事故，则上区供水受到影响。给水方式的缺点较多，因而实际工程中较少采用。

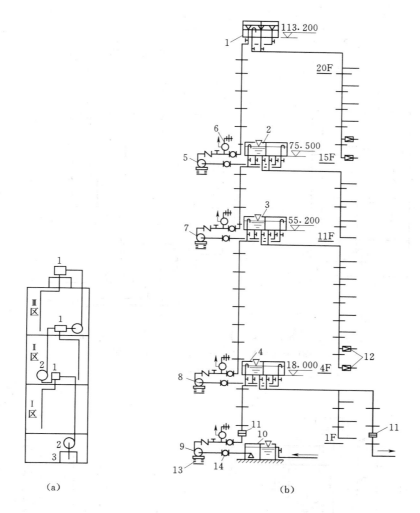

图 1.3.1　串联水泵、水箱给水方式（标高单位：mm）

1—Ⅳ区水箱；2—Ⅲ区水箱；3—Ⅱ区水箱；4—Ⅰ区水箱；5—区加压泵；6—水锤消音器；

7—区加压泵；8—区加压泵；9—区加压泵；10—贮水池；11—孔板流量计；

12—减压阀；13—减振台；14—软接头

2．并联水泵、水箱分区给水方式

每一分区分别设计一套独立的水泵和高位水箱，向各区供水。各区水泵集中设置在建筑物的地下室或底层的总泵房内，如图 1.3.2 所示。

（1）该方式的优点是：各区互不影响；水泵集中，管理维护方便；运行费用较低该方式优点较显著，因而得到广泛应用。

（2）该方式缺点是：水泵型号较多，压水管线较长。

3．减压给水方式

建筑物的用水由设置在底层的水泵加压，输送到最高层水箱，再由此水箱依次向下区供水，并通过各区水箱或减压阀减压。如图 1.3.3 所示为减压水箱给水方式，如图 1.3.4

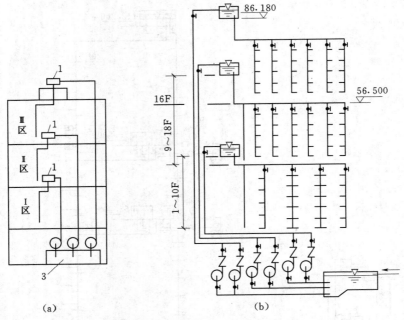

图 1.3.2　并联水泵、水箱给水方式（标高单位：mm）

(a) 并联给水方式；(b) 并联给水方式实例

1—水箱；2—水泵；3—水池

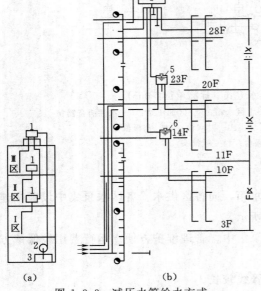

图 1.3.3　减压水箱给水方式

(a) 减压水箱给水方式；(b) 减压水箱给水方式实例

1—水箱；2—水泵；3—水池；4—屋顶贮水箱；

5—中区减压水箱；6—下区减压水箱

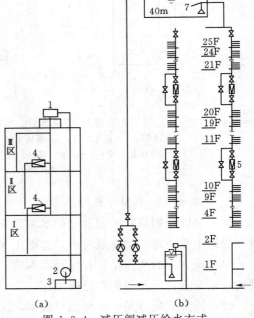

图 1.3.4　减压阀减压给水方式

(a) 减压阀给水方式；(b) 减压阀给水方式实例

1—水箱；2—水泵；3—水池；4—减压阀；5—减压阀；

6—水位控制阀；7—控制水位打孔处

所示为减压阀减压给水方式。

（1）该方式的优点是：水泵台数少设备布置集中，便于管理；减压水箱容积小，如果设减压阀减压，各区可不设减压水箱。

（2）该方式缺点是：总水箱容积大，增加结构荷载；下区供水受上区限制；下区供水压力损失大、能耗大、运行费用高。

4．无水箱并列给水方式

根据不同高度采用不同的水泵机组供水。这种方式由于无水箱调节，水泵需常年运行，如图 1.3.5 所示。

5．无水箱设减压阀的给水方式

整个供水系统共同一组水泵、分区处设减压阀。这种方式系统简单，但运行费用高，如图 1.3.6 所示。

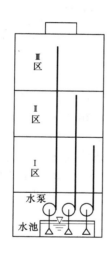

图 1.3.5　无水箱并
列给水方式

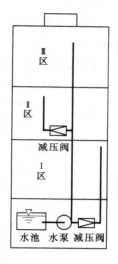

图 1.3.6　无水箱设减
压阀的给水方式

6．并联气压给水装置给水方式

每个分区有一个气压水罐，初期投资大，气压水罐容积小，水泵启动频繁，耗电较多，如图 1.3.7 所示。

7．气压给水装置与减压阀给水方式

由一个总的气压水罐控制水泵工作，水压较高的分区用减压阀控制。

（1）该方式优点是：投资较省，气压水罐容积大，水泵启动次数较少。

（2）该方式缺点是：整个建筑为一个系统，各分区之间将相互影响，如图 1.3.8 所示。

1.3.4.2　高层建筑排水系统分析

污水在立管中向下流动时，管内的压力不稳定，其正压的最大值出现在立管转弯位置的上层中，而负压的最大值则出现在立管管长的 1/3 高度处，立管直线段越长，则负压越大。当负压值大于水封高度时，水封就会遭到破坏而影响室内的环境卫生。

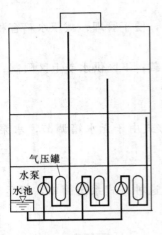

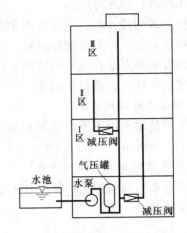

图 1.3.7　并列气压给水装置方式　　图 1.3.8　气压装置减压阀给水方式

为了防止水封被破坏，必须解决立管的通水和通气能力。常规的解决办法是设置专门的通气管系统或者适当放大排水立管管径，以确保排水系统畅通。但无论上述哪种方法，在技术和经济上都不能同时取得十分满意的效果。

自 20 世纪 60 年代以来，瑞士、法国、日本、韩国等国家，先后研制成功了苏维托排水系统、旋流排水系统、芯形排水系统、U—PVC 螺旋排水系统等特殊的单立管排水系统，它们共同的特点是：每层排水横支管与排水立管的连接处安装上部特殊配件，在排水立管与横干管或排出管的连接处安装下部特殊配件，如图 1.3.9 所示。

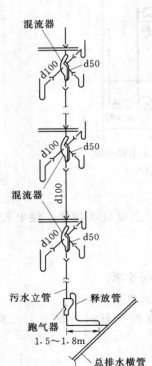

图 1.3.9　单立管排水系统混流器和跑气器安装示意图

1.3.4.2.1　苏维托排水系统

1. 混流器

苏维托排水系统中的混流器，如图 1.3.10 所示是由长约 80cm 的连接配件装设在立管与每层楼横支管的连接处。横支管接入口有三个方向；混合器内部有三个特殊构造—乙字弯，隔板和隔板上部约 1cm 高的孔隙。

2. 跑气器

苏维托排水系统中的跑气器如图 1.3.11 所示通常装设在立管底部，它是由具有突块的扩大箱体及跑气管组成的一种配件。

跑气器的作用是：沿立管流下的气水混合物遇到内部的突块溅散，从而把气体（其中 70%）从污水中分离出来，由此减少了污水的体积，降低了流速，并使立管和横干管的泄流能力平衡，气流不致在转弯处被阻塞；另外，将释放出的气体用一根跑气管引到干管的下游（或返向上接至立管中去），从而达到防止立管底部产生过大反（正）压力的目的。

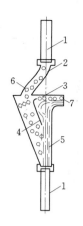

图 1.3.10   混流器

1—立管；2—乙字弯；3—孔隙；4—隔板；
5—混合室；6—汽水混合物；7—空气

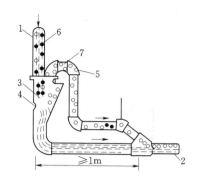

图 1.3.11   跑气器

1—立管；2—横管；3—空气分离室；4—突块；
5—跑气管；6—水汽混合物；7—空气

1.3.4.2.2   旋流排水系统

旋流排水系统也称为"塞克斯蒂阿"系统，是法国建筑科学技术中心于 1967 年提出的一项新技术，后来广泛应用于 10 层以上的居住建筑。

这种系统是由各个排水横支管与排水立管连接起来的"旋流排水配件"和装设于立管底部的"特殊排水弯头"所组成的。

1. 旋流接头

旋流连接配件的构造如图 1.3.12 所示，它由底座及盖板组成，盖板上设有固定的导旋叶片，底座支管和立管接口处沿立管切线方向有导流板。横支管污水通过导流板沿立管断面的切线方向以旋流状态进入立管，立管污水每流过下一层旋流接头时，经导旋叶片导流，增加旋流，污水受离心力作用贴附管内壁流至立管底部，立管中心气流通畅，气压稳定。

2. 特殊排水弯头

在立管底部的排水弯头是一个装有特殊叶片的 45°弯头如图 1.3.13 所示。该特殊叶片能迫使下落水流溅向弯头后方流下，可避免出户管（横干管）中发生水跃而封闭立管中的气流，以致造成过大的正压。

1.3.4.2.3   心形排水系统

1. 环流器

其外形呈倒圆锥形，平面上有 2～4 个可接入横支管的接入口（不接入横支管时也可作为清通用）的特殊配件，如图 1.3.14 所示。

立管向下延伸一段内管，插入内部的内管起隔板作用，防止横支管出水形成水舌，立管污水经环流器进入倒锥体后形成扩散，气水混合成水沫，比重减轻、下落速度减缓，立管中心气流通畅，气压稳定。

2. 角笛弯头

外形似犀牛角，大口径承接立管，小口径连接横干管，如图 1.3.15 所示。

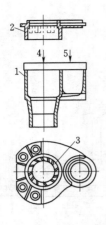

图 1.3.12 旋流接头
1—底座；2—盖板；3—叶片；
4—接立管；5—接大便器

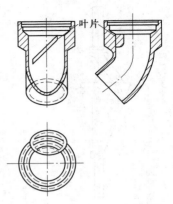

图 1.3.13 特殊排水弯头

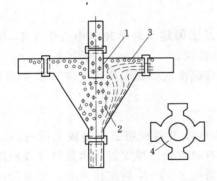

图 1.3.14 环流器
1—内管；2—气水混合物；3—空气；4—环形通路

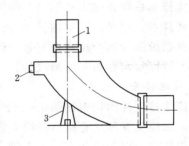

图 1.3.15 角笛弯头
1—立管；2—检查口；3—支墩

由于大口径以下有足够的空间，既可对立管下落水流起减速作用，又可将污水中所携带的空气集聚、释放。又由于角笛弯头的小口径方向与横干管断面上部也连通，可减小管中正压强度。这种配件的曲率半径较大，水流能量损失比普通配件小，从而增加了横干管的排水能力。

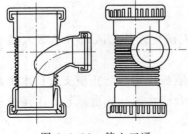

图 1.3.16 偏心三通

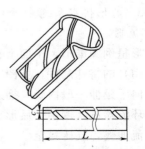

图 1.3.17 有螺旋线导流
突起的 UPVC 管

1.3.4.2.4　UPVC 螺旋排水系统

UPVC 螺旋排水系统是韩国在 20 世纪 90 年代开发研制的，如图 1.3.16 所示的偏心三通和图 1.3.17 所示的内壁有 6 条间距 50mm 呈三角形突起的导流螺旋线的管道所组成。

由排水横管排出的污水经偏心三通从圆周切线方向进入立管，旋流下落，经立管中的导流螺旋线的导流，管内壁形成较稳定的水膜旋流，立管中心气流通畅，气压稳定。同时又由于横支管水流由圆周切线方式流入立管，减少了撞击，从而有效克服了排水塑料管噪声大的缺点。

学习单元 1.4　建筑给排水系统施工图识读

1.4.1　学习目标

通过本单元的学习，能够识读给排水设计说明、图例；能够识读给排水平面图、给排水系统图、详图；能够识读给排水系统形式；能够识读给排水管路布置及走向。

1.4.2　学习任务

本学习单元以某综合楼排水系统为例，对给排水系统施工图进行识读。具体学习任务有给排水设计施工说明识读、平面图识读、系统图识读、详图识读等。识读时应首先熟悉给排水施工图的特点、图例、系统方式及组成，然后按照给排水施工图识读方法进行识读。

1.4.3　任务分析

建筑给排水施工图一般由图纸目录、主要设备材料表、设计说明、图例、平面图、系统图（轴测图）、施工详图等组成。

阅读主要图纸之前，应当先看说明和设备材料表，然后以系统图为线索深入阅读平面图、系统图及详图。

阅读时，应三种图相互对照。首先看系统图，对各系统做到大致了解；再看给水系统图时，可由建筑的给水引入管开始，沿水流方向经干管、立管、支管到用水设备；最后看排水系统图时，可由排水设备开始，沿排水方向经支管、横管、立管、干管到排出管。

1.4.4　任务实施

施工图是工程的语言，是编制施工图预算和进行施工进行施工最重要的依据，施工单位应严格按照施工图施工。建筑给排水施工图是由基本图和详图所组成。基本图包括管线平面图、系统图和设计说明等，并分为室内和室外；详图包括各局部或部分的加工、安装尺寸和要求。建筑给排水系统作为建筑的重要组成部分，其施工图有以下几个特点：

（1）各系统一般多采用统一的图例符号表示，而这些图例符号一般并反应实物的原型。所以在识图前，应首先了解各种符号及其所表示的实物。

（2）系统都是用管道来输送流体，而且在管道中都有自己的流向，识图时可按流向去读，较易于掌握。

（3）各系统管道都是立体交叉安装的，仅看管道平面图难于看懂，一般都有系统图（或轴测图）来表达各管道系统和设备的空间关系，两种图互相对照阅读，更有利于识图。

（4）各设备系统的安装与土建施工是配套的，应注意其对土建的要求和各工种间的相互关系，如管槽、预埋件及预留洞口等。

1.4.4.1　建筑给排水设计施工说明识读

用工程绘图无法表达清楚的给水、排水、热水供应、雨水系统等管材、防腐、防冻、防露的做法；或难以表达的诸如管道连接、固定、竣工验收要求、施工中特殊情况技术处理措施，或施工方法要求严格必须遵守的技术规程、规定等，可在图纸中用文字写出设计施工说明。另外，在施工图中应给出设备、材料表，表明该项工程所需的各种设备和各类管道、管件、阀门、防腐和保温材料的名称、规格、型号和数量等。

1.4.4.1.1　图线及标注识读

1. 图线识读

建筑给排水施工图的线宽 b 应根据图纸的类别、比例和复杂程度确定。一般线宽 b 宜为 0.7mm 或 1.0mm。常用的线型应符合表 1.4.1 的规定。

表 1.4.1　　　　　　　　　　　　　**常 用 的 线 型**

名　称	线　型	线宽	一　般　用　途
粗实线	——————	b	新建各种给水排水管道线
中实线	——————	$0.5b$	1. 给水排水设备、构件的可见轮廓线； 2. 厂区（小区）给水排水管道图中新建建筑物、构筑物的可见轮廓线、原有给水排水的管道线
细实线	——————	$0.35b$	1. 平、剖面图中被剖切的建筑构造（包括构配件）的可见轮廓线； 2. 厂区（小区）给水排水管道图中原有建筑物、构筑物的可见轮廓线； 3. 尺寸线、尺寸界限、局部放大部分的范围线、引出线、标高符号线、较小图形的中心线等
粗虚线	- - - - - - -	b	新建各种给水排水管道线
中虚线	- - - - - -	$0.5b$	1. 给水排水设备、构件的不可见轮廓线； 2. 厂区（小区）给水排水管道图中新建建筑物、构筑物的不可见轮廓线、原有给水排水的管道线
细虚线	- - - - -	$0.35b$	1. 平、剖面图中被剖切的建筑构造的不可见轮廓线； 2. 厂区（小区）给水排水管道图中原有建筑物、构筑物的不可见轮廓线
细点画线		$0.35b$	中心线、定位轴线
折断线	——─/\/─——	$0.35b$	断开界限
波浪线	～～～～	$0.35b$	断开界限

2. 标高识读

室内工程应标注相对标高；室外工程应标注绝对标高，当无绝对标高资料时，可标注相对标高，但应与总图相互一致。

下列部位应标注标高：沟渠和重力流管道的起讫点、转角点、连接点、变尺寸（管径）点及交叉点；压力流管道中的标高控制点；管道穿外墙、剪力墙和构筑物的壁及底板等处；不同水位线处；构筑物和土建部分的相关标高。

压力管道应标注管中心标高，沟渠和重力流管道宜标注沟（管）内底标高。

标高的标注方法应符合如图 1.4.1 所示的规定：

（1）在平面图中，管道标高应按如图 1.4.1（a）所示的方式标注。

（2）在平面图中，沟渠标高应按如图 1.4.1（b）所示的方式标注。

（3）在剖面图中，管道及水位的标高应按如图 1.4.1（c）所示的方式标注。

（4）在轴测图中，管道标高应按如图 1.4.1（d）所示的方式标注。

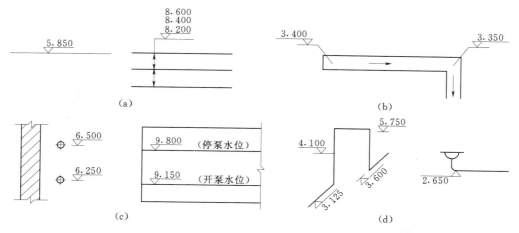

图 1.4.1　标高的标注方法

（a）平面图中管道标高标注法；（b）平面图中沟渠标高标注法；（c）剖面图中管道
及水位标高标注法；（d）轴测图中管道标高标注法

3. 管径识读

施工图上的管道必须按规定标注管径，管径尺寸以毫米为单位，在标注时通常只写代号与数字而不再注明单位；低压流体输送用焊接钢管、镀锌焊接钢管、铸铁管等，管径以公称直径（DN）表示，如 DN15、DN20 等；无缝钢管、直缝或螺旋缝电焊钢管、有色金属管、不锈钢钢管等，管径以外径×壁厚表示，如 $D108 \times 4$、$D426 \times 7$ 等；耐酸瓷管、混凝土管、钢筋混凝土管、陶土管（缸瓦管）等，管径以内径表示，如 $d230$、$d380$ 等；塑料管管径可用外径表示，如 $De20$、$De110$ 等，也可以按有关产品标准表示，如 LS/A—1014 表示标准工作压力 1.0MPa、内径为 10mm、外径为 14mm 的铝塑复合管。

管径的标注方法应符合如图 1.4.2 所示的规定：

（1）在单根管道时，管径应按如图 1.4.2（a）所示的方式标注。

（2）在多根管道时，管径应按如图 1.4.2（b）所示的方式标注。

4. 编号识读

（1）当建筑物的给水引入管或排水排出管的数量超过 1 根时，宜进行编号，编号宜按如图 1.4.3 所示的方法表示。

（2）建筑物穿越楼层的立管，其数量超过 1 根时宜进行编号，编号宜按如图 1.4.4 所示的方法表示。

（3）在总平面图中，当给排水附属构筑物的数量超过 1 个时，宜进行编号。编号方法为：构筑物代号—编号；给水构筑物的编号顺序宜为：从水源到干管，再从干管到支管，

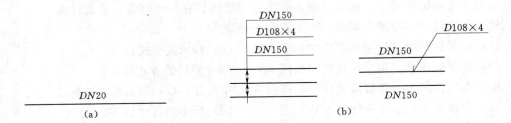

图 1.4.2　管径的标注方法
(a) 单管管径表示法；(b) 多管管径表示法

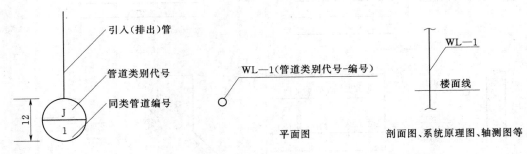

图 1.4.3　给水引入（排水排出）
管编号表示方法

图 1.4.4　立管编号表示方法

最后到用户；排水构筑物的编号顺序宜为：从上游到下游，先干管后支管。

(4) 当给排水机电设备的数量超过 1 台时，宜进行编号，并应有设备编号与设备名称对照表。

5. 标题栏识读

标题栏识读是以表格的形式画在图纸的右下角，内容包括图名、图号、项目名称、设计者姓名、图纸采用的比例等。

6. 比例识读

把管道图纸上的长短与实际大小相比的关系称为比例；是制图者根据所表示部分的复杂程度和画图的需要选择的比例关系。

7. 方位标识读

方位标识读是用以确定管道安装方位基准的图标；画在管道底层平面图上，一般用指北针、风玫瑰图等表示建（构）筑物或管线的方位。方位标的常见形式如图 1.4.5 所示。

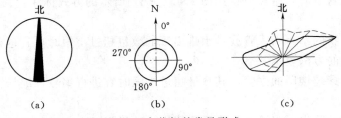

图 1.4.5　方位标的常见形式
(a) 指北针；(b) 坐标方位图；(c) 风玫瑰图

8. 坡度及坡向识读

表示管道倾斜的程度和高低方向，坡度用符号"*i*"表示，在其后加上等号并注写坡度值（m）；坡向用单面箭头表示，箭头指向低的一端，如图1.4.6所示。

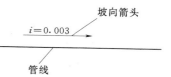

1.4.4.1.2 常用给排水图例识读

建筑给排水图纸上的管道、卫生器具、设备等均按照

图 1.4.6 坡度及坡向的标注

《给水排水制图标准》（GB/T 50106—2001）使用统一的图例来表示。在《给水排水制图标准》中列出了管道、管道附件、管道连接、管件、阀门、给水配件、消防设施、卫生设备及水池、小型给水排水构筑物、给水排水设备、仪表等共11类图例。这里仅给出一些常用图例供参考，见表1.4.2。

表 1.4.2　　　　　　　　　　　常　用　图　例

图 例	名 称	图 例	名 称
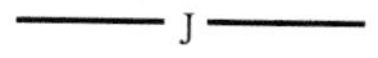 ——J——	生活给水管道	⋈	闸阀
 JL— │JL—	生活给水立管	↱	止回阀
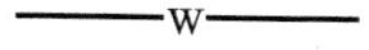 ——W——	污水管道	•	球阀
 WL— │WL—	污水立管	—	水龙头
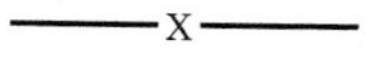 ——X——	消火栓给水管道	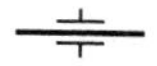 ⫤	防水套管
 XL— │XL—	消火栓给水立管	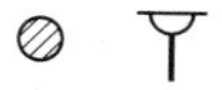 ⊘ Y	地漏
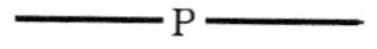 ——P——	喷淋给水管道	◢ ◒	室内消火栓
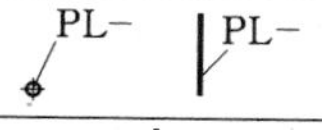 PL— │PL—	喷淋给水立管	◓	室外消火栓
 ⫢	带伸缩节检查口	⊸	消防水泵结合器
 ⫯	伸缩节	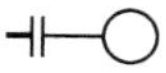 ┤○	浮球阀
 ◉— ⌐	地上式清扫口	⊢	角阀
╪	延时自闭冲洗阀	↿	自动排气阀
⊗	通气帽	⌐	管堵
⊤	小便器冲洗阀	⊙	末端试水阀
⊠◦	湿式报警阀	 ↓ ○	自动喷洒头（闭式）

1.4.4.2 建筑给排水施工图识读

1. 平面图识读

建筑内部给排水，以选用的给水方式来确定平面布置图的张数。底层及地下室必须绘出；顶层若有高位水箱等设备，也必须单独绘出。建筑中间各层，如卫生设备或用水设备的种类、数量和位置都相同，绘一张标准层平面布置图即可；否则，应逐层绘制。在各层平面布置图上，各种管道、立管应编号标明。

室内给排水管道平面图是施工图纸中最基本和最重要的图纸，常用的比例是 1：100 和 1：50 两种。它主要表明建筑物内给排水管道及卫生器具和用水设备的平面布置。图上的线条都是示意性的，同时管材配件如活接头、补芯、管箍等也不画出来，因此在识读图纸时还必须熟悉给排水管道的施工工艺。

在识读管道平面图时，应该掌握的主要内容和注意事项如下几点：

（1）查明卫生器具、用水设备和升压设备的类型、数量、安装位置、定位尺寸。

（2）弄清给水引入管和污水排出管的平面位置、走向、定位尺寸与室外给排水管网的连接形式、管径及坡度等。

（3）查明给排水干管、立管、支管的平面位置与走向、管径尺寸及立管编号。从平面图上可清楚地查明是明装还是暗装，以确定施工方法。

（4）消防给水管道要查明消火栓的布置、口径大小及消防箱的形式与位置。

（5）在给水管道上设置水表时，必须查明水表的型号、安装位置以及水表前后阀门的设置情况。

（6）对于室内排水管道，还要查明清通设备的布置情况，清扫口和检查口的型号和位置。

2. 系统图识读

系统图，也称"轴测图"，其绘法取水平、轴测、垂直方向，完全与平面布置图比例相同。系统图上应标明管道的管径、坡度，标出支管与立管的连接处以及管道各种附件的安装标高，标高的±0.00 应与建筑图一致。系统图上各种立管的编号应与平面布置图相一致。系统图均应按给水、排水、热水等各系统单独绘制，以便于施工安装和概预算应用。

给排水管道系统图主要表明管道系统的立体走向。系统图中对用水设备及卫生器具的种类、数量和位置完全相同的支管、立管，可不重复全部绘出，但应用文字标明。当系统图立管、支管在轴测方向重复交叉影响识图时，可断开移到图面空白处绘制。

在给水系统图上，卫生器具不需绘出，只需画出水龙头、淋浴器莲蓬头、冲洗水箱等符号；用水设备如锅炉、热交换器、水箱等则画出示意性的立体图，并在旁边注以文字说明。在排水系统图上也只画出相应的卫生器具的存水弯或器具排水管。

在识读系统图时，应掌握的主要内容和注意事项如下几点：

（1）查明给水管道系统的具体走向，干管的布置方式，管径尺寸及其变化情况，阀门的设置，引入管、干管及各支管的标高。

（2）查明排水管道的具体走向，管路分支情况，管径尺寸与横管坡度，管道各部分标高，存水弯的形式，清通设备的设置情况，弯头及三通的选用等。识读排水管道系统图时，一般按卫生器具或排水设备的存水弯、器具排水管、横支管、立管、排出管的顺序进行。

（3）系统图上对各楼层标高都有注明，识读时可据此分清管路是属于哪一层。

3. 详图识读

凡平面布置图、系统图中局部构造因受图面比例限制而表达不完善或无法表达的，为使施工概预算及施工不出现失误，必须绘出施工详图。通用施工详图系列，如卫生器具安装、排水检查井、雨水检查井、阀门井、水表井、局部污水处理构筑物等，均有各种施工标准图，施工详图宜首先采用标准图。绘制施工详图的比例以能清楚绘出构造为根据选用。施工详图应尽量详细注明尺寸，不应以比例代替尺寸。

室内给排水工程的详图包括节点图、大样图、标准图，主要是管道节点、水表、消火栓、水加热器、开水炉、卫生器具、套管、排水设备、管道支架等的安装图及卫生间大样图等。这些图都是根据实物用正投影法画出来的，图上都有详细尺寸，可供安装时直接使用。

1.4.4.3　某住宅楼给排水施工图识读实例

以图 1.4.7～图 1.4.10 所示的某住宅楼给排水施工图中西单元西住户为例介绍其识读过程。

1. 施工说明识读

本工程施工说明如下几点：

（1）图中尺寸标高以 m 计，其余均以 mm 计。本住宅楼日用水量为 13.4m³。

（2）给水管采用 PPR 管，热熔连接；排水管采用 UPVC 塑料管，承插粘接。出屋顶的排水管采用铸铁管，并刷防锈漆、银粉各两道。给水管 $De16$ 及 $De20$ 管壁厚为 2.0mm，$De25$ 管壁厚为 2.5mm。

（3）给排水支吊架安装见 98S10，地漏采用高水封地漏。

（4）坐便器安装见 98S1—85，洗脸盆安装见 98S1—41，住宅洗涤盆安装见 98S1—9，拖布池安装见 98S1—8，浴盆安装见 98S1—73。

（5）给水采用一户一表出户安装，所有给水阀门均采用铜质阀门。

（6）排水立管在每层标高 250mm 处设伸缩节，伸缩节作法见 98S1—156～158。排水横管坡度采用 0.026。

（7）凡是外露与非采暖房间给排水管道均采用 40mm 厚聚氨酯保温。

（8）卫生器具采用优质陶瓷产品，其规格型号由甲方定。

（9）安装完毕进行水压试验，试验工作严格按现行规范要求进行。

（10）说明未详尽之处均严格按现行规范施工及验收。

（11）本工程图例见表 1.4.2。

2. 给排水平面图识读

给水排水平面图的识读一般从底层开始，逐层阅读。给排水平面图如图 1.4.7～图 1.4.9 所示。从平面图可以看出，给水管由建筑物北侧分两路穿基础进入室内，先经厨房后到卫生间。厨房布置有洗涤盆，卫生间布置有坐便器、淋浴器、洗脸盆。厨房排水由北侧排出、卫生间排水由南侧排出。从大样图可以看出，厨卫给排水管道和卫生器具的详细布置情况及管道穿楼板预留洞的具体位置和尺寸。

3. 给水排水系统图识读

给水排水系统图如图 1.4.10 所示。由图上可看出，给水系统形式为直接供水，每一层均由独立管路供水。排水系统采用单立管排水，设伸顶通气管。

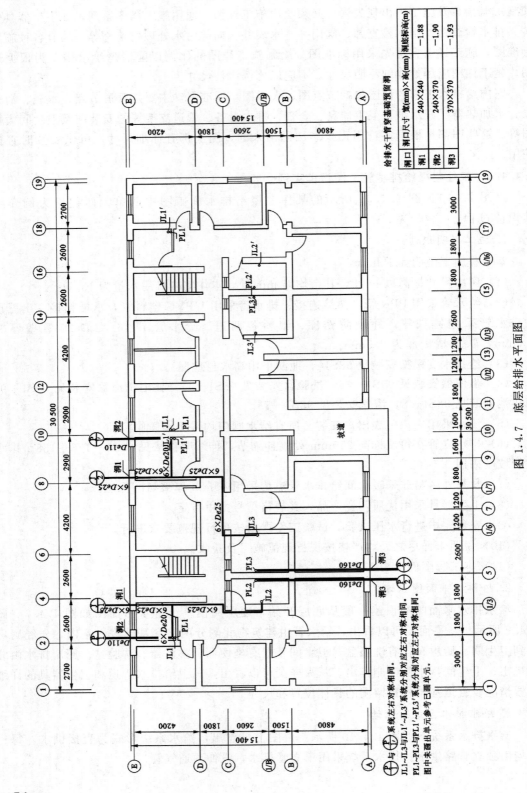

图 1.4.7　底层给排水平面图

给排水平管穿基础预留洞

洞口	洞口尺寸 宽(mm)×高(mm)	洞底标高(m)
洞1	240×240	−1.88
洞2	240×370	−1.90
洞3	370×370	−1.93

系统左右对称相同。
JL1~JL3与JL1′~JL3′系统分别对应左右对称相同。
PL1~PL3与PL1′~PL3′系统分别对应左右对称相同。
图中未画出单元参考已画单元。

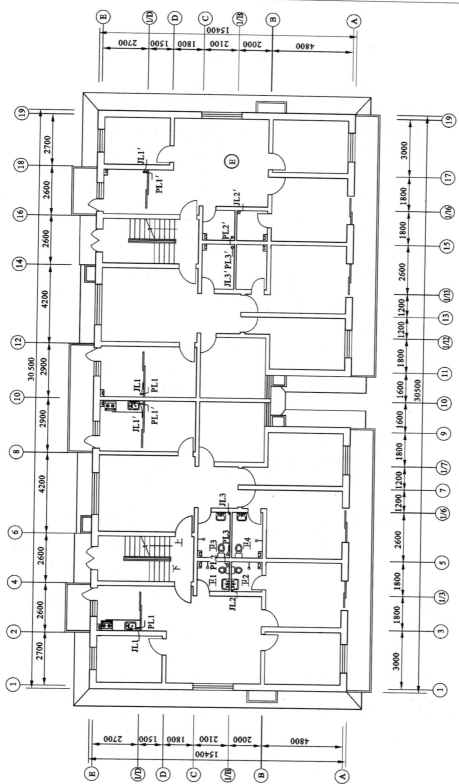

图 1.4.8　1~6 层给排水立管平面图

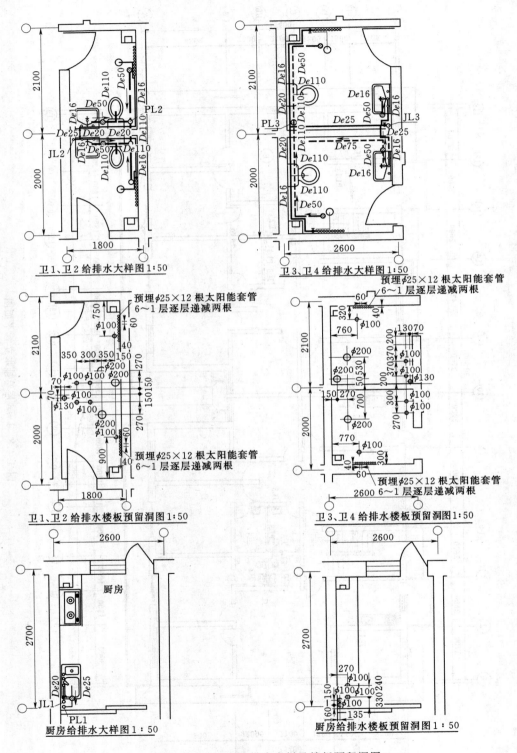

图 1.4.9　厨卫给排水大样及楼板预留洞图

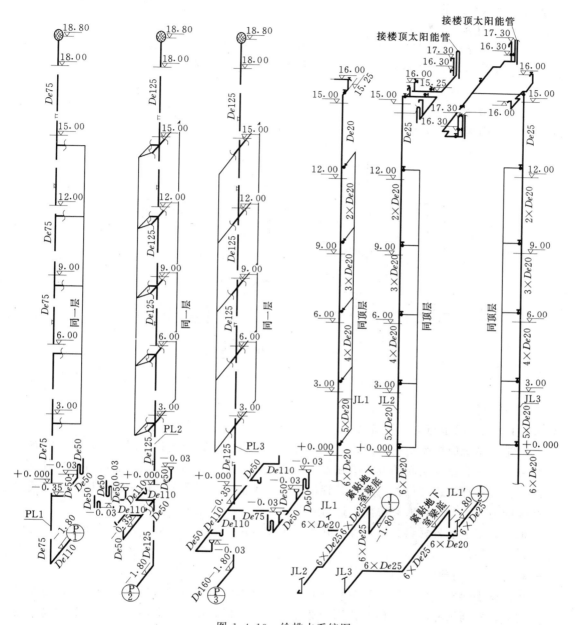

图 1.4.10　给排水系统图

学习单元 1.5　建筑给排水系统施工与组织

1.5.1　学习目标

通过本单元的学习，能够进行施工准备计划的编制；能够计算支架的数量并安装支吊架；能够进行管道的下料、加工、连接等操作；能够进行给水系统的安装、试压及冲洗；

能够进行排水系统的安装及试验。

1.5.2　学习任务

本学习单元以某综合楼给排水系统为例，讲述给排水系统的施工过程。具体学习任务有施工准备与支吊架安装、管子加工与连接、室内给水系统施工、室内排水系统施工。

1.5.3　任务分析

建筑给排水系统施工应以施工工艺流程进行，如图 1.5.1 所示。

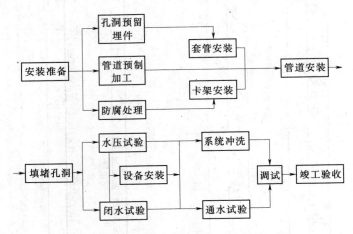

图 1.5.1　室内给排水系统安装工艺流程图

1.5.4　任务实施

1.5.4.1　施工准备与支吊架安装

给排水系统应按图施工，因此施工前要熟悉施工图，领会设计意图，根据施工方案决定的施工方法和技术交底的具体措施做好准备工作。同时，参照有关专业设备图和建筑施工图，核对各种管道的位置、标高、管道排列所用空间是否合理。如发现设计不合理或需要修改的地方，与设计人员协商后进行修改。

根据施工图准备材料和设备等，并在施工前按设计要求检验规格、型号和质量，符合要求，方可使用。

1.5.4.1.1　孔洞预留与预埋

在混凝土楼板、梁、墙上预留孔、洞、槽和预埋件时应有专人按设计图纸将管道及设备的位置、标高尺寸测定，标好孔洞的部位，将预制好的模盒、预埋铁件在绑扎钢筋前按标记固定牢，盒内塞入纸团等物，在浇筑混凝土过程中应有专人配合校对，看管模盒、埋件，以免移位。

预留孔应配合土建进行，其尺寸如设计无要求时应按表 1.5.1 的规定执行。

1.5.4.1.2　支吊架安装

1. 支架安装位置确定

支架的安装位置要依据管道的安装位置确定，首先根据设计要求定出固定支架和补偿器的位置，然后再确定活动支架的位置。

表 1.5.1 　　　　　　　　　　　　　　　预 留 孔 洞 尺 寸 　　　　　　　　　　　　　　　单位：mm

项次	管 道 名 称		明 管	暗 管
			留孔尺寸长×宽	墙槽尺寸宽度×深度
1	采暖或给水立管	管径≤25	100×100	130×130
		管径32～50	150×150	150×130
		管径70～100	200×200	200×200
2	1根排水立管	管径≤50	150×150	200×130
		管径70～100	200×200	250×200
3	2根采暖或给水立管	管径≤32	150×100	200×130
4	1根给水立管和1根排水立管在一起	管径≤50	200×150	200×130
		管径70～100	250×200	250×200
5	2根给水立管和1根排水立管在一起	管径≤50	200×150	250×130
		管径70～100	350×200	380×200
6	给水支管或散热器支管	管径≤25	100×100	65×60
		管径32～40	150×130	150×100
7	排水支管	管径≤80	250×200	—
		管径100	300×250	—
8	采暖或排水主干管	管径≤80	300×250	—
		管径100～125	350×300	—
9	给水引入管	管径≤100	300×200	—
10	排水排出管穿基础	管径≤80	300×300	—
		管径100～150	(管径+300)×(管径+200)	—

注 1. 给水引入管，管顶上部净空一般不小于100mm。
　　 2. 排水排出管，管顶上部净空一般不小于150mm。

（1）固定支架位置的确定。固定支架的安装位置由设计人员在施工图纸上给定，其位置确定时主要是考虑管道热补偿的需要。利用在管路中的合适位置布置固定点的方法，把管路划分成不同的区段，使两个固定点间的弯曲管段满足自然补偿，直线管段可利用设置补偿器进行补偿。固定支架的最大间距按表1.5.2选取。

表 1.5.2 　　　　　　　　　　　　　　　固定支架的最大间距

公称直径（mm）		15	20	25	32	40	50	65	80	100	125	150	200	250	300
方形补偿器（mm）		—	—	30	35	45	50	55	60	65	70	80	90	100	115
套筒补偿器（mm）		—	—	—	—	—	—	—	—	45	50	55	60	70	80
L形补偿器	长臂最大长度（m）			15	18	20	24	34	30	30	30	30			
	短臂最小长度（m）			2.0	2.5	3.0	3.5	4.0	5.0	5.5	6.0	6.0			

（2）活动支架位置的确定。活动支架的安装在图纸上不予给定，必须在施工现场根据实际情况并参照表的支架间距值具体确定。钢管管道支架的最大间距规定见表 1.5.3。

表 1.5.3　钢管管道支架的最大间距

公称直径（mm）		15	20	25	32	40	50	70	80	100	125	150	200	250	300
支架的最大间距（m）	保温管	1.5	2	2	2.5	3	3	4	4	4.5	5	6	7	8	8.5
	不保温管	2.5	3	3.5	4	4.5	5	6	6	6.5	7	8	9.5	11	12

实际安装时，活动支架的确定方法如下几点：

1）依据施工图要求的管道走向、位置和标高，测出同一水平直管段两端管道中心位置，标定在墙或构件表面上。如施工图只给出了管段一端的标高，可根据管段长度 L 和坡度 i 求出两端的高差 $h = iL$，再确定另一端的标高。但对于变径处，应根据变径形式及坡向确定变径前后两点的标高关系。如图 1.5.2 所示，变径前后 A、B 两点的标高差 $h = iL + (D - d)$。

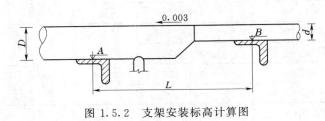

图 1.5.2　支架安装标高计算图

2）在管中心下方，分别量取管道中心至支架横梁表面的高差，标定在墙上，并用粉线根据管径在墙上逐段画出支架标高线。

3）按设计要求的固定支架位置和"墙不作架、托稳转交、中间等分、不超最大"的原则，在支架标高线上画出每个活动支架的安装位置，即可进行安装。

2. 管道支架安装方法选择

支架的安装方法主要是指支架的横梁在墙体或构件上的固定方法，俗称支架生根。现场安装以托架安装工序较为复杂。结合实际情况可用栽埋法、膨胀螺栓法、射钉法、预埋焊接法、抱柱法安装等。

1.5.4.2　管子加工与连接

管道加工是指管子的切割、调直、套丝、揻弯及制作异形管件等过程。

管道连接是将已经加工预制好的管子与管子或管子与管件和阀门等连接成一个完整的系统。管道连接的方法很多，常用的有螺纹连接、法兰连接、焊接连接、承插连接、卡套连接等，具体施工过程中，应根据管材、管径、壁厚、工艺要求等选用适合的连接方法。

1.5.4.2.1　管子加工

1. 管子切断

在管路安装前，需要根据安装的长度和形状将管子切断。常见的切断方法有锯割、刀割、磨割、气割、凿切、等离子切割等。

（1）锯割。手工钢锯架如图 1.5.3 所示。用手锯断管，应将管材固定在压力案的压力钳内，将锯条对准画线，双手推锯，锯条要保持与管的轴线垂直，推拉锯用力要均匀，锯口要锯到底，不许扭断或折断，以防管口断面变形。

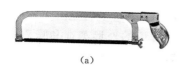 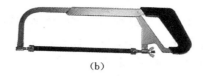

(a)　　　　　　　　　　　　　(b)

图 1.5.3　手工钢锯架

(a) 固定锯架；(b) 可调锯架

（2）刀割。刀割是指用管子割刀切断管子。一般用于切割直径 50mm 以下的管子，具有操作简便、速度快、切口断面平整的优点。管子割刀如图 1.5.4 所示。

使用管子割刀切割管子时，应将割刀的刀片对准切割线平稳切割，不得偏斜，每次进刀量不可过大，以免管口受挤压使管径变形，并应对切口处加油。管子切断后，应用铰刀铰去缩小部分。PPR 管和铝塑复合管的切断可选专用的切管刀。

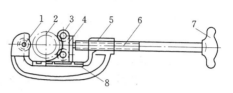

图 1.5.4　管子割刀

1—滚刀；2—被割管子；3—压紧滚轮；
4—滑动支座；5—螺母；6—螺杆；
7—把手；8—滑道

（3）气割。利用可燃气体同氧混合燃烧所产生的火焰分离材料的热切割，又称氧气切割或火焰切割。气割时，火焰在起割点将材料预热到燃点，然后喷射氧气流，使金属材料剧烈氧化燃烧，生成的氧化物熔渣被气流吹除，形成切口。气割用的氧纯度应大于 99%，可燃气体一般用乙炔气，也可用石油气、天然气或煤气。用乙炔气的切割效率最高，质量较好，但成本较高。气割设备主要是割炬和气源。割炬是产生气体火焰、传递和调节切割热能的工具，其结构影响气割速度和质量。采用快速割嘴可提高切割速度，使切口平直，表面光洁气割割炬如图 1.5.5 所示。

（4）磨割。用砂轮锯断管，应将管材放在砂轮锯卡钳上，对准画线卡牢，进行断管。断管时压手柄用力要均匀，不要用力过猛，断管后要将管口断面的铁膜、毛刺清除干净。砂轮切割机如图 1.5.6 所示。

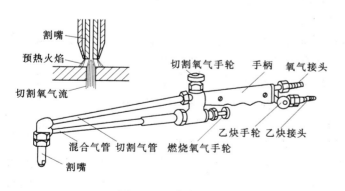

图 1.5.5　气割割炬

图 1.5.6　砂轮切割机

（5）凿切。凿切主要用于铸铁管及陶土管切断。铸铁管硬而脆，切割的方法与钢管不同。目前，通常采用凿切，有时也采用锯割和磨割。

2. 管子调直

管子在搬运和堆放过程中，常因碰撞而弯曲，加工和安装时也有可能使管子变形，但管道施工要求管子必须是横平竖直的，否则将影响管道的外形美观和管道的使用。因此，施工中要注意管子在切断前和加工后是否笔直，如有弯曲要进行调直。

管子调直一般采用冷调和热调两种方法。冷调直指在常温下直接调直，适用于公称直径 50mm 以下弯曲不大的钢管。热调直是将钢管加热到一定温度，在热态下调直，一般在钢管弯曲较大或直径较大时采用。

3. 管子弯曲

施工中常常需要改变管路走向，将管子弯曲以达到设计规定的角度。管子弯曲制作方法可分为冷弯和热弯两种。

(1) 冷弯。冷弯是在管子不加热的情况下，使用弯管工具对管子进行弯曲。冷弯操作简便，效率很高，但只适用于管径小、管壁薄的管子。

1) 手动弯管器。一般可以弯制公称直径 32mm 以下的管子。

2) 液压弯管器。液压弯管器利用液压原理通过靠模把管子弯曲。操作方法与手动弯管器基本相同。

3) 电动弯管机。电动弯管机是由电动机通过减速装置带动传动胎轮，在胎轮上设有管子夹持器，以夹紧管子固定在动胎轮上。弯制时，动胎轮和被加紧的管子一起旋转至所需弯曲角度。

(2) 热弯。首先将管子一端用木塞堵上，灌入干燥砂，用榔头轻轻在管外壁上敲打，将管内的砂子震实，再将管子的另一端也用木塞堵上，然后根据尺寸要求划好线进行加热。当受热管段表面呈橙红色时（900～950℃）即可进行搣制。如管径较小（小于32mm）或者弯曲的度数不大，可适当降低加热温度。

在整个弯管过程中，用力要均匀，速度不宜过快，但操作要连续、不可间断，当受热管表面呈暗红色时（700℃）应停止搣制。

4. 钢管套丝

管道中螺纹连接所用的螺纹称为管螺纹。管螺纹的加工习惯上称为套丝，是管道安装中最基本的、应用最多的操作技术之一。

钢管螺纹连接一般均采用圆锥螺纹与圆柱内螺纹连接，简称锥接柱。钢管套丝就是指对钢管末段进行外螺纹加工。加工方法有手工套丝和机械套丝两种。

一般情况下，管子和管子附件的外螺纹（外丝）用圆锥状螺纹，管子配件以及设备接口的内螺纹（内丝）用圆柱状螺纹。圆锥状螺纹和圆柱状螺纹齿形和尺寸相同，但和圆柱状螺纹锥度为零。圆锥状螺纹锥度角为 1°47′24″。常用管螺纹尺寸见表 1.5.4。

(1) 手工套丝。手动套丝板如图 1.5.7 所示。用手工套丝板套丝，先松开固定板机，把套丝板板盘退到零度，按顺序号上好板牙，把板盘对准所需刻度，拧紧固定板机，将管材放在压力案压力钳内，留出适当长度卡紧，将套丝板轻轻套入管材，使其松紧适度，而后两手推套丝板，带上 2～3 扣，再站到侧面扳转套丝板，用力要均匀，待丝扣即将套成时，轻轻松开板机，开机退板，保持丝扣应有的锥度。管子螺纹长度尺寸见表 1.5.4。

表 1.5.4 　　　　　　　　　　　　　　管子螺纹长度尺寸表

项次	公称直径		普通丝头		长丝（连接设备用）		短丝（连接阀类用）	
	mm	in	长度（mm）	螺纹数	长度（mm）	螺纹数	长度（mm）	螺纹数
1	15	1/2	14	8	50	28	12.0	6.5
2	20	3/4	16	9	55	30	13.5	7.5
3	25	1	18	8	60	26	15.0	6.5
4	32	$1\frac{1}{4}$	20	9	65	28	17.0	7.5
5	40	$1\frac{1}{2}$	22	10	70	30	19.0	8.0
6	50	2	24	11	75	33	21.0	9.0
7	70	$2\frac{1}{2}$	27	12	85	37	23.5	10.0
8	80	3	30	13	100	44	26	11.0

注　螺纹长度均包括螺尾在内。

图 1.5.7　手动套丝板

图 1.5.8　电动套丝机

（2）机械套丝。机械套丝是指用套丝机加工管螺纹。目前，在安装现场已普遍使用套丝机来加工管螺纹。

套丝机按结构形式分为两类，一类是板牙架旋转，用卡具夹持管子纵向滑动，送入板牙内加工管螺纹；另一类是用卡具夹持管子夹持管子旋转，纵向滑动板牙架加工管螺纹。目前，使用第二种的套丝机较多。这种套丝机由电动机、卡盘、割管刀、板牙架和润滑油系统等组成。电动机、减速箱、空心主轴、冷却循环泵均安装在同一箱体内，板牙架、割管刀、铣刀都装在托架上，电动套丝机如图 1.5.8 所示。

套丝机的使用步骤：

1）在板牙架上装好板牙。

2）将管子从后卡盘孔穿入到前卡盘，留出合适的套丝长度后卡紧。

3）放下板牙架，加机油后按开启按钮使机器运转，搬动进给把手，是板牙对准管子端部，稍加一点压力，于是套丝机就开始工作。

4）板牙对管子很快就套出一段标准螺纹，然后关闭开关，松开板牙头，退出把手，拆下管子。

5）用管子割刀切断的管子套丝后，应用铣刀铣去管内径缩口边缘部分。

管螺纹的加工质量，是决定螺纹连接严密与否的关键环节。按质量要求加工的管螺纹，既是不加填料，也能保证连接的严密性；质量差的管螺纹，即使及时加较多的填料，也难保证连接的严密。为此，管螺纹应达到以下质量标准：

1）螺纹表面应光洁、无裂缝，可微有毛刺。

2）螺纹断缺总长度，不得超过表1.5.4中规定长度的10%，各断缺处不得纵向连贯。

3）螺纹高度减低量，不得超过15%。

4）螺纹工作长度可允许短15%，但不应超长。

5）螺纹不得有偏丝、细丝、乱丝等缺陷。

1.5.4.2.2　管子连接

1．管道螺纹连接

螺纹连接也称丝扣连接，是通过外螺纹和内螺纹之间的相互来实现管道连接的。螺纹连接适用于焊接钢管150mm以下管径以及带螺纹的阀类和设备接管的连接，适宜于工作压力在1.6MPa内的给水、热水、低压蒸汽、燃气等介质。

螺纹连接步骤如下：

（1）断管：根据现场测绘草图，在选好的管材上画线，按线断管。

（2）套丝：将断好的管材，按管径尺寸分次套制丝扣，一般以管径15～32mm者套2次，40～50mm者套3次，70mm以上者套3～4次为宜。

（3）配装管件：根据现场测绘草图，将已套好丝扣的管材，配装管件。

1）配装管件时应将所需管件带入管丝扣，试松紧度（一般用手带入3扣为宜）。在丝扣处涂铅油、缠麻后带入管件，然后用管钳将管件拧紧，使丝扣外露2～3扣，去掉麻头，擦净铅油，编号放到适当位置等待调直。

2）根据配装管件的管径的大小选用适当的管钳见表1.5.5。管钳的外形如图1.5.9所示。

表1.5.5　　　　管钳适用范围表

名称	规格(in)	适用范围	
		公称直径（mm）	英制对照（in）
管钳	12	15～20	1/2～3/4
	14	20～25	3/4～1
	18	32～50	$1\frac{1}{4}$～2
	24	50～80	2～3
	36	80～100	3～4

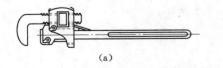
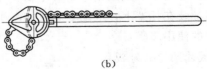

(a)　　　　　　　　　　(b)

图1.5.9　管钳的外形

(a) 管钳；(b) 链钳

首先将要连接的两管接头丝头用麻丝按顺螺纹方向缠上少许，再涂抹白铅油，涂抹要均匀。对于介质温度超过115℃的管路接口，可采用黑铅油和石棉绳。

（4）管段调直：将已装好管件的管段，在安装前进行调直。

2．法兰连接

法兰是管道之间、管道与设备之间的一种连接装置。在管道工程中，凡需要经常检修或定期清理的阀门、管路附属设备与管子的连接一般采用法兰连接。法兰包括上下法兰片、垫片和螺栓螺母三部分。管道法兰连接如图 1.5.10 所示。

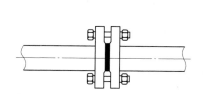

图 1.5.10 管道法兰连接

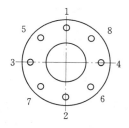

图 1.5.11 紧固法兰螺栓次序

法兰连接的过程一般分三步进行，首先将法兰装配或焊接在管端，然后将垫片置于法兰之间，最后用螺栓连接两个法兰并拧紧，使之达到连接和密封管路的目的。

法兰连接时，无论使用哪种方法，都必须在法兰盘与法兰盘之间垫适应输送介质的垫圈，从而达到密封的目的。法兰垫圈应符合要求，不允许使用斜垫圈或双层垫圈。连接时，要注意两片法兰的螺栓孔对准，连接法兰的螺栓应使用同一规格，全部螺母应位于法兰的一侧。紧固螺栓时应按照图所示次序进行，大口径法兰最好两人在对称位置同时进行。紧固法兰螺栓次序如图 1.5.11 所示。

法兰盘或螺栓处在狭窄空间、特殊位置及回旋空间极小时，可采用梅花扳手、手动套筒扳手、内六角扳手、增力扳手、棘轮扳手等。

3．焊接连接

焊接连接是管道工程中最重要且应用最广泛的连接方法。管子焊接是将管子接口处及焊条加热，达到金属熔化的状态，而使两个被焊件连接成一体。

焊接连接有焊条电弧焊、气焊、手工氩弧焊、埋弧自动焊等。在施工现场，手工电弧焊和气焊应用最为普遍，它是利用电弧产生的高温、高热量进行焊接的。焊条电弧焊如图 1.5.12 所示。

气焊是利用可燃气体和氧气在焊枪中混合后，由焊嘴中喷出点火燃烧，燃烧产生热量来熔化焊件接头处和焊丝形成牢固的接头。如图 1.5.13 所示，气焊主要应用于薄钢板、有色金属、铸铁件、刀具的焊接以及硬质合金等材料的堆焊和磨损件的补焊。气焊所用的可燃气体主要有乙炔气、液化石油气、天然气及氢气等，目前常用的是乙炔气，因为乙炔在纯氧中燃烧时所放出的有效热量最多。

手工电弧焊的优点是电弧温度高，穿透能力比气焊大，接口容易焊透，适用厚壁焊件。因此，电焊适合于焊接大于 4mm 的焊件，气焊适合于焊接小于 4mm 的薄焊件，在同样条件下电焊的焊缝强度高于气焊。

在相同条件下，气焊消耗氧气、乙炔气、气焊条，电焊消耗电能和电焊条，相比之下气焊的成本高于电焊。

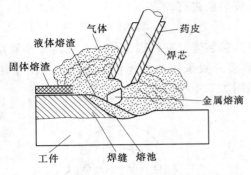

图 1.5.12　焊条电弧焊过程示意图

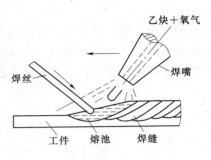

图 1.5.13　气焊示意图

因此，就焊接而言，电焊优于气焊，故应优先选用电焊。具体采用哪种焊接方法，应根据管道焊接工作的条件、焊接结构特点、焊缝所处空间以及焊接设备和材料来选择使用。在一般情况下，气焊用于公称直径小于 50mm、管壁厚度小于 3.5m 的管道连接，电焊用于公称直径不小于 50mm 的管道连接。

4. 承插连接

承插连接就是把管道的插口插入承口内，然后在四周的间隙内加满填料打实密封。在管道工程中，铸铁管、陶瓷管、混凝土管、塑料管等管材常采用承插连接。主要适用于给水、排水、化工、燃气等工程。

承插连接是将管子或管件的插口（俗称小头）插入承口（俗称喇叭口），并在其插接的环形间隙内填入接口材料的连接。按接口材料不同，承插连接分为石棉水泥接口、水泥接口，自应力水泥砂浆接口、三合一水泥接口、青铅接口等。

承插接口的填料分两层：内层用油麻丝或胶圈，其作用是使承插口的间隙均匀，并使下一步的外层填料不致落入管腔，有一定的密封作用；外层填料主要起密封和增强的作用，可根据不同要求选择接口材料。

铸铁管承插连接的步骤如下：

（1）管材检查及管口清理。铸铁管及管件在连接前必须进行检查，一是检查是否有砂眼；二是检查是否有裂纹，裂纹是由于铸铁管性脆，在运输及装卸中碰撞而形成的。

（2）管子对口。将承插管的插口插入承口内，使插口端部与承口内部底端保留 2～3mm 的对口间隙，并尽量使接口的环形缝隙保持均匀。

（3）填麻、打麻（或打橡胶圈）。将麻线拧成粗度大于接口环开缝隙的线股，用捻凿打入接口缝隙，打麻的深度一般应为承口深度的 1/3。当管径大于 300mm 时，可用橡胶圈代替麻绳，称为柔性接口。

（4）填接口材料，打灰口。麻打实后，将接口材料分层填入接口，并分层用捻凿和手捶加力打实至捶打时有回弹力。打实后，填料应与承口平齐。

常用接口材料有如下几点：

1）水泥捻口：一般用于室内、外铸铁排水管道的承插口连接如图 1.5.14 所示。

2）石棉水泥接口：一般室内、外铸铁给水管道敷设均采用石棉水泥捻口，即在水泥内掺适量的石棉绒拌和。

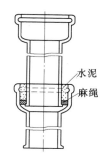

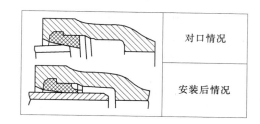

对口情况

安装后情况

图 1.5.14　水泥捻口　　　　　　　　图 1.5.15　橡胶圈安装示意图

3）铅接口：一般用于工业厂房室内铸铁给水管敷设，设计有特殊要求或室外铸铁给水管紧急抢修，管道碰头急于通水的情况可采用铅接口。

4）橡胶圈接口：一般用于室外铸铁给水管铺设。安装的管与管接口、管与管件仍需采用石棉水泥捻口。橡胶圈安装示意如图 1.5.15 所示。

（5）接口养护。在接口处绕上草绳或盖上草帘，在上面洒水对水泥材料的填料进行潮润性养护，养护时间一般不少于48h。

5. 管道粘接连接

粘接连接是在需要连接的两管端结合处，涂以合适的胶黏剂，使其依靠胶黏剂的粘接力牢固而紧密地结合在一起的连接方法。粘接连接施工简便，价格低廉、自重轻以及兼有耐腐蚀、密封等优点，一般适用于塑料管、玻璃管等非金属管道上。粘接接头不宜在环境温度0℃以下操作，应防止胶黏剂结冻。不得采用明火或电炉等设施加热胶黏剂。

UPVC管粘接连接步骤如下：

（1）管子和管件在粘接前应采用清洁棉纱或干布将承插口的内侧和插口外侧擦拭干净，并保持粘接面洁净。若表面沾有油污，应采用棉纱蘸丙酮等清洁剂擦净。

（2）用油刷涂抹胶黏剂时，应先涂承口内侧，后涂插口外侧。涂抹承口时应顺轴向由里向外吐沫均匀、适量，不得漏涂或涂抹过厚。

（3）承插口涂刷胶黏剂后，宜在20s内对准轴线一次连续用力插入。管端插入承口深度应根据实测承口深度，在插入管端表面作出标记，插入后将管旋转90°。UPVC管粘接管端插入深度见表1.5.6。

表 1.5.6　　　　　　　　　　　　**UPVC管粘接管端插入深度**　　　　　　　　　单位：mm

代　号	管子外径	管端插入深度	代　号	管子外径	管端插入深度
1	40	25	4	110	50
2	50	25	5	160	60
3	75	40			

（4）插接完毕，应即刻将接头外部挤出的胶黏剂擦揩干净。应避免受力，静置至接口固化为止，待接头牢固后方可继续安装。

6. 管道的热熔连接

热熔连接是由相同热塑性塑料制作的管材与管件互相连接时，采用专用热熔机具将连接部位表面加热，连接接触面处的本体材料互相熔合，冷却后连接成为一个整体。热熔连接有对接式热熔连接、承插式热熔连接和电熔连接。

电熔连接是由相同的热塑性塑料管道连接时，插入特制的电熔管件，由电熔连接机具对电熔管件通电，依靠电熔管件内部预先埋设的电阻丝产生所需的热量进行熔接，冷却后管道与电熔管件连接成为一个整体。

热熔连接多用于室内生活给水 PPR 管、PB 管的安装。热熔连接后，管材与管件形成一个整体，连接部位强度高、可靠性强、施工速度快。

1.5.4.3 室内给水系统施工

室内生活给水、消防给水及热水供应管道安装的一般程序为：引入管安装——水表节点安装——水平干管安装——立管安装——横支管安装——管道试压——管道冲洗——管道防腐。

1.5.4.3.1 引入管安装

(1) 给水引入管与排出管的水平净距不小于 1.0m；室内给水管与排水管平行敷设时，管间最小水平净距为 0.5m，交叉时垂直净距 0.15m。给水管应铺设在排水管的上方。当地下管较多，敷设有困难时，可在给水管上加钢套管，其长度不应小于排水管径的 3 倍，且其净距不得小于 0.15m。

表 1.5.7 给水引入管穿过基础预留孔洞尺寸规格 单位：mm

管　径	<50	50～100	125～150
留洞尺寸	200×200	300×300	400×400

(2) 引入管穿过承重墙或基础时，应配合土建预留孔洞。留洞尺寸见表 1.5.7，给水管道穿基础做法如图 1.5.16 所示。

(3) 引入管及其他管道穿越地下构筑物外墙时应采取防水措施，加设防水套管。

(4) 引入管应有不小于 0.003 的坡度坡向室外给水管网，并在每条引入管上装设阀门，必要时还应装设泄水装置。

1.5.4.3.2 水表节点安装

安装水表时，在水表前后应有阀门及放水阀。阀门的作用是关闭管段，以便修理或拆换水表。放水阀主要用于检修室内管路时，将系统内的水放空与检验水表的灵敏度。水表与管道的连接方式，有螺纹连接和法兰连接两种。

1.5.4.3.3 室内给水管道安装

1. 干管安装

干管安装通常分为埋地式干管安装和上供架空式干管安装两种。对于上行下给式系统，干管可明装于顶层楼板下或暗装于屋顶、吊顶及技术层中；对于下行上给式系统，干管可敷设于底层地面上、地下室楼板下及地沟内。

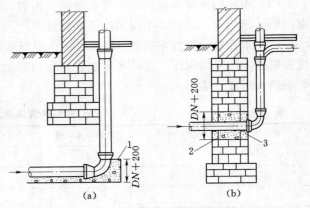

图 1.5.16 引入管进入建筑
(a) 从浅基础下通过；(b) 穿基础

水平干管应铺设在支架上，安装时先装支架，然后安装上管。给水干管宜有 0.002～0.005 的坡度，坡向泄水装置，以有利于管道冲洗及放空。给水干管的中部应设固定支架，以保证管道系统的整体稳定性。

干管安装后，还应进行最后的校正调直，保证整根管子水平和垂直面都在同一直线上并最后固定。并用水平尺在管段上复核，防止局部管段出现"塌腰"或"拱起"的现象。

当给水管道穿越建筑物的沉降缝时，有可能在墙体沉陷时折剪管道而发生漏水或断裂等，此时给水管道需做防剪切破坏处理。原则上管道应尽量避免通过沉降缝，当必须通过时，有以下几种处理方法。

（1）丝扣弯头法。在管道穿越沉降缝时，利用丝扣弯头把管道做成门形管，利用丝扣弯头的可移动性缓解墙体沉降不均的剪切力。在建筑物沉降过程中，两边的沉降差就可用由丝扣弯头的旋转来补偿。这种方法用于小管径的管道。如图 1.5.17 所示。

（2）橡胶软管法。用橡胶软管连接沉降缝两端的管道，这种做法只适用于冷水管道（$t \leqslant 20℃$）。如图 1.5.18 所示。

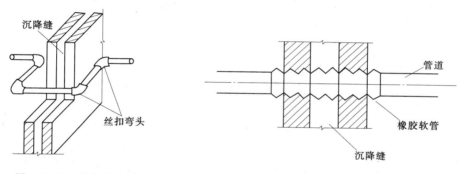

图 1.5.17　丝扣弯头法　　　　　　　图 1.5.18　橡胶软管法

（3）活动支架法。把沉降缝两侧的支架做成使管道能垂直位移而不能水平横向位移，如图 1.5.19 所示。

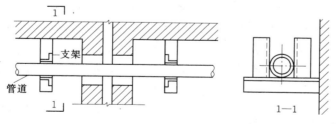

图 1.5.19　活动支架法

2．立管安装

干管安装后即可安装立管。给水立管可分为明装和安装于管道竖井或墙槽内的安装。立管安装步骤如下：

（1）根据地下给水干管各立管甩头位置，应配合土建施工，按设计要求及时准确地逐层预留孔洞或埋设套管。

（2）用线垂吊挂在立管的位置上，用"粉囊"在墙面上弹出垂直线，立管就可以根据该线来安装。立管长度较长，如采用螺纹连接时，可按图纸上所确定的立管管件，量出实际尺寸记录在图纸上，先进行预组装。安装后经过调直，将立管的管段做好编号，再拆开到现场重新组装。

（3）根据立管卡的高度，在垂直中心线上画横线确定管卡的安装位置并打洞埋好立管卡。每安装一层立管，用立管卡件予以固定，管卡距地面 1.5～1.8m，两个以上的管卡应均匀安装，成排管道或同一房间的管卡和阀门等安装高度应保持一致。

3. 支管安装

立管安装后，就可以安装支管，方法也是先在墙面上弹出位置线，但是必须在所接的设备安装定位后才可以连接，安装方法与立管相同。

安装支管前，先按立管上预留的管口在墙面上画出（或弹出）水平支管安装位置的横线，并在横线上按图纸要求画出各分支线或给水配件的位置中心线，再根据横线中心线测出各支管的实际尺寸进行编号记录，根据记录尺寸进行预制和组装（组装长度以方便上管为宜），检查调直后进行安装。

横支管管架的间距依要求而设，支管支架宜采用管卡做支架。支架安装时，宜有不小于 0.002 的坡度，坡向立管或配水点。

1.5.4.3.4　室内给水管道试压及冲洗

1. 管道的试验

埋地的引入管、水平干管必须在隐蔽前进行水压试验，试验合格并验收后方可隐蔽。

管道水压试验的步骤：

（1）首先检查整个管路中的所有控制阀门是否打开，与其他管网以及不能参与试压的设备是否隔开。

（2）将试压泵、阀门、压力表、进水管等按图 1.5.20 所示接在管路上，打开阀门 1、2 及 3，向管中充水，同时，在管网的最高点排气，待排气阀中出水时关闭排气阀和进水阀 3，打开阀门 4，启动手动水泵或电动试压泵加压。

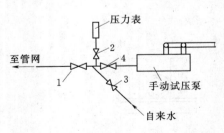

图 1.5.20　室内给水管试压装置图

（3）压力升高到一定数值时，应停下来对管道进行检查，无问题时再继续加压，一般分 2～3 次达到试验压力，当压力达到试验压力时，停止加压，关闭阀门 4。管道在试验压力下保持 10min，如管道未发现泄漏现象，压力表指针下降不超过 0.02MPa，即认为强度试验合格。

（4）把压力降至工作压力进行严密性试验。在工作压力下对管道进行全面检查，稳压 24h 后，如压力表指针无下降，管道的焊缝及法兰连接处未发现渗漏现象，即可认为严密性试验合格。

（5）试验过程中如发生泄漏，不得带压修理。缺陷消除后，应重新试验。

（6）系统试验合格后，填写"管道系统试验记录"。

2. 管道系统冲洗

管道系统强度和严密性试验合格后，应分段进行冲洗。冲洗顺序一般应按主管、支管、疏排管依次进行，分段进行冲洗。

管道系统冲洗的操作规程：

（1）管道系统的冲洗应在管道试压合格后，调试、运行前进行。

（2）管道冲洗进水口及排水口应选择适当位置，并能保证将管道系统内的杂物冲洗干净为宜。排水管截面积不应小于被冲洗管道截面的60%，排水管应接至排水井或排水沟内。

（3）冲洗时，以系统内可能达到的最大压力和流量进行，直到出口处的水色和透明度与入口处目测一致为合格。

1.5.4.4　室内排水系统施工

室内排水系统施工的工艺流程为：

施工准备——→埋地管安装——→干管安装——→立管安装——→支管安装——→器具支管安装——→封口堵洞——→灌水试验——→通水通球试验。

1.5.4.4.1　施工准备

根据施工图及技术交底，配合土建完成管段穿越基础、墙壁和楼板的预留孔洞，并检查、校核预留孔洞的位置和大小是否准确，将管道位置、标高进行画线定位。

1.5.4.4.2　室内排水管道的施工

1．排出管的安装

排水管道穿墙、穿基础时应按图1.5.21安装。排水管穿过承重墙或基础处应预留孔洞，使管顶上部净空不得小于建筑物的沉降量，一般不小于0.15m。排出管道穿墙、穿基础预留孔洞尺寸见表1.5.8。

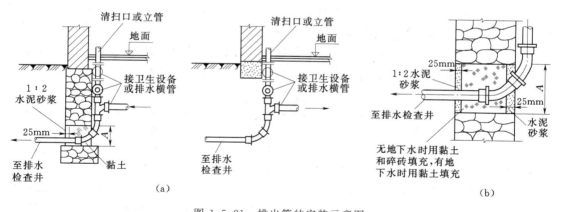

图 1.5.21　排出管的安装示意图

（a）排出管穿基础；（b）穿过地下室墙壁排出管

说明：用于有地下水地区时，基础面的防水措施与构筑物的墙面防水措施相同。

表 1.5.8　　　　　　　　　　穿墙、穿基础时预留孔洞尺寸　　　　　　　　　　单位：mm

排出管直径（DN）	50～100	125～150	200～250
孔洞 A 穿基础	300×300	400×400	500×500
孔洞 A 穿砖墙	240×240	360×360	490×490

2．污水干管安装

首先根据设计图纸要求的坐标、标高预留槽洞或预埋套管。埋入地下时，按设计坐标、标高、坡向、坡度开挖槽沟并夯实。采用托吊管安装时应按设计坐标、标高，现场拉线确定排水方向坡度做好托、吊架。

生活污水塑料管道的坡度必须符合设计要求或表 1.5.9 的规定。横管的坡度设计无要求时，坡度应为 0.026。立管管件承口外侧与墙饰面的距离宜为 20～50mm。

表 1.5.9 生活污水塑料管道的坡度

项次	管径 （mm）	标准坡度 （‰）	最小坡度 （‰）	项次	管径 （mm）	标准坡度 （‰）	最小坡度 （‰）
1	50	25	12	4	125	10	5
2	75	15	8	5	160	7	4
3	110	12	6				

管道支承件的间距，立管管径为 50mm 的，不得大于 1.2m；管径大于或等于 75mm 的，不得大于 2m；横管直线管段支承件间距宜符合表 1.5.10 的规定。

表 1.5.10 横管直线管段支承件的间距

管径（mm）	40	50	75	90	110	125	160
间距（m）	0.40	0.50	0.75	0.90	1.10	1.25	1.60

3. 立管安装

首先按设计坐标要求，将洞口预留或后剔，洞口尺寸不得过大，更不可损伤受力钢筋。安装前清理场地，根据需要支搭操作平台。

立管安装前先出高处拉一根垂直线至首层，以确保垂直；安装时按设计要求安装伸缩节，伸缩节最大允许伸缩量见表 1.5.11 的规定，伸缩节设置位置如图 1.5.22 所示。

表 1.5.11 伸缩节最大允许伸缩量 单位：mm

管径	50	75	90	110	125	160
最大允许伸缩量	12	15	20	20	20	25

将已预制好的立管运到安装部位。首先清理已预留的伸缩节，将锁母拧下，取出 U 形橡胶圈，清理杂物。复查上层洞口是否合适。立管插入端应先划好插入长度标记，然后涂上肥皂液，套上锁母及 U 形橡胶圈。安装时先将立管上端伸入上一层洞口内，垂直用力插入至标记为止（一般预留胀缩量为 20～30mm）。合适后即用自制 U 形钢制抱卡紧固于伸缩节上沿。然后找正找直，并测量顶板距三通口中心是否符合要求。无误后即可堵洞，并将上层预留伸缩节封严。

为了使立管连接支管处位移最小，伸缩节应尽量设在靠近水流汇合管件处。为了控制管道的膨胀方向，两个伸缩节之间必须设置一个固定支架。

固定支撑每层设置一个，以控制立管膨胀方向，分层支撑管道的自重，当层高 $H<$ 4m（$DN<50$，$H<3m$）时，层间设滑动支撑一个；若层高 $H>4m$（$DN<50$，$H>3m$）时，层间设滑动支撑两个。

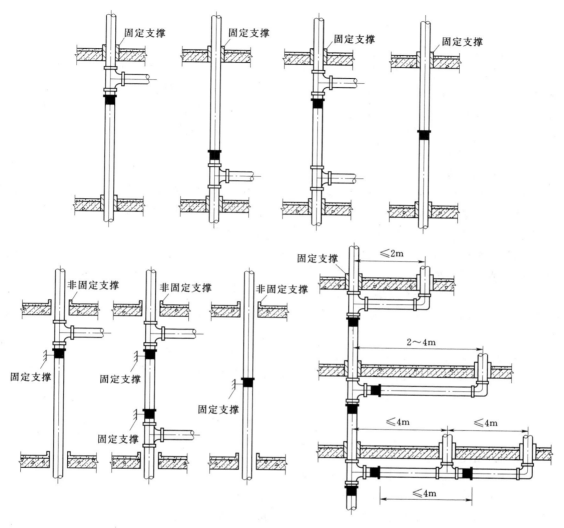

图 1.5.22 伸缩节设置位置

室内塑料排水管道安装的允许偏差和检验方法允许偏差项目见表 1.5.12。

表 1.5.12 室内塑料排水管道安装的允许偏差和检验方法

项目		允许偏差（mm）	检查方法
水平管道纵、横方向弯曲	每 1m	1.5	用水准仪（水平尺）、直尺、拉线和尺量检查
	全长（25m 以上）	≤38	
立管垂直度	每 1m	3	吊线和尺量检查
	全长（5m 以上）	≤15	

4. 支管安装

首先剔出吊卡孔洞或复查预埋件是否合适。清理场地，按需要支搭操作平台。将预制好的支管按编号运至现场。清除各粘接部位的污物及水分。将支管水平初步吊起，涂抹黏接剂，用力推入预留管口。根据管段长度调整好坡度。合适后固定卡架，封闭各预留管口和堵洞。

5. 器具连接管安装

核查建筑物地面、墙面做法、厚度。找出预留口坐标、标高。然后按准确尺寸修整预留洞口。分部位实测尺寸做记录，并预制加工、编号。安装粘接时，必须将预留管口清理干净，再进行粘接。粘牢后找正、找直，封闭管口和堵洞打开下一层立管扫除口，用充气橡胶堵封闭上部，进行闭水试验。合格后，撤去橡胶堵，封好扫除口。

1.5.4.4.3　室内排水系统试验

1. 通球灌水试验

室内排水系统安装完后，要进行通球、灌水试验，通球用胶球按管道直径选用。

通球前，必须作通水试验，试验程序为由上而下进行以不堵为合格。胶球应从排水立管顶端投入，并注入一定水量于管内，使球能顺利流出为合格。

隐蔽或埋地的排水管道在隐蔽前必须做灌水试验，其灌水高度应不低于底层卫生器具的上边缘或底层地面高度。

灌水试验时，先把各卫生器具的口堵塞，然后把排水管道灌满水，满水 15min 水面下降后，再灌满观察 5min，液面不下降，管道及接口无渗漏为合格。

2. 闭水试验

排水管道安装后，按规定要求必须进行闭水试验。凡属隐蔽暗装管道必须按分项工序进行。卫生洁具及设备安装后，必须进行通水通球试验。且应在油漆粉刷最后一道工序前进行。

复 习 思 考 题

1. 流体的主要力学性质有哪些？
2. 室内给水系统一般由哪些部分组成？
3. 室内给水方式有哪几种？分别应用在什么情况下？
4. 室内消火栓给水系统主要由哪几部分组成？分别有什么作用？
5. 简述室内自喷系统的分类。
6. 高层建筑室内消防给水系统为什么要进行竖向分区？常用的分区方式有几种？
7. 高层建筑给排水系统有什么特点？常采用什么方式？
8. 给排水系统施工图的图纸组成和内容包括什么？
9. 简述给排水施工图的识读顺序和方法。
10. 室内给排水管道常用管材及连接方式是什么？
11. 简述室内给排水施工工艺流程
12. 简述室内给排水系统检验验收标准。

学习情境2　建筑采暖系统施工与组织

学习单元2.1　建筑采暖系统分析

2.1.1　学习目标

通过本单元的学习，能够分析不同类型的采暖系统的特点及组成；能够选择采暖系统形式；能够选用采暖系统所用的材料和设备；能够进行一般室内采暖管路布置设计。

2.1.2　学习任务

本学习单元以某综合楼采暖系统（见附录2）为例，对采暖系统进行分析。建筑采暖系统分析包括传热过程及方式分析、热水采暖系统分析、蒸汽采暖系统分析、采暖系统主要设备选用、低温热水地板辐射采暖系统分析。

2.1.3　任务分析

根据学习目标，首先必须掌握墙体和散热器的传热过程及方式，分析采暖系统组成及原理、布置原则与敷设要求，然后选择系统所用材料及设备并验收，包括材料的种类，规格以及型号；最后进行一般室内采暖管路布置设计。

采暖就是使室内获得热量并保持一定的温度，以达到适宜的生活条件或工作条件的技术。所有采暖系统都是由热媒制备（热源）、热媒输送和热媒利用（散热设备）三个主要部分组成。

2.1.4　任务实施

2.1.4.1　传热过程及方式分析

在供暖工程中，供暖热负荷的确定需要计算围护结构的传热量，建筑物的围护结构传热主要是通过外墙、外窗、外门、顶棚和地面。

热量从温度较高的流体经过固体壁传递给另一侧温度较低流体的过程，称为总传热过程，简称传热过程。

传热过程的热流量可用下式表示

$$\Phi = KA\Delta t \tag{2.1.1}$$

传热过程实际上是导热、热对流和辐射三种基本方式共同存在的复杂换热过程。

建筑物热量传递过程中要经过三个阶段（如图2.1.1所示）：

（1）热量由室内空气以对流换热和物体间的辐射换热的方式传给墙壁的内表面。

（2）墙壁的内表面以固体导热的方式传递到墙壁外表面。

（3）墙壁外表面以对流换热和物体间辐射换热的方式把热量传递给室外环境。

1. 热传导方式分析

当物体内有温差或两个不同温度的物体接触时，在物体各部分之间不发生相对位移的情况下，物质微粒（分子、原子或自由电子）的热运动传递了热量，使热量从高温物体传向低温物体，或从同一物体的高温部分传向低温部分，这种现象被称为热传导，简称

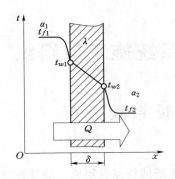

图 2.1.1　热量传递过程

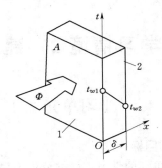

图 2.1.2　平壁导热

导热。

设有如图 2.1.2 所示的一块大平壁，壁厚为 δ，一侧表面面积为 A，两侧表面分别维持均匀恒定温度 t_{w1} 和 t_{w2}。实践表明，单位时间内从表面 1 传导到表面 2 的热量 Φ（热流量）与导热面积 A 和导热温差 $(t_{w1} - t_{w2})$ 成正比，与厚度 δ 成反比，即

$$\Phi = \lambda A \frac{\Delta t}{\delta} = \lambda A \frac{t_{w1} - t_{w2}}{\delta} \tag{2.1.2}$$

2. 热对流方式分析

在流体中，温度不同的各部分之间发生相对位移时所引起的热量传递过程称为热对流。

流体各部分之间由于密度差而引起的相对运动称为自然对流，而由于机械（泵或风机等）的作用或其他压差而引起的相对运动称为强迫对流（或受迫对流）。

工程上经常遇到的流体流过固体壁时的热传递过程就是热对流和导热作用的热量传递过程，称为表面对流传热，简称对流传热。

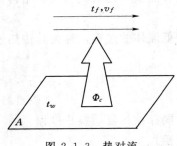

图 2.1.3　热对流

当温度为 t_f 的流体流过温度为 $t_w (t_w \neq t_f)$、面积为 A 的固体壁（如图 2.1.3 所示）时，对流传热的热流量 Φ_c 与面积 A、流体和壁面的温差 Δt 成正比，即

$$\Phi_c = hcA \Delta t \tag{2.1.3}$$

这就是牛顿冷却公式。流体被加热（$t_w > t_f$）时，取 $\Delta t = t_w - t_f$；当物体被冷却（$t_w < t_f$）时，取 $\Delta t = t_f - t_w$。

3. 热辐射方式分析

物质是由分子、原子、电子等基本粒子组成的，原子中的电子受激或振动时会产生交替变化的电场和磁场，能量以电磁波的形式向外传播，称为辐射。

电磁波的分类和名称如图 2.1.4 所示。通常把投射到物体上能产生明显热效应的电磁波称为热射线，其中包括可见光线、部分紫外线和红外线。

物体发出和接收过程的综合结果产生了物体间通过热辐射而进行的热量传递，称为表面辐射传热，简称辐射传热。

热辐射的本质决定了辐射传热的特点：

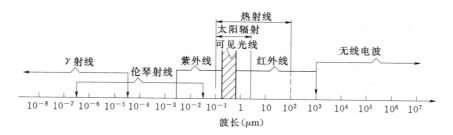

图 2.1.4 电磁波谱

（1）辐射传热与导热和对流传热不同，它不依靠物质的直接接触而进行能量传递。

（2）辐射传热过程伴随着能量形式的两次转化，即物体的内能首先转化为电磁波可发射出去，当此波射到另一物体表面并被吸收时，电磁波能又转化为物体的内能。

（3）一切物体只要其温度高于绝对零度，都会不停地向外发射热射线。辐射传热是两物体互相辐射的结果。

2.1.4.2 采暖系统类别及组成分析

1. 采暖系统的类别分析

（1）按热媒种类分类：

1）热水采暖系统。以热水为热媒的采暖系统，主要应用于民用建筑。

2）蒸汽采暖系统。以水蒸汽为热媒的采暖系统，主要应用于工业建筑。

3）热风采暖系统。以热空气为热媒的采暖系统，主要应用于大型工业车间。

（2）按设备相对位置分类：

1）局部采暖系统。热源、热网、散热器三部分在构造上合在一起的采暖系统，如火炉采暖、简易散热器采暖、煤气采暖和电热采暖。

2）集中采暖系统。热源和散热设备分别设置，用热网相连接，由热源向各个房间或建筑物供给热量的采暖系统。

3）区域采暖系统。以区域性锅炉房作为热源，供一个区域的许多建筑物采暖的供暖系统。

（3）按组成系统的各个立管环路总长度是否相同分类：

1）异程式采暖。通过各个立管循环环路总长度不相等的系统。

2）同程式采暖。通过各个立管循环环路总长度相等的系统。

2. 采暖系统的组成分析

所有采暖系统都是由以下三个主要部分组成的：

（1）热源—使燃料燃烧产生热，将热媒加热成热水或蒸汽的部分，如锅炉房、热交换站等。

（2）输热管道—供热管道是指热源和散热设备之间的连接管道，将热媒输送到各个散热设备。

（3）散热设备—将热量传至所需空间的设备，如散热器、暖风机等。

热水采暖系统表示出了热源、输热管道和散热设备三个部分之间的关系，如图 2.1.5 所示。

热水采暖系统中的水在锅炉中被加热到所需要的温度，并用循环水泵作动力使水沿供水管流入各用户，散热后回水沿水管返回锅炉，水不断地在系统中循环流动。系统在运行过程中的漏水量或被用户消耗的水量由补给水泵把经水处理装置处理后的水从回水管补充到系统内，补水量的多少可通过压力调节阀控制。膨胀水箱设在系统最高处，用以接纳水因受热后膨胀的体积。

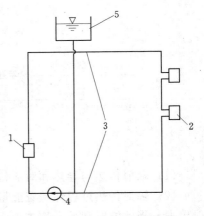

图 2.1.5　热水采暖系统示意图
1—热水锅炉；2—散热器；3—热水管道；4—循环水泵；5—膨胀水箱

2.1.4.3　热水采暖系统分析

热水采暖系统按系统循环动力可分为自然（重力）循环系统和机械循环系统。前者是依靠水的密度差进行循环的系统，由于作用压力小，目前在集中式采暖中很少采用；后者是依靠机械力（水泵）进行循环的系统。民用建筑应采用热水采暖系统，目前应用最广泛的是机械循环热水采暖系统。

热水采暖系统按热媒温度的不同可分为低温系统和高温系统。低温热水采暖系统的供水温度为 95℃，回水温度为 70℃；高温热水采暖系统的供水温度多采用 120～130℃，回水温度为 70～80℃。

2.1.4.3.1　自然循环热水采暖系统分析

1. 自然循环热水采暖系统的工作原理及其作用压力

自然循环热水采暖系统的工作原理如图 2.1.6 所示。

在系统工作之前，先将系统中充满冷水。当水在锅炉内被加热后，它的密度减小，同时受着从散热器流回来密度较大的回水的驱动，使热水沿着供水干管上升，流入散热器。在散热器内水被冷却，再沿回水干管流回锅炉。

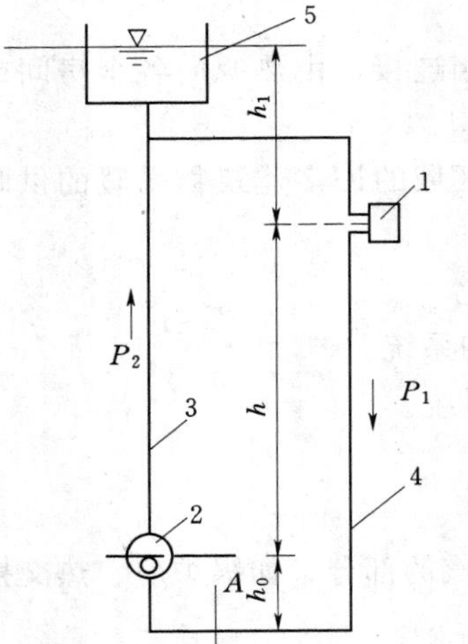

这样，水连续被加热，热水不断上升，在散热器及管路中散热冷却后的回水又流回锅炉被重新加热，形成如图 2.1.6 中箭头所示的方向循环流动。这种水的循环称之为自然（重力）循环。

由此可见，自然循环热水采暖系统的循环作用压力的大小取决于水温在循环环路的变化状况。在分析作用压力时，先不考虑水在沿管路流动时的散热而使水不断冷却的因素，在图 2.1.6 中认为循环环路内水温只在锅炉和散热器两处发生变化。

图 2.1.6　自然循环热水采暖
系统工作原理图
1—散热器；2—锅炉；3—供水管；
4—回水管；5—膨胀水箱

设 P_1 和 P_2 分别表示 A—A 断面右侧和左侧的水柱压力，则

$$P_1 = g(h_0\rho_h + h\rho_h + h_1\rho_g) \qquad (2.1.4)$$

$$P_2 = g(h_0\rho_h + h\rho_g + h_1\rho_g) \qquad (2.1.5)$$

断面 A—A 两侧之差值，即系统的循环作用压力为

$$\Delta P = P_1 - P_2 = gh(\rho h - \rho g) \tag{2.1.6}$$

由式（2.1.6）可见，起循环作用的只有散热器中心和锅炉中心之间这段高度内的水密度差。如供回水温度为 95℃/70℃，则每米高差可产生的作用压力为

$$gh(\rho_h - \rho_g) = 9.81 \times (977.81 - 961.92) = 156(Pa) \tag{2.1.7}$$

2. 自然循环热水采暖系统的主要形式

（1）双管上供下回式。如图 2.1.7 所示为双管上供下回式系统。其特点是各层散热器都并联在供、回水立水管上，水经回水立管、干管直接流回锅炉。如不考虑水在管道中的冷却，则进入各层散热器的水温相同。

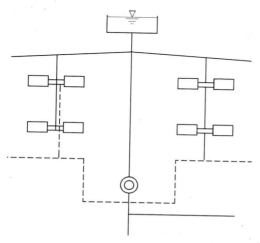

图 2.1.7 自然循环热水系统

（左边为双管式，右边为单管式）

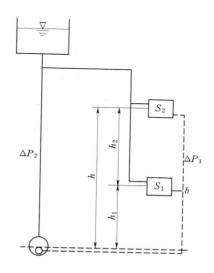

图 2.1.8 双管系统

上供下回式自然循环热水采暖系统管道布置的一个主要特点是：系统的供水干管必须有向膨胀水箱方向上升的坡度，其坡度宜采用 0.005~0.01；散热器支管的坡度一般取 0.01%。回水干管应有沿水流向锅炉方向下降的坡度。

（2）单管上供下回式。单管系统的特点是热水送入立管后由上向下顺序流过各层散热器，水温逐层降低，各组散热器串联在立管上。每根立管（包括立管上各层散热器）与锅炉、供回水干管形成一个循环环路，各立管环路是并联关系，如图 2.1.7 所示。

与双管系统相比，单管系统的优点是系统简单、节省管材、造价低、安装方便、上下层房间的温度差异较小；其缺点是顺流式不能进行个体调节。

3. 不同高度散热器环路的作用压力

在双管系统中如图 2.1.8 所示，由于供水同时在上、下两层散热器内冷却，形成了两个并联环路和两个冷却中心。它们的作用压力分别为

$$\Delta P_1 = gh_1(\rho h - \rho g) \tag{2.1.8}$$

$$\Delta P_2 = g(h_1 + h_2)(\rho h - \rho g) = \Delta P_1 + gh_2(\rho h - \rho g) \tag{2.1.9}$$

2.1.4.3.2 机械循环热水采暖系统分析

机械循环热水采暖系统与自然循环热水采暖系统的主要区别是在系统中设置了循环水

泵，靠水泵提供的机械能使水在系统中循环。系统中的循环水在锅炉中被加热，通过总立管、干管、支管到达散热器。水沿途散热有一定的温降，在散热器中放出大部分所需热量，沿回水支管、立管、干管重新回到锅炉被加热。

在机械循环系统中，在供水干管内要使气泡随着水流方向流动，应按水流方向设上升坡度。气泡聚集到系统的最高点，通过在最高点设排气装置，将空气排至系统以外。供水及回水干管的坡度根据设计规范 $i \geqslant 0.002$ 规定，一般取 $i = 0.003$，回水干管的坡向要求与自然循环系统相同，其目的是使系统内的水能全部排出。

机械循环热水采暖系统有以下几种主要形式。

1. 机械循环双管上供下回式热水采暖系统

机械循环双管上供下回式热水采暖系统如图 2.1.9 所示。该系统与每组散热器连接的立管均为两根，热水平行地分配给所有散热器，散热器流出的回水直接流回锅炉。由图可见，供水干管布置在所有散热器上方，而回水干管在所有散热器下方，所以称为上供下回式。

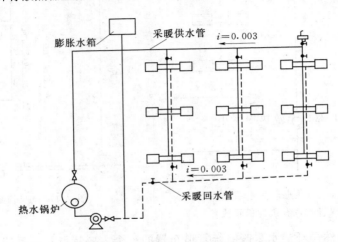

图 2.1.9　机械循环双管上供下回式热水采暖系统

在这种系统中，水在系统内循环，主要依靠水泵所产生的压头，但同时也存在自然压头，它使流过上层散热器的热水大于实际需要量，并使流过下层散热器的热水量小于实际需要量；从而造成上层房间温度偏高，下层房间温度偏低的"垂直失调"现象。

2. 机械循环下供下回式双管系统

系统的供水和回水干管都敷设在底层散热器下面，如图 2.1.10 所示。与上供下回式系统相比，它有如下特点：

（1）在地下室布置供水干管，管路直接散热给地下室，无效热损失小。

（2）在施工中，每安装完成一层散热器即可采暖，给冬季施工带来很大方便。避免日后为冬季施工的需要，特别装置临时供暖设备。

（3）排除空气比较困难。

3. 机械循环中供式热水采暖系统

中供式热水采暖系统如图 2.1.11 所示，从系统总立管引出的水平供水干管敷设在系统的中部，下部系统为上供下回式，上部系统可采用下供下回式，也可采用上供下回式。

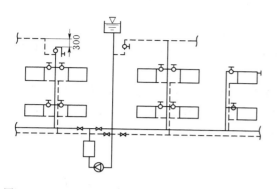 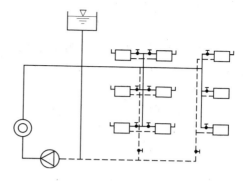

图 2.1.10　机械循环双管下供下回式热水采暖系统　　　图 2.1.11　机械循环中供式热水采暖系统

中供式系统可用于原有建筑物加建楼层或上部建筑面积小于下部建筑面积的场合。

4. 机械循环下供上回式（倒流式）采暖系统

该系统的供水干管设在所有散热器设备的上面，回水干管设在所有散热器下面，膨胀水箱连接在回水干管上。回水经膨胀水箱流回锅炉房，再被循环水泵送入锅炉，如图 2.1.12 所示。

倒流式系统的优点是水在系统内的流动方向是自下而上流动，与空气流动方向一致，可通过顺流式膨胀水箱排除空气，无需设置集中排气罐等排气装置。另外，供水干管在下部，回水干管在上部，无效热损失小。

该系统的缺点是散热器的放热系数比上供下回式低，散热器的平均温度几乎等于散热器的出口温度，这样就增加了散热器的面积。但用于高温水供暖时，这一特点却有利于满足散热器表面温度不致过高的卫生要求。

5. 异程式系统与同程式系统

循环环路是指热水从锅炉流出，经供水管到散热器，再由回水管流回到锅炉的环路。如果一个热水采暖系统中各循环环路的热水流程长短基本相等，称为同程式热水采暖系统，如图 2.1.13 所示；热水流程相差很多时，称为异程式热水系统。在较大的建筑物内

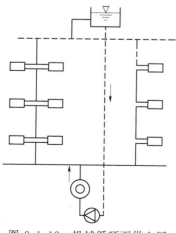 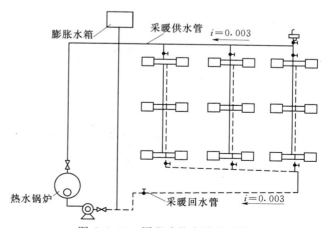

图 2.1.12　机械循环下供上回　　　　　图 2.1.13　同程式热水采暖系统

宜采用同程式系统。

6. 水平式系统

水平式系统按供水与散热器的连接方式可分为顺流式如图2.1.14所示和跨越式如图2.1.15所示两类。

跨越式的连接方式可以有图2.1.15中1、2两种。第2种的连接形式虽然稍费一些支管，但增大了散热器的传热系数。由于跨越式可以在散热器上进行局部调节，它可以采用在需要局部调节的建筑物中。

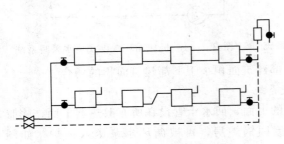

图 2.1.14　水平单管顺流式系统

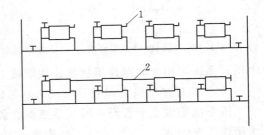

图 2.1.15　水平单管跨越式系统
1—冷风阀；2—空气管

水平式系统排气比垂直式上供下回系统要繁琐，通常情况采用排气管集中排气。

水平式系统的总造价要比垂直式系统少很多，但对于较大系统，由于有较多的散热器处于低水温区，尾端的散热器面积可能较垂直式系统的要多些。

2.1.4.4　蒸汽采暖系统分析

水在锅炉中被加热成具有一定压力和温度的蒸汽，蒸汽靠自身压力作用通过管道流入散热器内，在散热器内放出热量后，蒸汽变成凝结水，凝结水靠重力经疏水器（阻汽疏水）后沿凝结水管道返回凝结水箱内，再由凝结水泵送入锅炉重新被加热变成蒸汽。

蒸汽采暖系统按照供汽压力的大小，将蒸汽采暖分为三类：

(1) 供汽的表压力高于70kPa时，称为高压蒸汽采暖。

(2) 供汽的表压力等于或低于70kPa时，称为低压蒸汽采暖。

(3) 当系统中的压力低于大气压力时，称为真空蒸汽采暖。

1. 低压蒸汽采暖系统分析

(1) 双管上供下回式。如图2.1.16所示是双管上供下回式系统，该系统是低压蒸汽采暖系统常用的一种形式。从锅炉产生的低压蒸汽经分汽缸分配到管道系统，蒸汽在自身压力的作用下，克服流动阻力经室外蒸汽管道、室内蒸汽主管、蒸汽干管、立管和散热器支管进入散热器。蒸汽在散热器内放出汽化潜热变成凝结水，凝结水从散热器流出

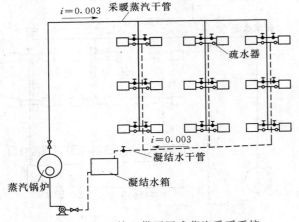

图 2.1.16　双管上供下回式蒸汽采暖系统

后，经凝结水支管、立管、干管进入室外凝结水管网流回锅炉房内凝结水箱，再经凝结水泵注入锅炉，重新被加热变成蒸汽后送入采暖系统。

（2）双管下供下回式如图 2.1.17 所示。该系统的室内蒸汽干管与凝结水干管同时敷设在地下室或特设地沟。在室内蒸汽干管的末端设置疏水器以排除管内沿途凝结水，但该系统供汽立管中凝结水与蒸汽逆向流动，运行时容易产生噪声，特别是系统开始运行时，因凝结水较多容易发生水击现象。

（3）双管中供式如图 2.1.18 所示。如多层建筑顶层或顶棚下不便设置蒸汽干管时

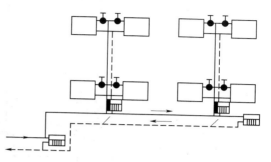

图 2.1.17　双管下供下回式

可采用中供式系统，该系统不必像下供式系统需设置专门的蒸汽干管末端疏水器，总立管长度也比上供式小，蒸汽干管的沿途散热也可得到有效的利用。

（4）单管上供下回式如图 2.1.19 所示。该系统采用单根立管，可节省管材，蒸汽与凝结水同向流动，不易发生水击现象，但低层散热器易被凝结水充满，散热器内的空气无法通过凝结水干管排除。

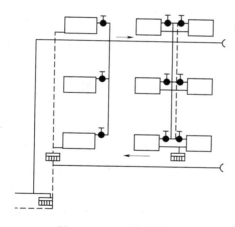

图 2.1.18　双管中供式

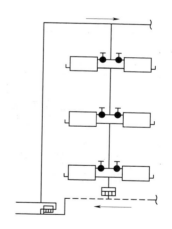

图 2.1.19　单管上供下回式

2. 高压蒸汽采暖系统分析

与低压蒸汽供暖相比，高压蒸汽供暖有下述技术经济特点：

（1）高压蒸汽供气压力高、流速大，系统作用半径大，但沿程热损失亦大。对同样热负荷所需管径小，但沿途凝水排泄不畅时会产生水击严重的情况。

（2）散热器内蒸汽压力高，因而散热器表面温度高。对同样热负荷所需散热面积较小；但易烫伤人，烧焦落在散热器上面的有机灰尘发出异味，安全条件与卫生条件较差。

（3）凝水温度高。高压蒸汽供暖多用在有高压蒸汽热源的工厂里。室内的高压蒸汽供暖系统可直接与室外蒸汽管网相连。在外网蒸汽压力较高时可在用户入口处设减压装置。

下面就室内高压蒸汽供暖系统的特征与布置细节加以简要介绍。

带有用户入口的室内高压蒸汽供暖系统，如图 2.1.20 所示。

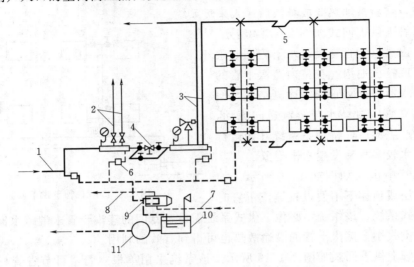

图 2.1.20　高压蒸汽室内供暖系统示意图

1—室外蒸汽管；2、3—室内高压蒸汽供热管道；4—减压装置；5—补偿器；6—疏水器；

7—冷水管；8—热水管；9—凝水管；10—凝结水箱；11—凝水泵

上供上回式高压蒸汽供暖如图 2.1.21 所示。

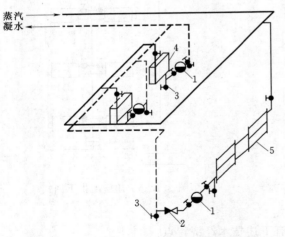

图 2.1.21　上供上回式高压蒸汽供暖系统图

1—疏水器；2—止回阀；3—泄水阀；4、5—散热器

3. 蒸汽采暖系统和热水采暖系统的比较

与热水采暖系统相比，蒸汽采暖系统具有如下特点：

（1）低压或高压蒸汽采暖系统中，散热器内热媒的温度不小于 100℃，高于低温热水采暖系统中热媒的温度。所以，蒸汽采暖系统所需要的散热器片数要少于热水采暖系统。在管路造价方面，蒸汽采暖系统也比热水采暖系统要少。

（2）蒸汽采暖系统管道内壁的氧化腐蚀要比热水采暖系统快，特别是凝结水管道更易损坏。

（3）在高层建筑采暖时，蒸汽采暖系统不会产生很大的静水压力。

（4）真空蒸汽采暖系统要求的严密度很高，并需要设有抽气设备。

（5）蒸汽采暖系统的热惰性小，即系统的加热和冷却过程都很快，它适用于间歇供暖的场所，如剧院、会议室等。

（6）热水采暖系统的散热器表面温度低，供热均匀；蒸汽采暖系统的散热器表面温度高，容易使有机灰尘剧烈升华，会影响周围环境。

2.1.4.5　采暖系统主要设备选用

采暖系统中热媒是通过采暖房间内设置的散热设备而传热的。目前，常用的设备有散热器、暖风机和辐射板等。

2.1.4.5.1　散热器选用

散热器是安装在采暖房间内的散热设备，热水或蒸汽在散热器内流过，它们所携带的热量便通过散热器以对流、辐射方式不断地传给室内空气，以达到供暖的目的。

常见的散热器类型有如下几点。

1. 铸铁散热器

铸铁散热器是由铸铁浇铸而成，结构简单，具有耐腐蚀、使用寿命长、热稳定性好等特点，因而被广泛应用。工程中常用的铸铁散热器有翼形和柱形两种。

（1）翼形散热器。翼形散热器又分为圆翼形和长翼形，外表面有许多肋片，如图 2.1.22 所示。

（2）柱形散热器。柱形散热器是呈柱状的单片散热器，每片各有几个中空的立柱相互连通，常用的有二柱和四柱散热器两种。如图 2.1.23 所示。

2. 钢制散热器

钢制散热器与铸铁散热器相比具有金属耗量

图 2.1.22　长翼形散热器
（尺寸单位：mm）

少、耐压强度高、外形美观整洁、体积小、占地少、易于布置等优点，但易受腐蚀，使用寿命短，多用于高层建筑和高温水采暖系统中，不能用于蒸汽采暖系统，也不宜用于湿度较大的采暖房间内。

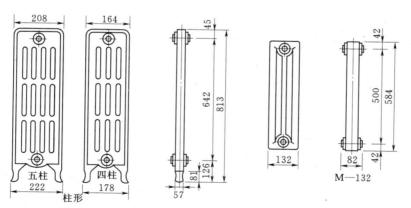

图 2.1.23　柱形散热器（尺寸单位：mm）

钢制散热器的主要形式有闭式钢串片散热器如图 2.1.24 所示、板式散热器如图 2.1.25 所示和钢制柱式散热器等。

3. 铝合金散热器

铝合金散热器是近年来我国工程技术人员在总结吸收国内外经验的基础上，潜心开发

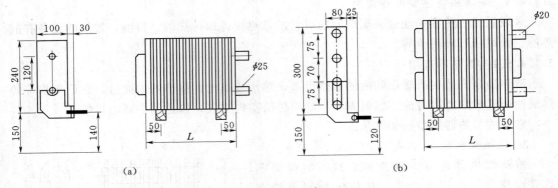

图 2.1.24　闭式钢串片散热器（尺寸单位：mm）

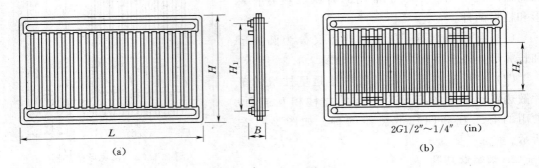

图 2.1.25　板式散热器

的一种新型、高效散热器。其造型美观大方、线条流畅、占地面积小、富有装饰性；其质量约为铸铁散热器的 1/10，便于运输安装；其金属热强度高，约为铸铁散热器的 6 倍；节省能源，采用内防腐处理技术。

2.1.4.5.2　暖风机及辐射板选用

暖风机是由吸风口、风机、空气加热器和送风口等联合构成的通风供暖联合机组，如图 2.1.26 所示。在风机的作用下，室内空气由吸风口进入机体，经空气加热器加热变成热风，然后经送风口送至室内，以维持室内一定的温度。

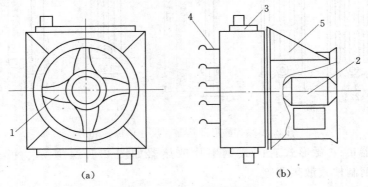

图 2.1.26　NC 型暖风机

1—轴流式风机；2—电动机；3—加热器；4—百叶片；5—支架

暖风机分为轴流式与离心式两种，常称小型暖风机和大型暖风机。根据其结构特点及适用热媒的不同，又有蒸汽暖风机、热水暖风机、蒸汽热水两用暖风机和冷热水两用的冷暖风机。

轴流式暖风机体积小、送风量和产热量大、金属耗量少、结构简单、安装方便、用途多样；但它的出风口送出的气流射程短，出口风速小。这种暖风机一般悬挂或支架在墙或柱子上，热风经出风口处百叶板调节，直接吹向工作区。

离心式暖风机是用于集中输送大量热风的热风供暖设备。由于其配用的风机为离心式，拥有较多的剩余压头和较高的出风速度，所以它比轴流式暖风机气流射程长、送风量和产热量大；可大大减少温度的梯度，减少屋顶热耗；减少了占用的面积和空间；便于集中控制和维修。

供暖所用的散热器是以对流和辐射两种方式进行散热的。如前所述，一般铸铁散热器主要以对流散热为主，对流散热占总散热量的 75% 左右。用暖风机供暖时，对流散热几乎占 100%。而辐射板主要是依靠辐射传热的方式，尽量放出辐射热（还伴随着一部分对流热），使一定的空间里有足够的辐射强度，以达到供暖的目的。根据辐射散热设备的构造不同可分为单体式的（块状、带状辐射板，红外线辐射器）和与建筑物构造相结合的辐射板（顶棚式、墙面式、地板式等）。

2.1.4.5.3 热水采暖系统的设备选用

1. 膨胀水箱

膨胀水箱的作用是用来贮存热水采暖系统加热的膨胀水量，在自然循环上供下回式系统中还起着排气作用。膨胀水箱的另一个作用是恒定采暖系统的压力。

膨胀水箱一般用钢板制成，通常是圆形或矩形。箱上连有膨胀管、溢流管、信号管、排水管及循环管等管路。

膨胀水箱在系统中的安装位置如图 2.1.27 所示。

（1）膨胀管。膨胀水箱设在系统最高处，系统的膨胀水通过膨胀管进入膨胀水箱。

（2）循环管。为了防止水箱内的水冻结，膨胀水箱需设置循环管。

（3）溢流管。用于控制系统的最高水位，当水的膨胀体积超过溢流管口时，水溢出就近排入排水设施中。

（4）信号管。用于检查膨胀水箱水位，决定系统是否需要补水。

（5）排水管。用于清洗、检修时放空水箱用，可与溢流管一起就近接入排水设施，其上应安装阀门。

2. 集气罐

集气罐一般是用直径 100～250mm 的钢管焊制而成的，分为立式和卧式两种，如图 2.1.28 所示。

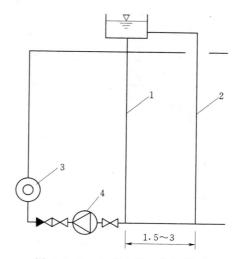

图 2.1.27 膨胀水箱与机械循环
系统的连接方式（单位：m）
1—膨胀管；2—循环管；3—锅炉；4—循环水泵

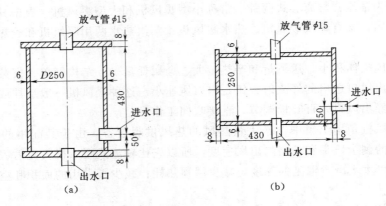

图 2.1.28　集气罐（尺寸单位：mm）

　　集气罐一般设于系统供水干管末端的最高处，供水干管应向集气罐方向设上升坡度以使管中水流方向与空气气泡的浮升方向一致，以有利于空气聚集到集气罐的上部，定期排除。当系统充水时，应打开排气阀，直至有水从管中流出时方可关闭排气阀。系统运行期间，应定期打开排气阀排除空气。

　　3. 自动排气罐

　　由于水在加热时释放的气体如氢气、氧气等带来的众多不良影响会损坏系统及降低热效应，这些气体如不能及时排掉会产生很多不良后果。诸如：由氧化导致的腐蚀；散热器里气袋的形成；热水循环不畅通不平衡，使某些散热器局部不热；管道带气运行时的噪声；循环泵的涡空现象。所以系统中的废气必须及时排出。

图 2.1.29　自动排气阀

　　自动排气罐靠本体内的自动机构使系统中的空气自动排出系统外。如图 2.1.29 所示。自动排气阀的工作原理：当系统中有空气时，气体聚集在排气阀的上部，阀内气体聚积，压力上升，当气体压力大于系统压力时，气体会使腔内水面下降，浮筒随水位一起下降，打开排气口；气体排尽后，水位上升，浮筒也随之上升，关闭排气口。如拧紧阀体上的阀帽，排气阀停止排气，通常情况下，阀帽应该处于开启状态。也可以跟隔断阀配套使用，便于排气阀的检修。

　　4. 手动排气阀

　　手动排气阀适用于公称压力 $P \leqslant 600\text{kPa}$，工作温度 $t \leqslant 100℃$ 的水或蒸汽采暖系统的散热器上。多用于水平式和下供下回式系统中，旋紧在散热器上部专设的丝孔上，以手动方式排除空气。

　　5. 除污器

　　除污器是一种钢制筒体，它可用来截流、过滤管路中的杂质和污物，以保证系统内水质洁净，减少阻力，防止堵塞压板及管路。除污器一般应设置于采暖系统入口调压装置前、锅炉房循环水泵的吸入口前和热交换设备入口前。图 2.1.30 为立式直通除污器示意图。

6. 散热器温控阀

散热器温控阀属自动控制散热器散热量设备，它由阀体部分和感温元件部分组成，如图 2.1.31 所示。当室内温度高于给定的温度值时，感温元件受热，其顶杆压缩阀杆，将阀口关小，进入散热器的水流量会减小，散热器的散热量也会减小，室温随之降低。当室温下降到设置的低限值时，感温元件开始收缩，阀杆靠弹簧的作用抬起，阀孔开大，水流量增大，散热器散热量也随之增加，室温开始升高。控温范围在 13～28℃，温控误差为 ±1℃。

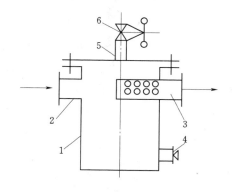

图 2.1.30　立式直通除污器

1—筒体；2—底板；3—出水管；4—排污丝堵；
5—排气管；6—阀门

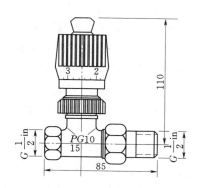

图 2.1.31　散热器温控阀

2.1.4.5.4　蒸汽采暖系统的设备选用

1. 疏水器

蒸汽疏水器的作用是自动而且迅速地排出用热设备及管道中的凝水，并能阻止蒸汽逸漏。在排出凝水的同时，排出系统中积留的空气和其他非凝性气体。

按其工作原理分为机械型疏水器、热动力型疏水器和恒温型疏水器。

（1）机械型疏水器。主要有浮筒式、钟形浮子式和倒吊筒式，该类型疏水器是利用蒸汽和凝结水的密度差以及利用凝结水的液位变化来控制疏水器排水孔自动启闭来工作的。

（2）热动力式疏水器。主要有脉冲式、圆盘式和孔板式等。该类型的疏水器是利用相变原理靠蒸汽和凝结水热动力学特性的不同来工作的。

（3）恒温型疏水器。主要有双金属片式、波纹管式和液体膨胀式等，该类型的疏水器是依靠蒸汽和凝结水的温度差引起恒温元件膨胀或变形工作的。

在选择疏水器时，要求疏水器在单位压降凝结水排量大、漏气量小，并能顺利排除空气，对凝结水流量、压力和温度波动的适应性强，而且结构简单、活动部件少、便于维修、体积小、金属耗量少、使用寿命长。

2. 减压阀

减压阀靠启闭阀孔对蒸汽进行节流达到减压的目的。减压阀应能自动地将阀后压力维持在一定范围内，工作时无振动，完全关闭后不漏气。

目前国产减压阀有活塞式、波纹管式和薄片式等几种形式。波纹管减压阀如图

2.1.32 所示。

3．其他凝水回收设备

（1）水箱。水箱用以收集凝水，有开式（无压）和闭式（有压）两种。水箱容积一般应按各用户的 15～20min 最大小时凝水量设计。

（2）二次蒸发箱。它的作用是将用户内各用汽设备排出的凝水在较低的压力下分离出一部分二次蒸汽，并靠箱内一定的蒸汽压力输送二次汽至低压用户。

2.1.4.6 低温热水地板辐射采暖系统分析

低温热水地板辐射采暖是一种利用建筑物内部地面进行采暖的系统。将塑料管敷设在楼面现浇混凝土层内，热水温度不超过 55℃，工作压力不大于 0.4MPa 的地板辐射供暖系统。该系统以整个地面作为散热面，地板在通过对流换热加热周围空气的同时，还与人体、家具及四周的维护结构进行辐射换热，从而使其表面温度提高，其辐射换热量约占总换热量的 50％以上，是一种理想的采暖系统，可以有效地解决散热器采暖存在的问题。

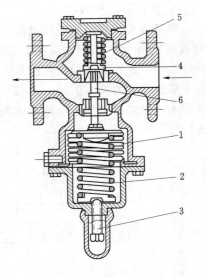

图 2.1.32　波纹管减压阀
1—波纹箱；2—调节弹簧；
3—调整螺栓；4—阀瓣；
5—辅助弹簧；6—阀杆

低温热水地板辐射采暖节省燃料、电力消耗低，其优点如下。

1．舒适性强

辐射散热是最舒适的采暖方式，室内地表温度均匀，室温由下而上逐渐递减、给人以脚暖头凉的良好感觉，空气对流缓慢、室内十分清静、温度梯度小。

2．不占用使用面积与低温隔声的效果

室内取消了暖气片及其支管、增加使用面积、便于装修和家具的布置。由盘管与楼板间设有绝热层，不仅增强了保温效果，也起到了隔音作用，因此，可大减少上层对下层的噪声干扰。

3．高效节能

辐射供暖方式较对流供暖方式热效率高，所以室内设计温度可以比其他采暖形式降低 2℃。热量集中在人体受益的高度内，热媒低温传送，热损失小。

4．热稳定性好

由于地面层及混凝土层蓄热量大、热稳定性好。如间歇供暖，温度波动小，该系统还可以充分利用余热水。

5．可达到分室控温的功能

通过安装在分水器上的阀门，可以根据个人需要控制各个房间的温度，达到分室控温的目的。

6．初投资高

辐射采暖比对流采暖的初投资高，但运行费用较对流采暖低。

低温热水地板辐射采暖系统结构及各部分作用如图 2.1.33 所示：

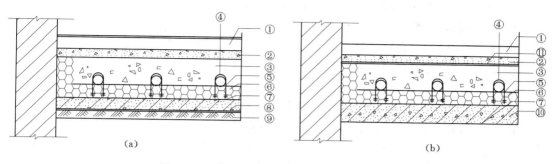

(a)　　　　　　　　　　　　　　　　(b)

图 2.1.33　低温热水地板辐射采暖系统结构

(a) 首层辐射采暖底板构造图；(b) 楼层辐射采暖底板构造图

编号名称说明，见表 2.1.1：

表 2.1.1　　　　　　　　　　　　编 号 名 称 说 明

编号	名称	作　用	说　明
①	面层	直接承受各种物理和化学作用的表面层	
②	找平层	整平、找坡或加强作用的构造层	水泥砂浆
③	填充层	用以埋设加热管，保护加热管并使地面温度均匀的构造层	细石混凝土
④	加热层	敷设加热管	
⑤	塑料卡钉	将加热管直接固定在复合隔热层上时	
⑥	隔热层	敷设于填充层之下和沿外墙周边的构造层，用以减少热损失	竖向隔热层在外墙内侧设置
⑦	防潮层	敷设于土层之上的构造层，用以防止水汽进入隔热层	仅在首层土壤上设置
⑧	垫层	承受并传递地面荷载予基土上的构造层	
⑨	土壤	—	
⑩	楼板		
⑪	防水层	敷设于楼层地面层以上的构造层，用以防止地面水进入填充层或隔热层	仅在楼层潮湿的房间

　　敷设于地面填充层内的加热管，应根据适用年限，热水温度和工作压力，系统水质。材料供应条件，施工技术和投资费用等因素，选择采用以下管材。常用管材有交联聚乙烯管（PE—X 管）、无规共聚聚烯管（PP—R 管）、交联铝塑复合管（PAX 管）、聚丁烯管（PB）。

　　PP—R 管、PB 管可采用同材质的连接件热熔连接；PE—X 管、铝塑复合管采用专用管件。不同材质的管材、阀件连接时，应采用过渡性管件。

学习单元 2.2　建筑采暖系统施工图识读

2.2.1　学习目标

　　通过本单元的学习，能够识读采暖设计说明、图例、采暖平面图、系统图；能够识读采暖管道布置及走向；能够识读采暖系统设备布置位置。

2.2.2　学习任务

本学习单元以某综合楼采暖系统为例，对采暖系统的施工图进行识读。采暖系统施工图分为采暖设计说明识读、平面图识读、系统图识读、详图识读。

2.2.3　任务分析

采暖系统施工图一般由设计说明、平面图、采暖系统图、详图、主要设备材料表等部分组成。施工图是设计结果的具体体现，它表示出建筑物的整个采暖工程。识读时应首先熟悉采暖系统施工图的特点、图例、系统方式及组成，然后按照采暖施工图识读方法进行识读。识图中应重点关注系统形式、管道布置的位置和要求、管道安装的要求。

2.2.4　任务实施

2.2.4.1　采暖设计说明识读

设计图纸无法表述的问题一般用设计说明来表述。设计说明是设计图的重要补充，其主要内容有：

（1）建筑物的采暖面积、热源的种类、热媒参数、系统总热负荷。

（2）采用散热器的型号及安装方式、系统形式。

（3）安装和调整运转时应遵循的标准和规范。

（4）在施工图上无法表达的内容，如管道保温、油漆等。

（5）管道连接方式，所采用的管道材料。

（6）在施工图上未作表示的管道附件安装情况，如在散热器支管与立管上是否安装阀门等。

为了便于施工备料，保证安装质量和避免浪费，使施工单位能按设计要求选用设备和材料，一般的施工图均应附有设备及主要材料表，简单项目的设备材料表可列在主要图纸内。设备材料表的主要内容有编号、名称、型号、规格、单位、数量、质量、附注等。

2.2.4.2　采暖平面图识读

采暖平面图是表示建筑物各层采暖管道及设备的平面布置，一般有如下内容：

（1）建筑的平面布置（各房间分布、门窗和楼梯间位置等）。在图上应注明轴线编号、外墙总长尺寸、地面及楼板标高等与采暖系统施工安装有关的尺寸。

（2）散热器的位置（一般用小长方形表示）、片数及安装方式（明装、半暗装或暗装）。

（3）干管、立管（平面图上为小圆圈）和支管的水平布置，同时注明干管管径和立管编号。

（4）主要设备或管件（如支架、补偿器、膨胀水箱、集气罐等）在平面上的位置。

（5）用细虚线画出的采暖地沟、过门地沟的位置。

2.2.4.3　采暖系统图识读

系统图又称流程图，也称为系统轴测图，与平面图配合，表明了整个采暖系统的全貌。系统图包括水平方向和垂直方向的布置情况。散热器、管道及其附件（阀门、疏水器）均在图上表示出来。此外，还标注各立管编号、各段管径和坡度、散热器片数、干管的标高。

系统图主要包括以下内容：

（1）采暖管道的走向、空间位置、坡度，管径及变径的位置，管道与管道之间连接方式。

（2）散热器与管道的连接方式。

（3）管路系统中阀门的位置、规格，集气罐的规格、安装形式（立式或卧式）。

（4）疏水器、减压阀的位置，其规格及类型。

（5）立管编号。

2.2.4.4　采暖详图识读

详图是当平面图和系统图表示不够清晰而又无标准图时所绘制的补充说明图。它用局部放大比例来绘制，能表示采暖系统节点与设备的详细构造及安装尺寸要求，包括节点图、大样图和标准图。

（1）节点图。能清晰地表示某一部分采暖管道的详细结构和尺寸，但管道仍然用单线条表示，只是将比例放大，使读图人员可清晰读图。

（2）大样图。管道用双线图表示，体现其真实感。

（3）标准图。它是具有通用性质的详图，一般由国家或有关部委出版标准图案，作为国家标准或行业标准的一部分颁发。

2.2.4.5　某宿舍楼采暖施工图识读实例

1. 设计说明

（1）本工程采用低温水供暖，供回水温度为95～70℃。

（2）系统采用上供下回单管顺流式。

（3）管道采用焊接钢管，DN32以下为丝扣连接，DN32以上为焊接。

（4）散热器选用铸铁四柱813型，每组散热器设手动放气阀。

（5）集气罐采用《采暖通风国家标准图集》N103中Ⅰ型卧式集气阀。

（6）明装管道和散热器等设备，附件及支架等刷红丹防锈漆两遍，银粉两遍。

（7）室内地沟断面尺寸为500mm×500mm，地沟内管道刷防锈漆两遍，50mm厚岩棉保温，外缠玻璃纤维布。

（8）图中未注明管径的立管均为DN20，支管为DN15。

（9）其他未说明部分，按施工及验收规范有关规定进行。

2. 采暖平面图识读

在首层平面图中如图2.2.1所示，热力入口设在靠近⑥轴右侧位置，供回水干管管径均为DN50。供水干管引入室内后，在地沟内敷设，地沟断面尺寸为500mm×500mm。主立管设在建筑比例⑦轴处。回水干管分成两个分支环路。右侧分支连接共7根立管，左侧分支连接共8根立管。回水干管在过门和厕所内局部作地沟。

在二层平面图中（如图2.2.2所示，从供水主立管轴和⑦轴交界处）分为左右两个分支环路，分别向各立管供水，末端干管分别设置卧式集气罐，型号详见设计说明，放气管管径为DN15，引至二层水池。

建筑物内各房间散热器均设置在外墙窗下。一层走廊、楼梯间因有外门，散热器设在靠近外门内墙处；二层设在外窗下。散热器为铸铁四柱813（设计说明），各组片数标注

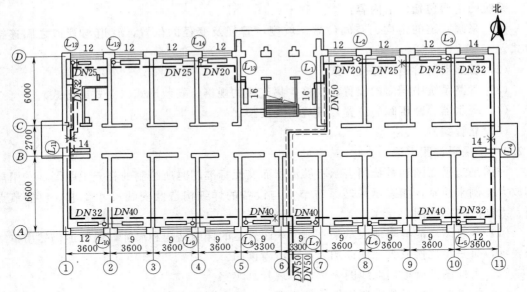

图 2.2.1　某宿舍楼采暖首层平面图

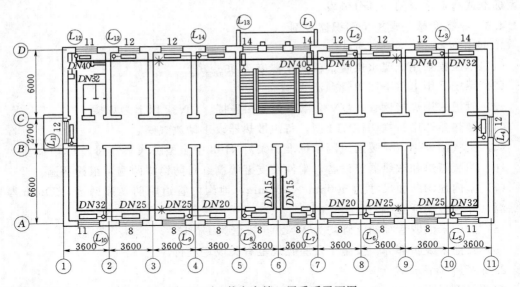

图 2.2.2　某宿舍楼二层采暖平面图

在散热器旁。

3. 采暖系统图识读

读供暖系统图，一般从热力入口起，先弄清干管的走向，再逐一看各立、支管。

参照图 2.2.3，系统热力入口供回水干管均为 $DN50$，并设同规格阀门，标高为 $-0.9m$。引入室内后，供水干管标高为 $-0.3m$，有 0.003 上升的坡度，经主立管引到二层后，分为两个分支，分流后设阀门。两分支环路起点标高均为 6.5m，坡度为 0.003，供水干管端为最高点，分别设卧式集气罐，通过 $DN15$ 放气管引至二层水池，出口处设阀门。

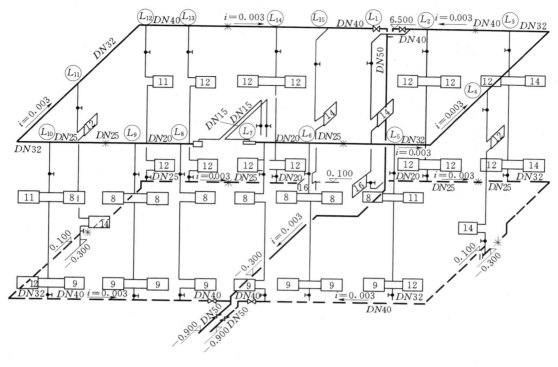

图 2.2.3　某宿舍楼采暖系统图

各立管采用单管顺流式，上下端设阀门。图中未标注的立、支管管径详见设计说明（立管为 $DN20$，支管为 $DN15$）。

回水干管同样分为两个分支，在地面以上明装，起点标高为 0.1m，有 0.003 沿水流方向下降的坡度。设在局部地沟内的管道，末端的最低点，并设泄水丝堵。两分支环路汇合前设阀门，汇合后进入地沟，回水排至室外。

学习单元 2.3　建筑采暖系统的施工与组织

2.3.1　学习目标

通过本单元的学习，能够进行采暖系统管道施工；能够进行散热器组对及安装；能够进行低温热水地板辐射采暖管道施工；能进行采暖系统试压及清洗。

2.3.2　学习任务

本学习单元以某综合楼采暖系统为例，讲述采暖系统的施工过程。具体学习任务有室内供暖管道的安装、散热器安装、采暖系统试压、冲洗和通热、低温热水地板辐射采暖系统施工。

2.3.3　任务分析

建筑采暖系统施工程序有两种：一种是先安装散热器，再安装干管，配立管、支管；另一种是先安装干管、配立管，再安装散热器、配支管。也可以采用散热器和干管同时安装方法，施工进度要与土建进度配合。安装时应搞清管道、散热器与建筑物墙、地面的距离以及竣工后的地面标高等，保证竣工时这些尺寸全面符合质量要求。

2.3.4 任务实施

2.3.4.1 室内采暖管道的施工

2.3.4.1.1 施工准备

室内采暖管道位于地沟内的干管，应把地沟内杂物清理干净，安装好托吊卡架，未盖沟盖板前安装。位于楼板下及顶层的干管，应在结构封顶后或结构进入安装层的一层以上后安装。立管安装必须在确定准确的地面标高后进行。支管安装必须在墙面抹灰后进行。

室内供暖管道系统现场安装时，分为顺序安装法和平行安装法。顺序安装法是在建筑物主体结构完成，墙面抹灰后开始安装管道，该方法可以迅速将安装工程全面铺开。平行安装法是使管道安装与土建工程齐头并进，例如采暖立管安装到五层，土建工程也进行到五层，省去了预留孔洞的麻烦。但与土建交叉作业，工人调配较复杂，容易出现窝工现象，所以一般多采用顺序施工法。

2.3.4.1.2 室内采暖管道安装

室内采暖管道的安装一般是从总管或入口装置开始的，并按总管──→干管──→立管──→支管的施工顺序进行，同时应在每一部位的管道安装中或安装后使其保持相对稳定。

1. 总立管的安装

总立管如经检查竖井接向室内顶层干管，总立管应设阀门，并可置于检修竖井内。总立管的安装方法是：

（1）检查楼板预留孔洞的位置和尺寸是否符合要求。

（2）总立管由下而上安装，尽可能减少焊口，且应使焊口避开楼板。

（3）主立管就位合格后，可用立管卡固定，使其保持垂直度。

2. 干管安装

采暖干管有保温干管、非保温干管两类，安装时必须首先明确设计要求。在做好材料、机具和人力的准备后，即可进行干管的安装，其具体方法是：

（1）管子的调直与刷漆。管子在安装前应进行检查与调直，并集中进行涂刷防锈漆（对保温管为两道底漆，不保温的明装管道为一道底漆）。设计规定的面漆，可在管道安装及水压试验合格后再刷，这样既符合工序要求，又节省劳力。

（2）管子的定位放线与支架安装。依据施工图所要求的干管走向、位置、标高和坡度，检查预留孔洞。然后，再挂通线弹出管子安装的坡度线。在管子中心坡度线的下方，画出支架安装打洞位置放快线，即可安装支架。

（3）管子的上架与连接。在支架安装完好后并达到强度后即可使管子上架。室内采暖干管的管径一般不大，管子上架一般为人力抬放上架。管径较大时，可采用手拉葫芦等吊装工具吊装上架。

（4）干管安装的其他技术要求：

1）干管过墙安装分路做法如图2.3.1所示。

2）立管与干管连接如图2.3.2所示。

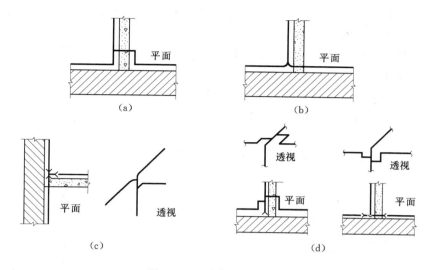

图 2.3.1　干管过墙安装图

（a）分两路有固定卡时；（b）分两路无固定卡时；（c）分三路无固定卡时；（d）分三路有固定卡时

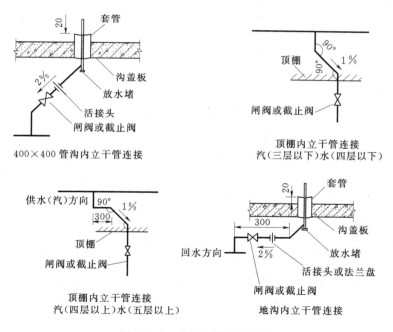

图 2.3.2　立管与干管连接图

3. 立管安装

室内采暖立管有单管、立管两种形式；立管的安装有明装、暗装两种安装形式；立管与散热器支管的连接又分为单侧连接和双侧连接两种形式。因此，安装前均应对照图纸予以明确。

采暖立管安装的关键是垂直度和量尺下料的准确性，否则，难以保证散热器支管的坡度。采暖立管宜在各楼层地坪施工完毕或散热器挂装后进行，这样便于立管的预制和量尺下料。

（1）立管位置的确定。立管的安装位置由设计决定，常常置于墙角处。采暖立管安装位置的确定如图 2.3.3 所示。

（2）立管的预制与安装。立管的安装有明装和安装两种形式。所用立管均应在量测楼层管段长度后采用楼层管段的集中预制法进行安装。在安装每一楼层立管后，均应校核其安装位置，使其对准已弹画的立管安装中心线，同时调整其与后墙的净距，用立管卡于固定。立管安装完毕，应将各层钢套管内填塞石棉绳或沥青油麻，并调整其位置使套管固定牢固。

（3）立管与干管的连接。采暖立管与顶部干管的连接如图 2.3.4 所示。

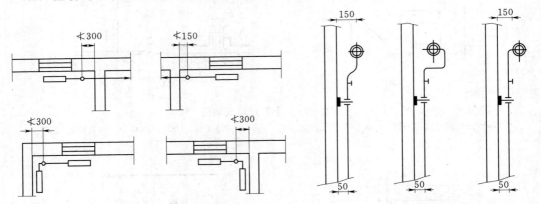

图 2.3.3　采暖立管安装位置（尺寸单位：mm）　　　图 2.3.4　采暖立管与顶部干管的连接

4. 支管安装

散热器支管安装一般是在立管和散热器安装完毕后进行。

首先应检查散热器安装位置及立管预留口是否准确，然后量出支管尺寸并进行加工。散热器供、回水支管（或蒸汽、冷凝水支管均应有不小于 5～10mm）的安装坡度坡向散热器。散热器支管长度超过 1.5m 时，中间应加装一个托钩或管卡固定。支管与散热器的连接必须是可拆卸连接，而不允许焊接死。

2.3.4.2　散热设备安装

1. 材料准备

散热器片安装前要进行质量检查以及除锈、刷油工序。

（1）散热器片的质量检查。散热器片在组对前应检查散热器的型号、规格，使用压力是否符合设计要求，钢制散热器应造型美观、丝扣端正、松紧适宜、油漆完好、整组炉片不翘楞。

（2）散热器片的除锈、刷油。在检查的同时，应清除散热器内外表面的污垢和锈层。外表面除锈一般用钢丝刷，接口内螺纹和接口端点的清理常用砂布。对除完锈的散热器片应及时刷一层防锈漆，晾干后再刷一道面漆。刷完漆的散热器片应按内螺纹的正、反扣和上下端有秩序地放好，以便组对。

2. 散热器组对及水压试验

散热器组对时使用的材料如下：

（1）散热片：应按设计图纸中的要求准备片数（n）。对于柱型散热器挂装时，均为中片组对；如果立地安装，每组至少用两个足片；超过 14 片的应用 3 个足片，且第 3 个足片应置于散热器组中间。

（2）对丝：散热器片的组对连接件叫对丝，其数量为 $2(n-1)$ 个（n 为设计片数）。对丝的规格为 $DN40$。如图 2.3.5 所示。

（3）垫片：为保证接口的严密性，对丝的中部（正反螺纹的分界处）应套上 2mm 厚的石棉橡胶垫片（或耐热橡胶垫片），其数量为 $2(n+1)$ 个。

（4）散热器补芯：散热器组与接管的连接件称为散热器补芯，其规格为 40mm×32mm、40mm×25mm、40mm×20mm、40mm×15mm 四种，并有正丝（右螺纹）补芯和反丝（左螺纹）补芯两种。每组散热器用 2 个补芯，当支管与散热器组同侧连接时，均用正口补芯 2 个，异侧连接时，用正、反扣补芯各 1 个。

（5）散热器丝堵：散热器组不接管的接口处所用的管件叫散热器堵头。其规格为 $DN40$，也分正、反螺纹。堵头上钻孔攻内螺纹，安装手动放风阀的，称为放风堵头。每组散热器用 2 个堵头，当支管与散热器组同侧连接时，用反堵头 2 个，异侧连接时，用正、反堵头各 1 个。

散热器的组对，常在特制的组对架或平台上进行。散热器组对用的工具，称为散热器钥匙。如图 2.3.6 所示。

图 2.3.5　对丝

图 2.3.6　组对散热器钥匙

按统计表的数量规格进行组对，组对散热器片前，做好丝扣的选试。组对时应两人一组摆好第一片，拧上对丝一扣，套上石棉橡胶垫，将第二片反扣对准对丝，找正后两人各用一手扶住炉片；另一手将对丝钥匙插入对丝内径，先向回徐徐倒退，然后再顺转，使两端入扣，同时缓缓均衡拧紧，照此逐片组对至所需的片数为止。

散热器组对完成后，必须做水压试验，合格后方可进行安装。散热器单组试压装置如图 2.3.7 所示。试验压力应符合表 2.3.1 的规定。将散热器抬到试压台上，用管钳子上好临时炉堵和临时补心，上好放气嘴，连接试压泵；各种成组散热器可直接连接试压泵。试压时打开进水截门，往散热器内充水，同时打开放气嘴，排净空气，待水满后关闭放气

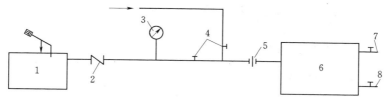

图 2.3.7　散热器单组试压装置

1—手压泵；2—止回阀；3—压力表；4—截止阀；5—活接头；
6—散热器组；7—放气管；8—放水管

嘴。加压到规定的压力值时，关闭进水截门，持续 5min，观察每个接口是否有渗漏，不渗漏为合格。若水压试验有不合格者，应更换不合格的散热器片，重新进行水压试验，直到合格为止。

表 2.3.1　　　　　　　　　　　散热器试验压力表

散热器型号	翼型、柱型		扁管型		板式	串片式	
工作压力（MPa）	≤0.25	>0.25	≤0.25	>0.25	—	≤0.25	>0.25
试压压力（MPa）	0.4	0.6	0.75	0.8	0.75	0.4	1.4

试压合格的散热器，按安装要求装好补芯和丝堵，运至规定地点进行安装。

3. 散热器安装

（1）散热器位置确定。散热器的安装位置根据设计要求确定。有外墙的房间，一般将散热器垂直安装在房间外墙下，以抵挡冷风渗透引起的冷空气直接进入室内，而影响室内的温度。

通常散热器底部距地面不应小于 100mm，顶端距窗台板地面不小于 50mm。散热器中心线应与窗台中心线重合，正面水平，侧面垂直。散热器中心与墙表面的距离应符合表 2.3.2 规定。

表 2.3.2　　　　　　　　　　　散热器中心与墙表面的距离

散热器型号	60 型	M132 型	四柱型	圆翼型	扁管、板式（外沿）	串片型	
						平放	竖放
中心距墙表面距墙	115	115	130	115	30	95	60

（2）托钩和固定卡安装。用錾子或冲击钻等在墙上按画出的位置打孔洞。固定卡孔洞的深度不少于 80mm，托钩孔洞的深度不少于 120mm，现浇混凝土墙的深度为 100mm（使用膨胀螺栓应按膨胀螺栓的要求深度）。用水冲净洞内杂物，填入 M20 水泥砂浆到洞深的 1/2 时，将固卡、托钩插入洞内，并塞紧，用画线尺或 $\phi70mm$ 管放在托钩上，用水平尺找平找正，填满砂浆抹平。

柱型散热器的固定卡及托钩按图 2.3.8 加工。托钩及固定卡的数量和位置按图 2.3.9 安装（方格代表炉片）。

柱型散热器卡子托钩安装如图 2.3.10 所示。

各种散热器的支托架安装数量应符合表 2.3.3 的要求。

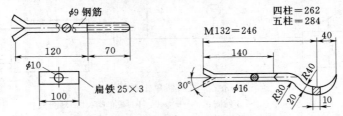

图 2.3.8　柱型散热器的固定卡及托钩（尺寸单位：mm）

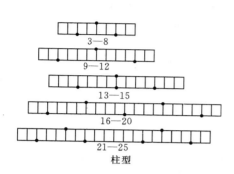

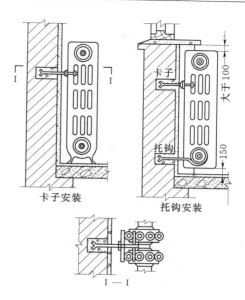

图 2.3.9　托钩及固定卡的
数量和位置

图 2.3.10　柱型散热器卡子托钩安装
注：1. M132 型及柱型上部为卡子，下部为托钩。
　　2. 散热器离墙净距 25～40mm。

表 2.3.3　　　　　　　　　　　支 托 架 安 装 数 量 表

散热器类型	每组片数（片）	固定卡（个）	下托钩（个）	合计（个）
各种铸铁及钢制柱型炉片铸铁辐射对流散热器，M132 型	3～12	1	2	3
	13～15	1	3	4
	16～20	2	3	5
	＞21	2	4	6
铸铁圆翼型	每根散热器均按 2 个托钩计			
各种钢制闭式散热器	高在 300 及以下规格焊工 3 个固定架，300 能上能下焊 4 个固定架，不大于 300 每组 3 个固定螺栓，大于 300 每组 4 个固定螺栓			
各种板式散热器	每组装 4 个固定螺栓，（或装四个厂家生产的托钩）			

注　钢制闭式散热器也可以按厂家每组配套的托架安装。

（3）散热器安装。待墙洞混凝土达到有效强度的 75％ 后，就可将散热器抬挂在支、托钩上，并轻放。散热器安装应着重强调稳固性。散热器安装坐标、标高等允许偏差和检验方法见表 2.3.4。最后，当管道与各散热器组连接以后，与管道一起再刷一道面漆。

2.3.4.3　采暖系统试压、冲洗和通热

室内采暖系统按质量标准和监控要求，均检查合格后，必须进行系统水压试验和冲洗。

采暖系统水压试验的冲洗工艺、质量标准和监控要求，应按下列各项规定进行。

表 2.3.4　　　　　　散热器安装的允许偏差和检验方法　　　　　　单位：mm

项　　目				允许偏差	检验方法
	坐标		内表面与墙面距离	6	用水准仪（水平尺）、直尺、拉线和尺量检查
			与窗口中心线	20	
	标高		底部距地面	±15	
			中心线垂直度	3	用吊线和尺量检查
			侧面倾斜度	3	
散热器	全长内的弯曲	灰铸铁	长翼型（60）（38） 2～4 片	4	用水准仪（水平尺）、直尺、拉线和尺量检查
			5～7 片	6	
			圆翼型 2m 以内	3	
			3～4m	4	
			M132 柱型对流辐射散热器 3～14 片	4	
			15～24 片	6	
		钢制	串片型 2 节以内	3	
			3～4 节	4	
			板型 $L<1m$	4	
			$L>1m$	6	
			扁管型 $L<1m$	3	
			$L>1m$	5	
			柱型 3～12 片	4	
			13～20 片	6	

2.3.4.3.1　室内采暖系统试压

1. 试压准备工作

根据水源的位置和试压系统的情况和要求，按事先制定的施工方案中的试压程序、技术措施，进行试压工作；试压采用的机具、设备，必须严格检查，其性能、技术标准均应保证试压的要求；系统加压选择位置应在进户入口供热管的甩头处，连接加压泵和管路；试压管路的加压泵端和系统的末端，均应安装带有回弯的压力表；冬期试压时应按冬期施工技术措施规定执行，要求具有相应防冻技术保护措施。

2. 注水前的检查工作

检查全系统管路、设备、阀件、固定支架和套管等，必须安装无误且各连接处均无遗漏；根据全系统试压或分系统试压的实际情况，检查系统上各类阀门的开、关达到正常状态。试压管道阀门全打开，试验管段与非试验管段连接处应予隔断；检查试压用的压力表灵敏度，其误差应限制在规定范围内；水压试验系统是阀门都处于全关闭状态，待试压中需要开启时再打开。

3. 水压试验工艺及标准

打开水压试验管路中的阀门，向采暖系统注水。

开启系统上各高处的排气阀，将管道及采暖设备等全系统的空气排尽；待水注满后，关闭排气阀和进水阀，停止向系统注水。

打开连接加压泵的阀门，用电动打压泵或手动打压泵通过管路向系统加压，同时拧开压力表上的旋塞阀，观察压力逐渐升高的情况，一般分 2～3 次升至试验压力。在此过程中，每加压至一定数值时，应停泵对管道进行全面检查，无异常现象，方可再继续加压。

工作压力不大于 0.07MPa（表压力）的蒸汽采暖系统，应以系统顶点工作压力的 2 倍作水压试验，在系统的低点，不得小于 0.25MPa 的表压力。热水采暖或工作压力超过 0.07MPa 的蒸汽采暖系统，应以系统顶点工作压力另加 0.1MPa 做水压试验。同时，在系统顶点的试验压力不得小于 0.3MPa 的表压力。

如系统低点压力大于散热器所能承受的最大试验压力时，则应分层进行水压试验。

试压过程中，用试验压力对管道进行预先试压，其延续时间应不少于 10min。然后将压力降至工作压力，进行外观全面检查，在检查中，对漏水或渗水的接口作上记号，以备返修，在 5min 内压力降不大于 0.02MPa 为合格。

系统试压达到合格验收标准后，放出管道内的全部存水（不合格时应待补修后，再次按前述方法二次试压）。

拆除试压连接管路，将入口处供水管用盲板临时堵严。

管道试压合格后，应与单位工程负责人办理系统移交手续，严防土建工程进行收尾施工时损坏管道接口。

2.3.4.3.2　室内采暖系统的冲洗

为防止室内供暖系统内残存铁锈、杂物，影响管子的有效截面和供暖热水或蒸汽的流量，甚至造成堵塞等缺陷，应按《采暖与卫生工程施工及验收规范》（GB 50242—2002）规定："……采暖系统在使用前，应用水冲洗，直到将污浊物冲净为止。"

一般施工单位省略对采暖管道冲洗工序，给采暖管道运行和使用功能带来不少质量后患。因此，应按施工规范规定，在采暖系统管道试压完成后或使用前进行冲洗或吹洗。

1. 热水采暖系统吹洗

冲洗中，当排入下水道的冲洗水为洁净水时可认为合格。全部冲洗后，再以流速 1～1.5m/s 的速度进行全系统循环，延续 20h 以上，以循环水色透明为合格。全系统循环正常后，将系统回路按设计要求的位置恢复连接。

2. 蒸汽采暖系统吹洗

蒸汽供热系统的吹洗以蒸汽为热源较好，也可以采用压缩空气。压缩空气的冲洗压力按设计确定。

吹洗的过程除了将疏水器、回水器卸除以外，其他程序均与热水系统冲洗相同；用蒸汽吹洗时，排出的管口方向应朝上或水平侧向，并有安全防护设施。

蒸汽系统采暖管道用蒸汽吹洗时，为防止管道由于转变温度产生脆裂等缺陷，应缓慢依次对管道升温，恒温 1h 左右后再进行吹洗。然后自然降温至室温，再升温暖管，达到蒸汽恒温进行二次吹洗，直到按规定吹洗合格为止。

采用蒸汽或压缩空气吹洗管道时，被吹洗管道的出口，可设置一块刨光的靶板，或板上涂刷白色油漆，靶板上无锈蚀及杂物为合格。

2.3.4.3.3　室内采暖系统的通热

室内采暖系统试压、冲洗后的通热与试调，是交工后供暖使用前必要的工序。通过通热、试调，可验证系统管道及其设备、配件的安装质量和保证正常运行及使用功能的重要措施。

采暖系统管道的通热、试调，应按以下工艺和质量监控要求进行：

（1）系统管道的通热与试调应按事先编制的施工组织设计或施工方案要求内容进行：①明确参与通热试调人员的分工和紧急处理技术措施；②准备好通热试调的工具、温度计和通信联系设备，以备在试调过程中发生问题时，便于及时处理；③通热试调前进一步检查系统中的管道和支、吊架及阀门等配件的安装质量，符合设计或施工规范的规定才能进行通热。

（2）充水前应接好热源，使各系统中的泄水阀门关闭，供水或供气的干、立、支管上的阀门均应开启，向系统内充水（最好充软化水），同时先打开系统最高点的放风门，派专人看管。慢慢打开系统回水干管的阀门，待最高点的放风门见水后立即关闭。然后开启总进水口供水管的阀门，最高点的放风阀须反复开闭数次，直至系统中冷风排净为止。

（3）在巡视检查中如发现隐患时，应尽量关闭小范围内的供水阀门，待问题及时处理、修好后随即开启阀门。

（4）在全系统运行中如有不热处要先查明原因，如需检修应先关闭供、回水阀，泄水后再先后打开供、回阀门，反复按上述程序通暖运行。若发现温度不均，应调整各个分路的立管、支管上的阀门；使其基本达到平衡后，直到运行正常为止。

（5）冬期通暖时，必须采取临时供暖措施，室温应保持 5℃ 以上，并连续 24h 后方可进行正常运行。

（6）采暖系统管道在通热与调试过程及运行中，要求各个环路热力平衡，按设计供暖温度相差不超过 +2℃ 或 −1℃ 为合格。

系统在通热与试调达到正常运行的合格标准后，应邀请各有关单位检查验收，并办理验收手续。有关通热试调的施工记录和验收签证等文件资料，应妥善保管，将作为交工档案的必备材料。

注意：①室内采暖系统，如属蒸汽供暖时，系统的通热试调用热源，可采用蒸汽。用蒸汽通热试调的管道预热等工艺作法和技术要求，与本节上述热水系统采暖管道采用蒸汽吹洗方法相同；②蒸汽系统的通热试调及运行的合格标准与上述热温水系统采暖通热试调要求的合格标准相同。

2.3.4.4　低温热水地板辐射采暖系统施工

1. 施工准备

（1）设计施工图纸和有关技术文件齐全。

（2）有较完善的施工方案、施工组织设计，并已完成技术交底。

（3）施工现场具有供水或供电条件，有贮放材料的临时设施。

（4）土建专业已完成墙面内粉刷（不含面层），外窗、外门已安装完毕，并已将地面清理干净；厨房、卫生间应在完成闭水试验后并经过验收。

（5）加热管在运输、装卸和搬运时，应小心轻放，不得抛、摔、滚、拖。以避免暴晒雨淋，宜贮存在温度不超过 40℃，通风良好和干净的库房内；与热源距离至少应保持在 1m 以上。

（6）施工过程中，应防止油漆、沥青或其他化学溶剂接触污染管线的表面。

（7）低温热水地面辐射供暖工程的施工，环境温度不宜低于 5℃。

（8）低温热水地面辐射供暖工程施工，不宜与其他工种进行交叉施工作业，施工过程中，严禁进人踩踏加热管。所有地面留洞应在填充层施工前完成。

2. 低温热水地板辐射采暖系统施工工艺流程

施工主要工艺流程：土建结构具备地暖施工作业面——固定分集水器——粘贴边角保温——铺设聚苯板——铺设钢丝网——铺设盘管并固定——设置伸缩缝、伸缩套管——中间试压——回填混凝土——试压验收。

具体施工工序如下：

（1）施工前，楼地面找平层应检验完毕。

（2）分集水器用 4 个膨胀螺栓水平固定在墙面上，安装要牢固。

（3）用乳胶将 10mm 边角保温板沿墙粘贴，要求粘贴平整，搭接严密。

（4）在找平层上铺设保温层（如 2cm 厚聚苯保温板、保温卷材或进口保温膜等），板缝处用胶粘贴牢固，在保温层上铺设铝箔纸或粘一层带坐标分格线的复合镀铝聚酯膜，保温层要铺设平整。

（5）在铝箔纸上铺设一层 Φ2mm 钢丝网，间距 100mm×100mm，规格 2m×1m，铺设要严整严密，钢网间用扎带捆扎，不平或翘曲的部位用钢钉固定在楼板上。设置防水层的房间如卫生间、厨房等固定钢丝网时不允许打钉，管材或钢网翘曲时应采取措施防止管材露出混凝土表面。

（6）按设计要求间距将加热管（PEX 管、PP—C 管或 PB 管、XPAP 管），用塑料管卡将管子固定在苯板上，固定点间距不大于 500mm（按管长方向），大于 90°的弯曲管段的两端和中点均应固定。管子弯曲半径不宜小于管外径的 8 倍。安装过程中要防止管道被污染，每回路加热管铺设完毕，要及时封堵管口。

（7）检查铺设的加热管有无损伤、管间距是否符合设计要求后，进行水压试验，从注水排气阀注入清水进行水压试验，试验压力为工作压力的 1.5～2 倍，但不小于 0.6MPa，稳压 1h 内压力降不大于 0.05MPa，且不渗不漏为合格。

（8）辐射供暖地板当边长超过 8m 或面积超过 40m² 时，要设置伸缩缝，缝的尺寸为 5～8mm，高度同细石混凝土垫层。塑料管穿越伸缩缝时，应设置长度不小于 400mm 的柔性套管。在分水器及加热管道密集处，管外用不短于 1000mm 的波纹管保护，以降低混凝土热膨胀。在缝隙中填充弹性膨胀膏（或进口弹性密封胶）。

（9）加热管验收合格后，回填细石混凝土，加热管保持不小于 0.4MPa 的压力；垫层应用人工抹压密实，不得用机械振捣，不允许踩压已铺设好的管道，施工时应派专人看护，垫层达到养护期后，管道系统方允许泄压。

（10）分水器进水处装设过滤器，以防止异物进入地板管道环路，水源要选用清洁水。

（11）抹水泥砂浆找平，做地面。

（12）立管与分集水器连接后，应进行系统试压。

3. 检查、调试及验收

（1）中间验收：

1）地板辐射采暖系统，应根据工程施工特点进行中间验收，中间验收过程，从加热管道敷设和分集水器安装完毕进行试压起，至混凝土填充层养护期满再次进行时试压止，由施工单位会同建设单位或监理单位进行。

2）加热盘管隐蔽前必须进行试压试验，试验压力为工作压力的 1.5 倍。并不小于 0.6MPa。

（2）试压：

1）浇捣混凝土填充层之前和混凝土养护期满后，应分别进行系统水压试验。冬季进行水压试验，应采用可靠的防冻措施，或进行气压试验。

2）系统水压试验应符合下列条件：

a）热熔连接的管道应在熔接完毕 24h 后方可进行水压试验。

b）水压试验之前，应对试压管道和构件采取安全有效的固定和保护措施。

c）试验压力应以系统定点工作压力加 0.2MPa，且系统定点的工作压力不小于 0.4MPa。

3）水压试验的步骤：

a）经分水器缓慢注水，同时将管道空气排空。

b）充满水后，进行水密性检查。

c）采用手压泵缓慢升压，升压时间不得小于 15min。

d）使用复合管的采暖系统应在试验压力下 10min 内压力降不大于 0.02MPa，降至工作压力后检查，不渗不漏为合格；使用塑料管的采暖系统应在试验压力下 1h 内压力降不大于 0.05MPa，然后降压至工作压力的 1.15 倍，稳压 2h，压力降不大于 0.03MPa，同时各连接处应不渗不漏为合格。稳定 1h 后，补压至规定试验压力值，15min 内压力降不超过 0.05MPa 为合格。

（3）调试：

1）地板辐射采暖系统未经调试，严禁运行使用。

2）具备采暖条件时，调试应竣工验收前进行，不具备采暖条件时，经与工程建设单位协商，可延期进行调试。

3）调试工作由施工单位在工程使用单位配合下进行，调试前应对管道系统进行冲洗，然后冲热水调试。

4）调试时初次通暖应缓慢升温，先将水温控制在 25～30℃ 范围内运行 24h，以后每隔 24h 升温不超过 5℃，直至达到设计的温度。

5）调试过程应持续在设计水温条件下连续采暖 24h，调节每一环路水温达到正常范围，使各环路的回水温度基本相同。

复 习 思 考 题

1. 采暖系统根据不同的分类方法分为哪几类？

2. 机械循环热水系统的系统形式有哪几种？各有什么特点？

3. 常用的散热器有哪几种？

4. 采暖施工图的图纸组成和内容包括什么？

5. 简述室内采暖管道安装基本程序和安装基本要求。

6. 散热器的安装要求有哪些？

7. 简述低温热水辐射采暖系统施工程序及技术要求。

8. 简述采暖系统试压的步骤和要求。

学习情境 3　通风与空调系统施工与组织

学习单元 3.1　通风与空调系统分析

3.1.1　学习目标

通过本单元的学习，能够分析通风系统的组成和原理，分析不同系统的特点及适用性；能够分析民用建筑防、排烟系统组成及特点；能够分析空气调节系统的组成和原理，分析不同系统的特点及适用性；能够分析空调水系统的形式和组成。

3.1.2　学习任务

本学习单元以某综合楼通风空调系统（见附录3）为例，对通风空调系统的组成、原理、形式等进行分析。具体学习任务有通风系统分析、民用建筑防、排烟系统分析、空气调节系统分析、空调水系统分析。

3.1.3　任务分析

通风空调系统分析应首先了解通风空调系统的目的及种类，然后分析通风空调系统的组成及原理，选择系统所需要的材料和设备，最后进行通风空调系统布置。

创造良好的空气环境条件（如温度、湿度、空气流速、洁净度等），对保障人们的健康、提高劳动生产率、保证产品质量是必不可少的。这一任务的完成，就是由通风和空气调节来实现的。

通风工程是指送风、排风和除尘、排毒工程。空调工程是指一般舒适性空调、恒温、恒湿和空气洁净工程。

为了保持一定的室内环境参数，空调采用各种技术手段如加热或冷却、加湿或除湿、过滤净化、空气输送与分布和自动控制等，将一定量的空气（包括部分室外空气，称为新风）处理到适宜状态，然后送入空调房间，在室内循环后再回到空调机房或排出室外。

3.1.4　任务实施

3.1.4.1　通风系统分析

通风的主要目的是为了置换室内的空气，改善室内空气品质，是以建筑物内的污染物为主要控制对象。

根据换气方法不同可分为排风和送风。排风是在局部地点或整个房间把不符合卫生标准的污染空气直接或经过处理后排至室外；送风是把新鲜或经过处理的空气送入室内。

对于为排风和送风设置的管道及设备等装置分别称为排风系统和送风系统，统称为通风系统。

此外，如果按照系统作用的范围大小还可分为全面通风和局部通风两类。通风方法按照空气流动的作用动力可分为自然通风和机械通风两种。

3.1.4.1.1　自然通风分析

自然通风是在自然压差作用下，使室内外空气通过建筑物围护结构的孔口流动的通风换气。

根据压差形成的机理，可以分为热压作用下的自然通风、风压作用下的自然通风以及热压和风压共同作用下的自然通风。

1. 热压作用下的自然通风

热压是由于室内外空气温度不同而形成的重力压差。如图 3.1.1 所示。这种以室内外温度差引起的压力差为动力的自然通风，称为热压差作用下的自然通风。

热压作用产生的通风效应又称为"烟囱效应"。"烟囱效应"的强度与建筑高度和室内外温差有关。一般情况下，建筑物越高，室内外温差越大，"烟囱效应"越强烈。

2. 风压作用下的自然通风

当风吹过建筑物时，在建筑的迎风面一侧压力升高了，相对于原来大气压力而言，产生了正压；在背风侧产生涡流及在两侧空气流速增加，压力下降了，相对于原来的大气压力，会产生负压。

建筑在风压作用下，具有正值风压的一侧进风，而在负值风压的一侧排风，这就是在风压作用下的自然通风。通风强度与正压侧与负压侧的开口面积及风力大小有关。如图 3.1.2 所示。

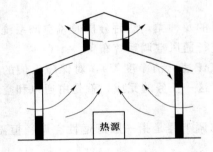

图 3.1.1 热压作用的自然通风

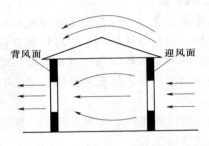

图 3.1.2 风压作用的自然通风

3. 热压和风压共同作用下的自然通风

热压与风压共同作用下的自然通风可以简单地认为它们是效果叠加的。设有一建筑，室内温度高于室外温度。当只有热压作用时，室内空气流动如图 3.1.3 所示。当热压和风压共同作用时，在下层迎风侧进风量增加了，下层的背风侧进风量减少了，甚至可能出现排风；上层的迎风侧排风量减少了，甚至可能出现进风，上层的背风侧排风量加大了；在中和面附近迎风面进风、背风面排风。

在建筑中压力分布规律中实测及原理分析表明：对于高层建筑，在冬季（室外温度低）时，即使风速很大，上层的迎风面房间仍然是排风的，热压起了主导作用；高度低的建筑，风速受临近建筑影响很大，因此也影响了风压对建筑的作用。

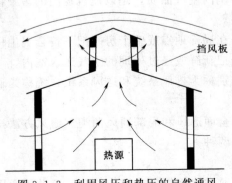

图 3.1.3 利用风压和热压的自然通风

风压作用下的自然通风与风向有着密切的关

系。由于风向的转变，原来的正压区可能变为负压区，而原来的负压区可能变为正压区。风向不是人为可以控制的，并且大部分城市的平均风速较低。因此，由风压引起的自然通风的不确定因素过多，无法真正应用风压的作用原理来设计有组织的自然通风。

3.1.4.1.2 机械通风分析

依靠通风机提供的动力来迫使空气流通来进行室内外空气交换的方式称为机械通风。

与自然通风相比，机械通风具有以下优点：①送入车间或工作房间内的空气可以经过加热或冷却，加湿或减湿的处理；②从车间排除的空气，可以进行净化除尘，保证工厂附近的空气不被污染；③按能够满足卫生和生产上所要求造成房间内人为的气象条件，可以将吸入的新鲜空气按照需要送到车间或工作房间内各个地点，同时也可以将室内污浊的空气和有害气体从产生地点直接排除到室外去；④通风量在一年中都可以保持平衡，不受外界气候的影响；⑤必要时，根据车间或工作房间内生产与工作情况，还可以任意调节换气量。

但是，机械通风系统中需设置各种空气处理设备、动力设备（通风机），各类风道、控制附件和器材，故初次投资和日常运行维护管理费用远大于自然通风系统；另外，各种设备需要占用建筑空间和面积，并需要专门人员管理，通风机还将产生噪声。

机械通风可根据有害物分布的状况，按照系统作用范围大小分为局部通风和全面通风两类。局部通风包括局部送风系统和局部排风系统；全面通风包括全面送风系统和全面排风系统。

1. 局部通风

利用局部的送、排风控制室内局部地区的污染物的传播或控制局部地区的污染物浓度达到卫生标准要求的通风称为局部通风。局部通风又分为局部排风和局部送风。

（1）局部排风系统。局部排风是直接从污染源处排除污染物的一种局部通风方式。当污染物集中于某处发生时，局部排风是最有效的治理污染物对环境危害的通风方式。局部机械排风系统如图 3.1.4 所示。系统由排风罩、通风机、空气净化设备、风管和排风帽组成。

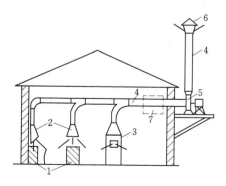

图 3.1.4 局部机械排风系统

1—工艺设备；2—局部排气罩；3—局部
排气柜；4—风道；5—通风机；
6—排风帽；7—排气处理装置

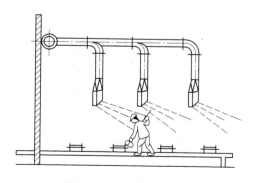

图 3.1.5 局部送风系统

（2）局部送风系统。在一些大型的车间中，尤其是有大量余热的高温车间，采用全面通风已经无法保证室内所有地方都达到适宜的程度。在这种情况下，可以向局部工作地点送风，造成对工作人员温度、湿度、清洁度合适的局部空气环境，这种通风方式称为局部送风。直接向人体送风的方法又称岗位吹风或空气淋浴。图3.1.5为车间局部送风示意图，是将室外新风以一定风速直接送到工人的操作岗位，使局部地区空气品质和热环境得到改善。

2. 全面通风

全面通风又称稀释通风，原理是向某一房间送入清洁新鲜空气，稀释室内空气中的污染物的浓度，同时把含污染物的空气排到室外，从而使室内空气中污染物的浓度达到卫生标准的要求。

全面通风适用于：①有害物产生位置不固定的地方；②面积较大或局部通风装置影响操作；③有害物扩散不受限制的房间或一定的区段内。这就是允许有害物散入室内，同时引入室外新鲜空气稀释有害物浓度，使其降低到合乎卫生要求的允许浓度范围内，然后再从室内排出。

全面通风包括全面送风和全面排风，两者可同时或单独使用。单独使用时需要与自然送、排风方式相结合。

（1）全面排风。为了使室内产生的有害物尽可能不扩散到其他区域或邻室去，可以在有害物比较集中产生的区域或房间采用全面机械排风。全面机械排风如图3.1.6所示。

在墙上装有轴流风机的最简单全面排风如图3.1.6（a）所示。室内设有排风口如图3.1.6（b）所示，含尘量大的室内空气从专设的排气装置排入大气的全面机械排风系统。

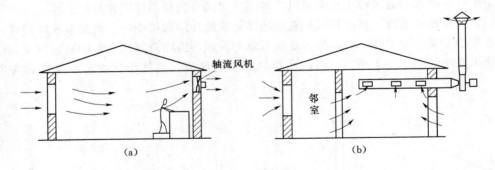

图3.1.6　全面机械排风系统

（2）全面送风。当不希望邻室或室外空气渗入室内，而又满足送入的空气是经过简单过滤、加热处理的情况下，多用如图3.1.7所示的全面机械送风系统来冲淡室内有害物，这时室内处于正压，室内空气通过门窗排到室外。

3.1.4.2　民用建筑防、排烟系统分析

3.1.4.2.1　建筑火灾烟气的特性分析

1. 烟气的毒害性

烟气中的 CO 、HCN 、NH_3 等都是有毒性的气体；另外，大量的 CO_2 气体及燃烧后消耗了空气中大量氧气，引起人体缺氧而窒息。烟粒子被人体的肺部吸入后，也会造成危害。空气中含氧量不大于 6%，或 CO_2 浓度不小于 20%，或 CO 浓度不小于 1.3% 时，都会在短时间内致人死亡。有些气体有剧毒，少量即可致人死亡，如光气 $COCl_2$ 浓度不小于 50×10^{-6} 时，在短时间内就能致人死亡。

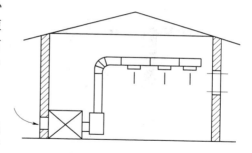

图 3.1.7　全面机械送风系统

2. 烟气的高温危害

火灾时物质燃烧产生大量热量，使烟气温度迅速升高。火灾初起（5～20min）烟气温度可达 250℃；随后由于空气不足，温度有所下降；当窗户爆裂，燃烧加剧，短时间内温度可达 500℃。燃烧的高温使火灾蔓延，使金属材料强度降低，导致结构倒塌，人员伤亡。高温还会使人昏厥、烧伤。

3. 烟气的遮光作用

当光线通过烟气时，致使光强度减弱，能见距离缩短，称为烟气的遮光作用。能见距离是指人肉眼看到光源的距离。能见距离缩短不利于人员的疏散，使人感到恐慌，造成局面混乱，自救能力降低；同时也影响消防人员的救援工作。实际测试表明，在火灾烟气中，对于一般发光型指示灯或窗户透入光的能见距离仅为 0.2～0.4m，对于反光型指示灯仅为 0.07～0.16m。如此短的能见距离，不熟悉建筑物内部环境的人就无法自救。

建筑火灾烟气是造成人员伤亡的主要原因。火灾发生时应当及时对烟气进行控制，并在建筑物内创造无烟（或烟气含量极低）的水平和垂直的疏散通道或安全区，以保证建筑物内人员安全疏散或临时避难和消防人员及时到达火灾区扑救。

3.1.4.2.2　火灾烟气控制

烟气控制的主要目的是在建筑物内创造无烟或烟气含量极低的疏散通道或安全区。

烟气控制的实质是控制烟气合理流动，也就是使烟气不流向疏散通道、安全区和非着火区，而向室外流动。主要方法有隔断或阻挡、疏导排烟和加压防烟。

1. 隔断或阻挡

墙、楼板、门等都具有隔断烟气传播的作用。

（1）所谓防火分区，是指用防火墙、楼板、防火门或防火卷帘等分隔的区域，可以将火灾限制在一定局部区域内（在一定时间内），不使火势蔓延。

（2）所谓防烟分区，是指在设置排烟措施的过道、房间中用隔墙或其他措施（可以阻挡和限制烟气的流动）分隔的区域。防烟分区在防火分区中分隔。防火分区、防烟分区的大小及划分原则参见《高层民用建筑防火规范》。用梁或挡烟垂壁阻挡烟气流动如图 3.1.8 所示。

2. 排烟

利用自然或机械作用力将烟气排到室外，称为排烟。利用自然作用力的排烟称为自然排烟；利用机械（风机）作用力的排烟称为机械排烟。

排烟的部位有两类：着火区和疏散通道。着火区排烟的目的是将火灾发生的烟气（包括空气受热膨胀的体积）排到室外，降低着火区的压力，不使烟气流向非着火区，以利于着火区的人员疏散及救火人员的扑救；对于疏散通道的排烟是为了排除可能侵入的烟

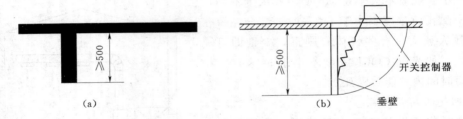

图 3.1.8　用梁和挡烟垂壁阻挡烟气流动
(a) 下凸不小于 500mm 的梁；(b) 可活动的挡烟垂壁

气，以保证疏散通道无烟或少烟，以利于人员安全疏散及救火人员通行。

(1) 自然排烟。自然排烟是利用热烟气产生的浮力、热压或其他自然作用力使烟气排出室外。这种排烟方式设施简单、投资少，日常维护工作少、操作容易；但排烟效果受室外很多因素的影响与干扰，并不稳定，因此它的应用有一定限制。虽然如此，在符合条件时宜优先采用。

自然排烟有两种方式：一是利用外窗或专设的排烟口排烟；二是利用竖井排烟。

利用可开启的外窗进行排烟，如图 3.1.9 (a) 所示。如果外窗不能开启或无外窗，可以专设排烟口进行自然排烟，如图 3.1.9 (b) 所示。利用专设的竖井进行排烟，即相当于专设一个烟囱，如图 3.1.9 (c) 所示。

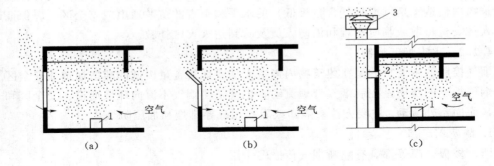

图 3.1.9　自然排烟
(a) 利用可开启外窗排烟；(b) 利用专设排烟口排烟；(c) 利用竖井排烟
1—烟气源；2—排烟口；3—排烟竖井

自然排烟是利用热烟气产生的浮力、热压或其他自然作用力使烟气排出室外。这种排烟方式实质上是利用烟囱效应的原理。

(2) 机械排烟。当火灾发生时，利用风机做动力向室外排烟的方法称为机械排烟。机械排烟系统实质上就是一个排风系统。

与自然排烟相比，机械排烟具有以下优缺点：

1) 机械排烟不受外界条件（如内外温差、风力、风向、建筑特点、着火区位置等）的影响，而能保证有稳定的排烟量。

2) 机械排烟的风道截面小，可以少占用有效建筑面积。

3) 机械排烟的设施费用高，需要经常保养维修，否则有可能在使用时因故障而无法启动。

4）机械排烟需要有备用电源，防止火灾发生时正常供电系统被破坏而导致排烟系统不能运行。

5）机械排烟系统通常负担多个房间或防烟分区的排烟任务，它的总风量不像其他排风系统那样将所有房间风量叠加起来。

3. 加压防烟

加压防烟是用风机把一定量的室外空气送入房间或通道内，使室内保持一定压力或门洞处有一定流速，以避免烟气侵入。加压防烟的两种情况如图 3.1.10 所示。其中图 3.1.10（a）是当门关闭时房间内保持一定正压值，空气从门缝或其他缝隙处流出，防止了烟气的侵入；图 3.1.10（b）是当门

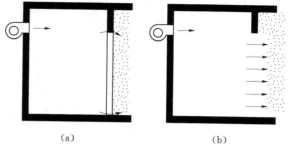

图 3.1.10 加压防烟

开启时送入加压区的空气以一定风速从门洞流出，阻止烟气流入。

当由上述两种情况分析可以看到，为了阻止烟气流入被加压的房间，必须达到：①门开启时，门洞有一定向外的风速；②门关闭时，房间内有一定正压值。这也是设计加压送风系统的两条原则。

3.1.4.3 空气调节系统分析

实现对某一房间或空间内的温度、湿度、洁净度和空气流速等进行调节和控制，并提供足够量的新鲜空气的方法称为空气调节，简称空调。

空调可以实现对建筑热湿环境、空气品质全面进行控制，它包含了采暖和通风的部分功能。

在室内、外各种影响因素（室外气象参数和室内的散热量、散湿量等）发生变化时，为保证室内空气参数不超出允许的波动范围，必须相应的调节对送风的处理过程，或调节送入室内的空气量。这个运行调节工作，可通过手动或自动控制系统完成。

按空气处理设备的集中程度来分，可以分为集中式、局部式和半集中式三种。

3.1.4.3.1 集中式空调系统分析

空调系统的空气处理设备中的过滤器、喷水室、加热器以及风机、水泵等都集中设在专用的机房内，称为集中式空调系统。这种空调系统的优点是服务面大、处理空气多，便于集中管理；它的主要缺点是：往往只能送出同一参数的空气，难于满足用户的不同要求；另外，由于是集中供热、供冷，从经济角度看，只适宜于满负荷运行的大型场所。

1. 集中式空调系统的组成分析

集中式空气调节系统一般由空气处理设备、空气输送管道、空气分配装置和运行调节系统等 4 个基本部分组成。室外空气（新风）和来自空调房间的一部分循环空气（回风）进入空气处理室，经混合后进行过滤以及冷却、减湿（夏季）或加热、加湿（冬季）等各种处理，以达到符合要求的空调送风状态，然后由风机送入各空调房间。集中式空调系统如图 3.1.11 所示。

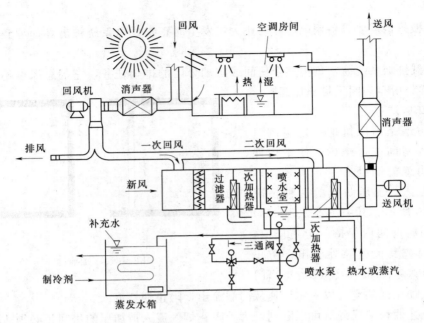

图 3.1.11 集中式空调系统

（1）空气处理部分。集中式空调系统的空气处理部分是一个包括各种空气处理设备在内的空气处理室，其中主要有过滤器、一次加热器、喷水室、二次加热器等。用这些空气处理设备对空气进行净化过滤和热湿处理，可将送入空调房间的空气处理到所需的送风状态点。

（2）空气输送部分。空气输送部分主要包括送风机、回风机（系统较小时不用设置）、风管系统和必要的风量调节装置。送风系统的作用是不断将空气处理设备处理好的空气有效地输送到各空调房间；回风系统的作用是不断地排出室内回风，实现室内的通风换气，保证室内空气质量。

（3）空气分配部分。空气分配部分主要包括设置在不同位置的送风口和回风口，其作用是合理地组织空调房间的空气流动，保证空调房间内工作区（一般是 2m 以下的空间）的空气温度和相对湿度均匀一致，空气流速不致过大，以免对室内的工作人员和生产形成不良的影响。

（4）辅助系统部分。集中式空调系统是在空调机房集中进行空气处理然后再送往各空调房间。空调机房里对空气进行制冷（热）的设备（空调用冷水机组或热蒸汽）和湿度控制设备等就是辅助设备。对于一个完整的空调系统，尤其是集中式空调系统，系统是比较复杂的。空调系统是否能达到预期效果，空调能否满足房间的热湿控制要求，关键在于空气的处理。

2. 集中式空调系统的类别分析

在集中式空调系统，根据所处理的空气来源不同，可以分为封闭式、直流式和混合式三种。

（1）封闭式系统。它所处理的空气全部来自空调房间本身，没有室外空气补充，全部为再循环空气。因此房间和空气处理设备之间形成了一个封闭环路如图 3.1.12（a）所示。封闭式系统用于密闭空间且无法（或不需）采用室外空气的场合。这种系统冷、热消耗量最省，但室内卫生效果差。当室内有人长期停留时，必须考虑空气的补充。这种系统应用于战时的地下战备工程以及很少有人进出的仓库。

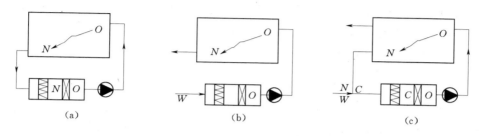

图 3.1.12　按处理空气的来源不同对空调系统分类示意图

（a）封闭式；（b）直流式；（c）混合式

（2）直流式系统。它所处理的空气全部来自室外，室外空气经处理后送入室内，然后全部排出室外如图 3.1.12（b）所示，因此与封闭系统相比，具有完全不同的特点。这种系统适用于不允许采用回风的场合，如放射性实验室以及散发大量有害物的车间等。为了回收排出空气的热量或冷量用来加热或冷却新风，可以在这种系统中设置热回收设备。

（3）混合式（回风式）系统。从上述两种系统回风，封闭式系统不能满足卫生要求，直流式系统经济上不合理，所以两者都只在特定情况下使用，对于绝大多数场合，往往需要综合这两者的特点，采用混合一部分回风的系统。这种系统既能满足卫生要求，又经济合理，故应用最广。如图 3.1.12所示。

混合式系统还可分为一次回风系统和二次回风系统。将回风全部引至空气处理设备之前与室外空气混合，称为一次回风，如图 3.1.13（a）所示。将回风分为两部分，一部分引至空气处理设备之前；另一部分引至空气处理设备之后，称为二次回风系统，如图 3.1.13（b）所示。后者比前者更为经济、节能，但室内卫生条件相对

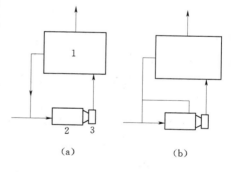

图 3.1.13　混合式空调系统示意图

（a）一次回风式；（b）二次回风式

1—空调房间；2—空调机组；3—送风机

较差。

3.1.4.3.2　局部式空调系统分析

当一幢建筑物内只有少数房间需要空调，或空调房间分散，此外对一些季节性较强的旅游宾馆宜采用局部式（分散式）空调系统。

这种系统是把冷源、热源、空气处理、风机和自动控制等所有设备装成一体，组成空调机组，由工厂定型生产，现场整机安装。图 3.1.14 是一局部空调系统的示意图。空调机组一般装在需要空调的房间或邻室内，就地处理空气，可以不用或只用很短的风道就可把处理后的空气送入空调房间内。

局部空调系统的主要优点是安装方便，调节灵活，房间所需的温度、湿度，可由用户自得调整，房间之间无风道相通，也有利于防火；缺点是故障率高、日常维护工作量大、噪声大。

　　根据用途不同，有多种空调机组。常见的有恒温恒湿机组，这种机组适用于全年要求恒温恒湿的房间，有用于解决夏季降温用的冷风机组，其组成与恒温恒湿机组相比，没有加热、加湿设备，有热泵式空调机组，这种机组可作降温、采暖和通风之用。此外，还有屋顶式空调机组和用于高温环境的特种空调机组。

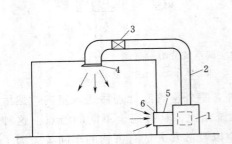

图 3.1.14　局部空调系统示意图
1—空调机组；2—送风管；3—表冷器；
4—送风口；5—回风管；6—回风口

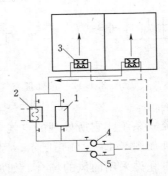

图 3.1.15　风机盘管空调系统
1—冷水机组；2—换热器；3—风
机盘管机组；4、5—循环水泵

3.1.4.3.3　半集中式空调系统分析

　　半集中式空调系统是在克服集中式和局部式空调系统的缺点而取其优点的基础上发展起来的。它包括诱导系统和风机盘管系统两种。这里着重介绍目前得到广泛应用的风机盘管系统。

　　风机盘管空调系统如图 3.1.15 所示，它主要由下列部件组成：冷水机组，锅炉或热水机组，水泵及其管路系统，风机盘管机组。

　　1. 冷水机组

　　冷水机组用来供给风机盘管需要的低温水，室内空气通过盘管内的低温水得以降温冷却，低温水供水温度一般为 7℃ 回水温度一般为 12℃。

　　2. 锅炉或热水机组

　　锅炉或热水机组用于供给风机盘管制热时所需要的热水，室内空气通过盘管内的热水得以升温加热。空调用热水温度一般为 60℃，回水温度一般为 50℃。

　　3. 水泵和管路系统

　　水泵的作用是使冷水（热水）在制冷（热）系统中不断循环。管路系统有双管、三管和四管系统。目前，我国较广泛使用的是双管系统。双管系统采用两根水管，一根供水管，一根回水管。夏季送冷水，冬季送热水。

　　4. 风机盘管机组

　　风机盘管机组是半集中式空调系统的末端装置。它由风机、盘管（换热器）以及电动机、空气过滤器、室温调节器和箱体组成，如图 3.1.16 所示。

　　风机盘管机组的工作过程，是借助机组中的风机不断地循环室内空气，使之通过盘管被冷却或加热，以保持室内有一定的温度、湿度。盘管使用的冷水和热水，由集中冷源和热源供应。机组有变速装置，可调节风量，以达到调节冷（热）和噪声的目的。

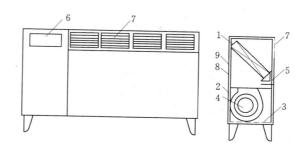

图 3.1.16　风机盘管机组

1—盘管；2—电机；3—循环进风口；4—风机；5—凝水盘；
6—控制器；7—出风格栅；8—吸声材料；9—箱体

　　风机盘管系统的优点是冷源和热量集中，以便于维护和管理；布置灵活，各房间能独立调节，互不影响；机组定型化、规格化，易于选择和安装；缺点是系统维护工作量大，因为风机转速不能过高，造成气流分布受限制等不足之处。

3.1.4.4　空调水系统分析

　　空调冷水系统一般包括冷（热）水系统、冷却水系统、冷凝水系统。

3.1.4.4.1　空调冷（热）水系统分析

　　1. 双管制和四管制

　　双管制：只设一根供水管和一根回水管，冬季供热水，夏季供冷水。

　　四管制：设两根供水管，两根回水管。其中一组供冷水；另一组供热水。

　　优缺点比较：四管制初次投资高，但若采用建筑物内部热源的热泵提供热量时，运行很经济，并且容易满足不同房间的空调要求（例如有的房间要供冷；有的要供热）。一般情况下不采用四管制，宜采用二管制。

　　2. 异程式与同程式

　　风机盘管分设在各个房间内，按其并联于供水干管和回水干管的各机组的循环管路，总长是否相等，可分为异程式与同程式两种。如图 3.1.17 所示。

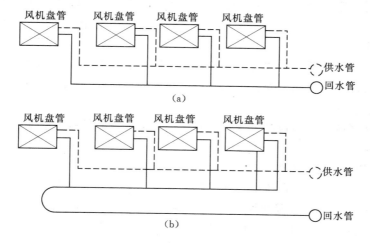

图 3.1.17　空调水循环系统形式

（a）异程式；（b）同程式

（1）同程式：各并联环路管长相等，阻力大致相同，流量分配较平衡，可减少初次调整的困难，但初投相对较大。

（2）异程式：管路配置简单、管材省，但各并联环路管长不相等，因而阻力不等，流量分配不平衡，增加了初次调整的困难。

3.1.4.4.2　冷却水系统及冷凝水排放系统分析

当冷水机组或独立式空调机采用水冷式冷凝器时，应设置冷却水系统，它是用水管将制冷机冷凝器和冷却塔、冷却水泵等串联组成的循环水系统。

夏季，空调器表冷器表面温度通常低于空气的露点温度，因而表面会结露，需要用水管将空调器底部的接水盘与下水管或地沟连接以及时排放接水盘所接的冷凝水。这些排放空调器表冷器表面因结露形成的冷凝水的水管就组成了冷凝水排放系统。

学习单元 3.2　　通风与空调系统施工图识读

3.2.1　学习目标

通过本单元的学习，能够识读通风空调施工图设计说明、图例、设备材料表；能够识读通风与空调工程风管平面图、系统图；能够识读通风与空调工程水管平面图、系统图；能够识读通风空调系统原理图；能够识读通风与空调工程机房设备图。

3.2.2　学习任务

本学习单元以某综合楼通风空调系统为例，对通风空调施工图进行识读。具体学习任务有文字说明部分识读、平面图识读、风管系统图识读、水管系统图识读、机房设备图识读。

3.2.3　任务分析

通风与空调工程施工图一般由两大部分组成，即文字部分和图纸部分。

文字部分包括图纸目录、设计施工说明、设备及主要材料表。图纸部分包括基本图和详图。基本图包括空调通风系统的平面图、剖面图、轴测图、原理图等。详图包括系统中某局部或部件的放大图、加工图、施工图等。如果详图中采用了标准图或其他工程图纸，应在图纸目录中附有说明。

识读时应首先熟悉通风空调施工图的特点、图例、系统方式及组成，然后进行识读。识图中应重点关注系统形式、管道布置的位置和要求、管道安装的要求。

3.2.4　任务实施

通风与空调系统施工图包含风管系统图、水管系统图、机房设备图。空调通风施工图有以下特点。

1. 空调通风施工图的图例

空调通风施工图上的图形不能反映实物的具体形象与结构，它采用了国家规定的统一的图例符号来表示，这是空调通风施工图的一个特点，也是对阅读者的一个要求：阅读前，应首先了解并掌握与图纸有关的图例符号所代表的含义。

2. 风、水系统环路的独立性

在空调通风施工图中，风管系统与水管系统（包括冷冻水、冷却水系统）按照它们的实际情况出现在同一张平、剖面图中,但是在实际运行中,风系统与水系统具有相对独立性。因此,在阅读施工图时,首先将风系统与水系统分开阅读,然后再综合起来。

3. 风、水系统环路的完整性

空调通风系统,无论是水管系统或是风管系统,都可以称为环路,这就说明风、水管系统总是有一定来源,并按一定方向,通过干管、支管,最后与具体设备相接,多数情况下又将回到它们的来源处,形成一个完整的系统,如图 3.2.1 所示。

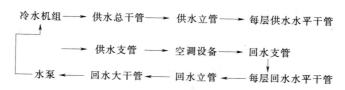

图 3.2.1　冷媒管道系统

可见,系统形成了一个循环往复的完整的环路。可以从冷水机组开始阅读,也可以从空调设备处开始阅读,直至经过完整的环路又回到起点。

风管系统也可以用这样的环路,如图 3.2.2 所示:

图 3.2.2　风管系统图

对于风管系统,可以从空调箱处开始阅读,逆风流动方向看到新风口,顺风流动方向看到房间,再至回风干管、空调箱,再看回风干管到排风管、排风门这一支路。也可以从房间处看起,研究风的来源与去向。

4. 空调通风系统的复杂性

空调通风系统中的主要设备,如冷水机组、空调箱等,其安装位置由土建决定,这使得风管系统与水管系统在空间的走向往往是纵横交错,在平面图上很难表示清楚。因此,空调通风系统的施工图中除了大量的平面图、立面图外,还包括许多剖面图与系统图,它们对读懂图纸有重要帮助。

5. 与土建施工的密切性

空调通风系统中的设备、风管、水管及许多配件的安装都需要土建的建筑结构来容纳与支撑。因此,在阅读空调通风施工图时,要查看有关图纸,密切与土建配合,并要及时对土建施工提出要求。

3.2.4.1　文字说明部分识读

1. 图纸目录与设备材料表识读

图纸目录包括在工程中使用的标准图纸或其他工程图纸目录和该工程的设计图纸目录。在图纸目录中必须完整地列出该工程设计图纸名称、图号、工程号、图幅大小、备注等。

设备与主要材料的型号、数量一般在"设备材料表"中给出。

2. 设计施工说明识读

设计施工说明包括采用的气象数据、空调通风系统的划分及具体施工要求等。有时还附有风机、水泵、空调箱等设备的明细表。

具体地说，包括以下内容：

（1）需要空调通风系统的建筑概况。

（2）空调通风系统采用的设计气象参数。

（3）空调房间的设计条件。包括冬季、夏季的空调房间内空气的温度、相对湿度（或湿球温度）、平均风速、新风量、噪音等级、含尘量等。

（4）空调系统的划分与组成。包括系统编号、系统所服务的区域、送风量、设计负荷、空调方式、气流组织等。

（5）空调系统的设计运行工况（只有要求自动控制时才有）。

（6）风管系统。包括统一规定、风管材料及加工方法、支吊架要求、阀门安装要求、减振做法、保温等。

（7）水管系统。包括统一规定、管材、连接方式、支吊架做法、减振做法、保温要求、阀门安装、管道试压、清洗等。

（8）设备。包括制冷设备、空调设备、供暖设备、水泵等的安装要求及做法。

（9）油漆。包括风管、水管、设备、支吊架等的除锈、油漆要求及做法。

（10）调试和试运行方法及步骤。

（11）应遵守的施工规范、规定等。

3.2.4.2　图纸部分识读

1. 平面图及剖面图识读

平面图包括建筑物各层面各空调通风系统的平面图、空调机房平面图、制冷机房平面图等。

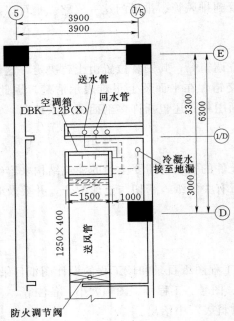

图 3.2.3　某大楼底层空调机房平面图
（尺寸单位：mm）

（1）空调通风系统平面图。空调通风系统平面图主要说明通风空调系统的设备、系统风道、冷热媒管道、凝结水管道的平面布置。它的内容主要包括：①风管系统；②水管系统；③空气处理设备；④尺寸标注。

此外，对于引用标准图集的图纸，还应注明所用的通用图、标准图索引号。对于恒温恒湿房间，应注明房间各参数的基准值和精度要求。

（2）空调机房平面图。空调机房平面图一般包括以下内容（如图 3.2.3 所示）：

1）空气处理设备。注明按标准图集或产品样本要求所采用的空调器组合段代号，空调箱内风机、加热器、表冷器、加湿器等设备的型号、数量以及该设备的定位尺寸。

2）风管系统。用双线表示，包括与空调箱相连接的送风管、回风管、新风管。

3）水管系统。用单线表示，包括与空调箱相连接的冷、热媒管道及凝结水管道。

　　4）尺寸标注包括各管道、设备、部件的尺寸大小、定位尺寸。

　　其他的还有消声设备、柔性短管、防火阀、调节阀门的位置尺寸。

　　（3）冷冻机房平面图。冷冻机房与空调机房是两个不同的概念，冷冻机房内的主要设备为空调机房内的主要设备——空调箱提供冷媒或热媒。也就是，与空调箱相连接的冷、热媒管道内的液体来自于冷冻机房，而且最终又回到冷冻机房。因此，冷冻机房平面图的内容主要有制冷机组的型号与台数、冷冻水泵和冷凝水泵的型号与台数、冷（热）媒管道的布置以及各设备、管道和管道上的配件（如过滤器、阀门等）的尺寸大小和定位尺寸。

　　（4）剖面图识读。剖面图总是与平面图相对应的，用来说明平面图上无法表明的情况。因此，与平面图相对应的空调通风施工图中剖面图主要有空调通风系统剖面图、空调通风机房剖面图和冷冻机房剖面图等。至于剖面和位置，在平面图上都有说明。剖面图上的内容与平面图上的内容是一致的，有所区别的一点是：剖面图上还标注有设备、管道及配件的高度。

　　2. 系统图与原理图识读

　　具体地说，系统图（如图 3.2.4 所示）上包括该系统中设备、配件的型号、尺寸、定位尺寸、数量以及连接于各设备之间的管道在空间的曲折、交叉、走向和尺寸、定位尺寸等。系统图上还应注明该系统的编号。系统图可以用单线绘制，也可以用双线绘制。

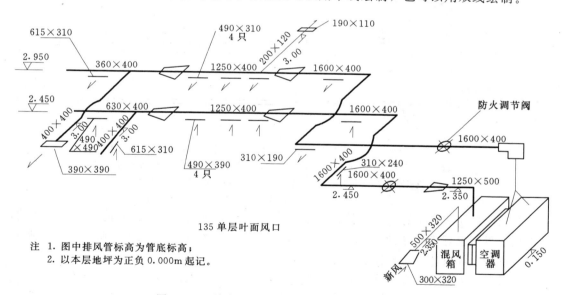

图 3.2.4　单线绘制的某空调通风系统的系统图

（尺寸单位：mm；标高单位：m）

　　原理图一般为空调原理图，它主要包括以下内容：系统的原理和流程；空调房间的设计参数、冷热源、空气处理和输送方式；控制系统之间的相互关系；系统中的管道、设备、仪表、部件；整个系统控制点与测点间的联系；控制方案及控制点参数；用图例表示的仪表、控制元件型号等。

　　另外，空调通风工程图还需要的很多详图。总的来说，有设备、管道的安装详图，设备、管道的加工详图，设备、部件的结构详图等。部分详图有标准图可供选用。

以上是空调通风工程施工图的主要组成部分。通过这几类图纸就可以完整、正确地表述出空调通风工程的设计者的意图，施工人员根据这些图纸也就可以进行施工、安装了。

3.2.4.3　空调施工图识图实例

1. 某大厦多功能厅空调施工图识读

多功能厅空调平面图，如图 3.2.5 所示，其剖面图如图 3.2.6 所示，风管系统轴测图，如图 3.2.7 所示。从图上可以看出，多功能厅采用的是集中式中央空调，由空调机房供出风管并分成 4 个支管。每个支管上设有 6 个方形散流器向下送风。

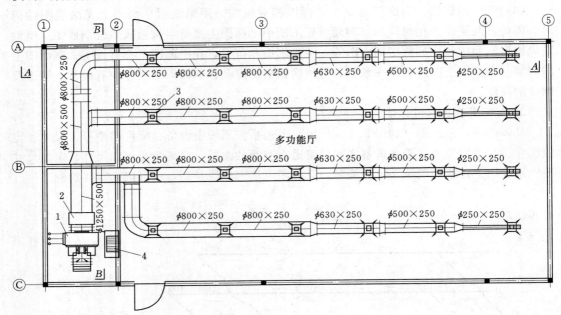

图 3.2.5　多功能厅空调平面图（尺寸单位：mm）

1—变风量空调箱 BFP×18，风量 18000m³/h，冷量 150kW，余压 400Pa，电机功率 4.4kW；2—微穿孔板消音器 1250×500；3—铝合金方形散流器 240×240，共 24 只；
4—阻抗复式消音器 1600×800，回风口

叠式金属空气调节箱是一种体积较小、构造较紧凑的空调器，它的构造是标准化的，详细构造见国家标准采暖通风标准图集 T706—3 号的图样，如图 3.2.8 所示。该空调箱含有风机段、喷淋段、中间段、过滤段、加热段。

在看设备的制造或安装详图时，一般是在概括了解这个设备在管道系统中的地位、用途和工作情况后，从主要的视图开始，找出各视图间的投影关系，并参考明细表，再进一步了解它的构造及零件的装配情况。

2. 某酒店空气调节管道布置图识读

常用的风机盘管有卧式及立式两种，卧式暗装（一般装在房间顶棚内）前出风型（WF—AQ 型）的构造示意图如图 3.2.9 所示。客房层风管系统布置平面图如图 3.2.10 所示，风机盘管水系统的平面图（部分）如图 3.2.11 所示，风管系统的轴测图如图 3.2.12 所示，水系统的轴测图如图 3.2.13 所示。从客房层风管系统布置平面图可以看

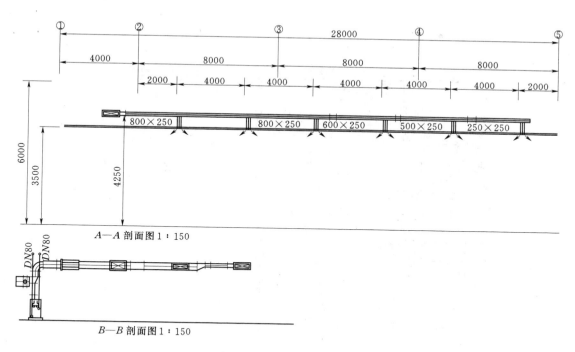

图 3.2.6　多功能厅空调剖面图（尺寸单位：mm）

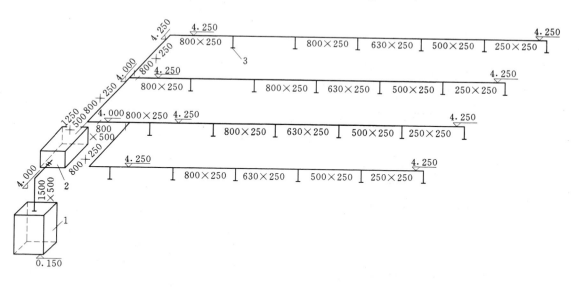

图 3.2.7　多功能厅空调风管系统轴测图（尺寸单位：mm；标高单位：m）

1—变风量空调箱 BFP×18，风量 18000m³/h，冷量 150kW，余压 400Pa，电机功率 4.4kW；

2—微穿孔板消声器 1250×500；3—铝合金方形散流器 240×240，共 24 只

到，风管从空调机房引出经走廊供给各个房间的风机盘管。水系统采用双管式，实线为供水管，虚线为回水管。

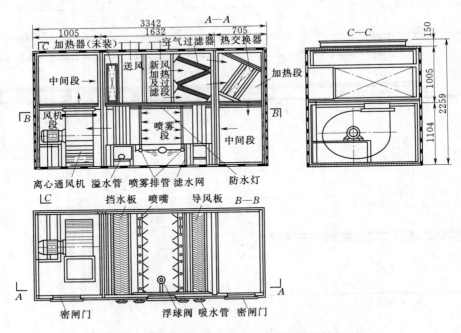

图 3.2.8　叠式金属空气调节箱总图（尺寸单位：mm）

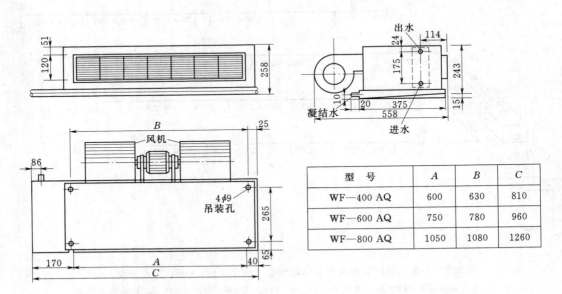

型　号	A	B	C
WF—400 AQ	600	630	810
WF—600 AQ	750	780	960
WF—800 AQ	1050	1080	1260

图 3.2.9　某酒店顶层客房采用风机盘管作为末端空调设备的新风系统布置图
（尺寸单位：mm）

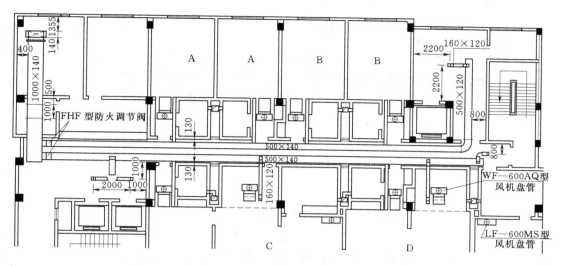

图 3.2.10　客房层风管系统布置平面图（尺寸单位：mm）

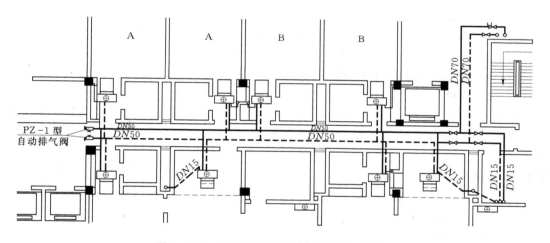

图 3.2.11　风机盘管水系统的平面图（部分）

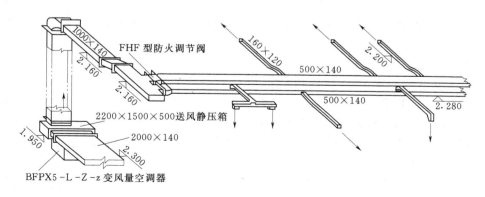

图 3.2.12　风管系统的轴测图（尺寸单位：mm；标高单位：m）

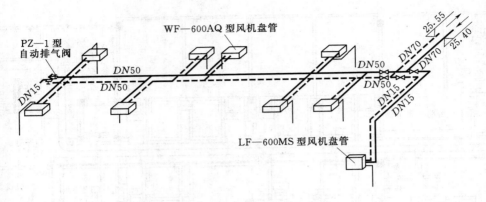

图 3.2.13 水系统的轴测图（标高单位：m）

学习单元 3.3 通风与空调系统施工与组织

3.3.1 学习目标

通过本单元的学习，能编制通风空调系统施工准备计划；能合理选择管道的加工机具、编制加工机具、工具需求计划；能编制通风空调系统施工方案、组织加工并进行安装；能在施工过程中收集验收所需要的资料；能进行通风空调系统质量检查与验收。

3.3.2 学习任务

本学习单元以某综合楼通风空调系统为例，讲述通风空调系统施工过程。具体学习任务有风管制作与安装、空调水系统安装、空调及通风设备安装、通风空调系统运行调试几个步骤。

3.3.3 任务分析

通风工程和空气调节工程在施工安装方面的基本内容是相同的，都包括风管及其部配件的制作安装；风机及空气处理设备的安装；系统的调节、试运转。

通风和空调的施工安装过程，基本可分为加工和安装两大步骤。加工是指构成整个系统的风管、部配件的制作过程，也是从原材料到成品、半成品的成型过程。安装是把组成系统的所用配件，包括风管及其部配件、设备、器具等，按设计在建筑物中组合连接成系统的过程。

3.3.4 任务实施

3.3.4.1 金属风管制作

金属风管主要是指用普通薄钢板、镀锌薄钢板、不锈钢板及铝板制作的风管，加工工艺基本上可划分为画线和剪切、折方和卷圆、连接、法兰制作等工序。

通风管道规格的验收，风管是以外径或外边长为准的，风道是以内径或内径长为准。

1. 画线和剪切

（1）画线。放样就是按 1:1 的比例将风管和管件及配件的展开图画在金属薄板上，以作为下料的剪切的依据。放样是一项基本的操作技能，必须要熟练掌握。

（2）剪切。金属薄板的剪切就是按画线的形状进行裁剪下料。板材剪切前必须进行下料的复核，以免有误，按画线形状用机械剪刀和手工剪刀进行剪切。

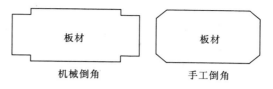

板材下料后在轧口之前，必须用倒角机或剪刀进行倒角工作。倒角形状如图 3.3.1 所示。

图 3.3.1　倒角形状

2. 连接

按金属板材连接的目的，金属板材的连接可分为拼接、闭合接和延长接三种。拼接是指两张钢板板边连接，以增大其面积；闭合接是指将板材卷成风管或配件时对口缝的连接；延长接是指两段风管之间的连接。

按金属板材连接的方法，分咬接、铆接和焊接三种，其中咬接使用最广。咬接或焊接使用的界限见表 3.3.1。

表 3.3.1　　　　　　　　　　　　　金属风管的咬接或焊接界限

板　厚 (mm)	材　质		
	钢板（不包括镀锌钢板）	不锈钢板	铝　板
$\delta \leqslant 1.0$	咬接	咬接	咬接
$1.0 < \delta \leqslant 1.2$			
$1.2 < \delta \leqslant 1.5$	焊接（电焊）	焊接（氩弧焊及电焊）	焊接（气焊或氩弧焊）
$\delta > 1.5$			

（1）咬口连接。常用的咬口形式有单咬口、立咬口、联合角咬口、转角咬口和按扣式咬口等如图 3.3.2 所示。

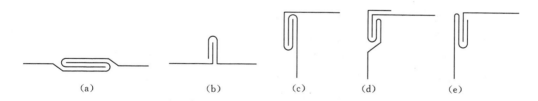

（a）　　　　　　　（b）　　　　　　（c）　　　　　（d）　　　　　（e）

图 3.3.2　咬口形式

（a）单平咬口；（b）立咬口；（c）转角咬口；（d）联合角咬口；（e）按扣式咬口

（2）焊接。通风空调工程中使用的焊接有电焊、氩弧焊、气焊和锡焊。

1）电焊用于厚度 $\delta > 1.2$ mm 的普通薄钢板的连接以及钢板风管与角钢法兰间的连接。

2）气焊适用于厚度 $\delta = 0.8 \sim 3$ mm 的薄钢板板间连接，也用于厚度 $\delta > 1.5$ mm 的铝板板间连接。

3）氩弧焊不锈钢板厚度 $\delta > 1$ mm 和铝板厚度 $\delta > 1.5$ mm 时，可采用氩弧焊焊接。

4）锡焊仅用于厚度 $\delta < 1.2$ mm 的薄钢板的连接。锡焊焊接强度低、耐温低，故一般用于镀锌钢板风管咬接的密封。

焊缝形式应根据风管的构造和焊接方法而定，可选如图 3.3.3 所示的几种形式。

（3）铆钉连接。铆接主要用于风管与角钢法兰之间的固定连接。当管壁厚度 $\delta \leqslant 1.5$ mm 时，采用翻边铆接，如图 3.3.4 所示。

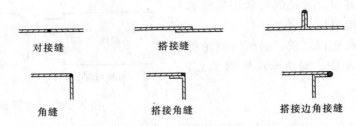

对接缝　　　　　　搭接缝

角缝　　　　　搭接角缝　　　　搭接边角接缝

图 3.3.3　风管焊缝形式

铆钉连接时，必须使铆钉中心线垂直于板面，铆接应压紧板材密合缝，铆接牢固，铆钉应排列整齐均匀，不应有明显错位现象。板材之间铆接，一般中间可不加垫料，设计有规定时，按设计要求进行。

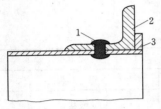

图 3.3.4　铆接
1—铆钉；2—法兰；
3—风管壁翻边

3. 折方和卷圆

（1）折方。咬口后的板料将画好的折方线放在折方机上，置于下模的中心线。操作时使机械上刀片中心线与下模中心线重合，折成所需要的角度。

（2）卷圆。制作圆风管时，将咬口两端拍成圆弧状放在卷圆机上圈圆，按风管圆径规格适当调整上、下辊间距，操作时，手不得直接推送钢板。

折方或卷圆后的钢板用合口机或手工进行合缝。操作时，用力均匀，不宜过重。单、双口确实咬合，无胀裂和半咬口现象。

4. 法兰加工

法兰盘用于风管之间及风管与配件的延长连接，并可增加风管强度。

（1）矩形风管法兰加工。方法兰由四根角钢组焊而成，划料下料时应注意使焊成后的法兰内径不能小于风管的外径，用型钢切割机按线切断。下料调直后放在冲床上冲击铆钉孔及螺栓孔、孔距不应大于150mm。如采用8501阻燃密封胶条做垫料时，螺栓孔距可适当增大，但不得超过300mm。冲孔后的角钢放在焊接平台上进行焊接。矩形法兰用料规格应符合表3.3.2的规定。

表 3.3.2　　矩形风管法兰 单位：mm	
矩形风管大边长	法兰用料规格
≤630	∟ 24×3
800～1250	∟ 30×4
1600～2500	∟ 40×4
3000～4000	∟ 50×5

注　矩形法兰的四角应设置螺孔。

表 3.3.3　　　圆形加风管法兰 单位：mm		
圆形风管直径	法兰用料规格	
	扁钢	角钢
≤140		∟ 25×3
150～280	— 20×4	∟ 30×4
300～500		
530～1250	— 25×4	∟ 40×4
1320～2000		

（2）圆形法兰加工。先将整根角钢或扁钢放在冷煨法兰卷圆机上按所需法兰直径调整机械的可调零件，卷成螺旋形状后取下。将卷好的型钢画线割开，逐个放在平台上找平

找正。调整的各支法兰进行焊接、冲孔。圆法兰用料规格应符合表 3.3.3 的规定。

风管与法兰组合成形时，风管与扁钢法兰可用翻边连接；与角钢法兰连接时，风管壁厚小于或等于 1.5mm 可采用翻边铆接，铆钉规格，铆孔尺寸见表 3.3.4 的规定。

表 3.3.4　　　　　　　　　圆、矩形风管法兰铆钉规格及铆孔尺寸

类型	风管规格	铆孔尺寸	铆钉规格	类型	风管规格	铆孔尺寸	铆钉规格
方法兰	$120\sim630$ $800\sim2000$	$\phi4.5$ $\phi5.5$	$\phi4\times8$ $\phi5\times10$	圆法兰	$200\sim500$ $530\sim2000$	$\phi4.5$ $\phi5.5$	$\phi4\times8$ $\phi5\times10$

普通钢板在压口时必须先喷一道防锈漆，保证咬缝内不易生锈。薄钢板的防腐油漆如设计无要求，可参照表 3.3.5 的规定执行。

表 3.3.5　　　　　　　　　　　　薄　钢　板　油　漆

序号	风管所输送的气体介质	油漆类别	油漆遍数
1	不含有灰尘且温度不高于 70℃ 的空气	内表面涂防锈底漆 外表面涂防锈底漆 外表面涂面漆（调和漆等）	2 1 2
2	不含有灰尘且温度高于 70℃ 的空气	内、外表面各涂耐热漆	2
3	含有粉尘或粉屑的空气	内表面涂防锈底漆 外表面涂防锈底漆 外表面涂面漆	1 1 2
4	含有腐蚀性介质的空气	内外表面涂耐酸底漆 内外表面涂耐酸面漆	$\geqslant2$ $\geqslant2$

注　需保温的风管外表面不涂黏结剂时，宜涂防锈漆两遍。

3.3.4.2　非金属风管制作

非金属风管材料包括硬聚氯乙烯塑料管、玻璃钢板等，另外还有用砖、混凝土砌筑的风道。需要经常移动的风管，则大多用柔性材料制成各种软管，如塑料软管、橡胶管及金属软管等。这里以无机原料制成的玻璃钢风管为例来介绍非金属风管的制作。

玻璃钢风管风管制作工艺流程：

支模——→成型（按规范要求一层无机原料一层玻纤破）——→检验——→固化——→打孔——→入库

按大样图选适当模具支在特定的架子上开始操作。风管用 1:1 经纬线的玻纤布增强，无机原料的重量含量为 50%～60%。玻纤布的铺置接缝应错开，无重叠现象。原料应涂刷均匀，不得漏涂。

玻璃钢风管和配件的壁厚如图 3.3.5 所示及法兰规格应符合表 3.3.6 的规定。

法兰孔径：风管大边长小于 1250mm 孔径为 9mm；风管大边长大于 1250mm 孔径为 11mm。

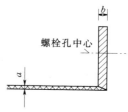

图 3.3.5　玻璃钢风管和配件的壁厚

a—管壁厚；*b*—法兰厚

表 3.3.6　玻璃钢风管和配件壁厚及法兰规格　单位：mm

矩形风管大边尺寸	管壁厚度 δ	法兰规格 a×b
＜500	2.5～3	40×10
501～1000	3～3.5	50×12
1001～1500	4～4.5	50×1
1501～2000	5	50×15

法兰孔距控制在 110～130mm 之间。法兰与风管应成一体与壁面要垂直，与管轴线成直角。

风管边宽大于 2m（含 2m）以上，单节长度不超过 2m，中间增一道加强筋，加强筋材料可用 50mm×5mm 扁钢。所有支管一律在现场开口，三通口不得开在加强筋位置上。

3.3.4.3　风管安装

风管安装工艺流程：

安装准备──→制作吊架──→设置吊点──→安装吊架──→风管排列──→风管连接──→安装就位找平找正──→检验──→评定

3.3.4.3.1　安装准备

在安装风管系统前，应进一步核实风管及送回（排）风口等部件的标高是否与设计图纸相符，并检查土建预留的孔洞，预埋件的位置是否符合要求。将预制加工的支架、风管及管件运至施工现场。

3.3.4.3.2　吊架制作安装

1. 吊架制作

标高确定后，按照风管系统所在的空间位置，确定风管支、吊架形式。风道支架多采用沿墙、柱敷设的托架及吊架，其支架形式如图 3.3.6 所示。圆形风管多采用扁钢管卡吊架安装，对直径较大的圆形风管可采用扁钢管卡两侧做双吊杆，以保证其稳固性。吊杆采用圆钢，圆钢规格应根据有关施工图集规定选择。矩形风管多采用双吊杆吊架及墙、柱上安装型钢支架，矩形风道可置放于角钢托架上。

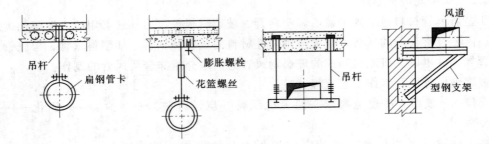

图 3.3.6　风管支、吊架形式

2. 吊点设置

设置吊点根据吊架形式设置，有预埋件法、膨胀螺栓法、射钉枪法等。

（1）预埋件法：

1）前期预埋：一般由预留人员将预埋件按图纸坐标位置和支、吊架间距，牢固固定在土建结构钢筋上。

2）后期预埋：

a）在砖墙上埋设支架：根据风管的标高算出支架型钢上表面离地距离，找到正确的安装位置，打出 80mm×80mm 的方洞。洞的内外大小应一致，深度比支架埋进墙的深度大 20～30mm。打好洞后，用水把墙洞浇湿，并冲出洞内的砖屑。然后在墙洞内先填塞一部分 1∶2 水泥砂浆，把支架埋入，埋入深度一般为 150～200mm。用水平尺校平支架，调整埋入深度，继续填塞砂浆，适当填塞一些浸过水的石块和碎砖，以便于固定支架。填入水泥砂浆时，应稍低于墙面，以便土建工种进行墙面装修。

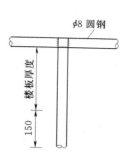

图 3.3.7　楼板下埋设吊件

b）在楼板下埋设吊件：确定吊卡位置后用冲击钻在楼板上打一透眼，然后在地面剔出一个长 300mm、深 20mm 的槽如图 3.3.7 所示。将吊件嵌入槽中，用水泥砂浆将槽填平。

（2）膨胀螺栓法：特点是施工灵活、准确、快速，膨胀螺栓如图 3.3.8 所示。

（3）射钉枪法：用于周边小于 800mm 的风管支管的安装。其特点同膨胀螺栓，使用时应特别注意安全如图 3.3.9 所示。

图 3.3.8　膨胀螺栓

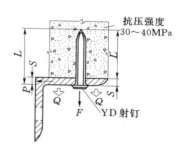

图 3.3.9　射钉

3. 吊架安装

按风管的中心线找出吊杆敷设位置，单吊杆在风管的中心线上；双吊杆可以按托盘的螺孔间距或风管的中心线对称安装。

支、吊架的标高必须正确，如圆形风管管径由大变小，为保证风管中心线水平，支架型钢上表面标高，应作相应提高。对于有坡度过要求的风管，托架的标高也应按风管的坡度要求。

风管支、吊架间距如无设计要求时，对于不保温风管应符合表 3.3.7 要求。对于保温风管，支、吊架间距无设计要求时按表间距要求值乘以 0.85。螺旋风管的支、吊架间距可适当增大。

支、吊架不得安装在风口、阀门，检查孔等处，以免妨碍操作。吊架不得直接吊在法兰上。

保温风管的支、吊装置宜放在保温层外部，但不得损坏保温层。保温风管不能直接与支、吊托架接触，应垫上坚固的隔热材料，其厚度与保温层相同，以防止产生"冷桥"。

131

表 3.3.7   支、吊架间距

圆形风管直径或矩形风管长边尺寸（mm）	水平风管间距（m）	垂直风管间距（m）	最少吊架数（副）
≤400	≤4	≤4	2
≤1000	≤3	≤3.5	2
>1000	≤2	≤2	2

3.3.4.3.3　风管连接与安装

1. 风管排列法兰连接

风管与风管、风管与配件部件之间的组合连接采用法兰连接，安装和拆卸都比较方便，日后的维护也容易进行。

为保证法兰接口的严密性，法兰之间应有垫料。在无特殊要求情况下，法兰垫料按表 3.3.8 选用。

表 3.3.8   法 兰 垫 料 选 用

应用系统	输送介质	垫料材质及厚度（mm）		
一般空调系统及送排风系统	温度低于 70℃ 的洁净空气或含温气体	8501密封胶带 3	软橡胶板 2.5~3	闭孔海绵橡胶板 4~5
高温系统	温度高于 70℃ 的空气或烟气	石棉绳 φ8	耐热胶板 3	
化工系统	含有腐蚀性介质的气体	耐酸橡胶板 2.5~3	软聚氯乙烯板 2.5~3	
洁净系统	有净化等级要求的洁净空气	橡胶板 5	闭孔海绵橡胶板 5	
塑料风道	含腐蚀性气体	软聚氯乙烯板 3~3.5		

2. 风管排列无法兰连接

由于受到材料、机具和施工的限制，每段风管的长度一般在 2m 以内。因此，系统内风管法兰接口众多，很难做到所有的接口严密，风管的漏风量也因此比较大。无法兰连接施工工艺把法兰及其附件取消，取而代之的是直接咬合、加中间件咬合、辅助加紧间等方式完成风管的横向连接。

无法兰连接的接头连接工艺简单，加工安装的工作量也小，同时漏风量也小于法兰接的风管，即使漏风也容易处理，而且省去了型钢的用量，降低了风管的造价。

无法兰连接适用于通风与空调工程中的宽度小于 1000mm 风管的连接。

无法兰连接的方式主要有如下几点：

（1）抱箍式连接：主要用于钢板圆风管和螺旋风管连接，先把每一管段的两端轧制出鼓筋，并使其一端缩为小口。安装时按气流方向把小口插入大口，外面用钢制抱箍将两个管端的鼓箍抱紧连接，最后用螺栓穿在耳环中固定拧紧如图 3.3.10 所示。

（2）插接式连接：主要用于矩形或圆形风管连接。先制作连接管，然后插入两侧风管，再用自攻螺丝或拉铆钉将其紧密固定如图 3.3.11 所示。

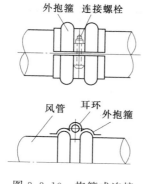

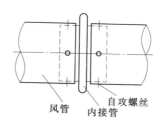

图 3.3.10　抱箍式连接　　　　　　　图 3.3.11　插接式连接

（3）插条式连接：主要用于矩形风管连接。将不同形式的插条插入风管两端，然后压实。其形状和接管方法如图 3.3.12 所示。

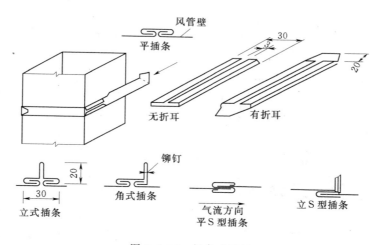

图 3.3.12　插条式连接

（4）软管式连接：主要用于风管与部件（如散流器，静压箱侧送风口等）的相连。安装时，软管两端套在连接的管外，然后用特制软卡把软管箍紧。

3. 风管安装

根据施工现场情况，可以在地面连成一定的长度，然后采用吊装的方法就位；也可以把风管逐节地放在支架上逐节连接。一般安装顺序是先干管后支管，风管与部件安装过程中应注意的质量问题见表 3.3.9。

3.3.4.4　空调水系统安装

空调水系统，当管径不大于 $DN125$ 时，可采用镀锌钢管，当管径大于 $DN125$ 时，采用无缝钢管。高层的建筑一般采用无缝钢管。

（1）根据图纸设计的要求，进行选材、切割、焊接，并编号或布置到相应的安装区域，支架安装前一定要先涂好防锈漆。

（2）空调水管的支吊架采用角钢或槽钢焊接而成，多管道共用支架，支架间距根据现场梁柱间距调整，并进行复核。

表 3.3.9　　　　　　　　　　　　　风管与部件安装应注意的质量问题

序号	常产生的质量问题	防治措施
1	支、吊架不刷油、吊杆过长	增强责任心，制完后应及时刷油，吊杆截取时应仔细核对标高
2	支、吊架间距过大	贯彻规范，安装完后，认真复查有无间距过大现象
3	法兰、腰箍开焊	安装前仔细检查，发现问题，要及时修理
4	螺丝漏穿，不紧、松动	增加责任心，法兰孔距应及时调整
5	帆布口过长，扭曲	铆接帆布应拉直、对正，铁皮条要压紧帆布，不要漏铆
6	修改管、铆钉孔未堵	修改后应用锡焊或密封胶堵严
7	垫料脱落	严格按工艺去做，法兰表面应清洁
8	净化垫料不涂密封胶	认真学习规范
9	防火阀动作不灵活	阀片阀体不得碰擦检查执行机构与易熔片
10	各类风口不灵活	叶片应平行、牢固不与外框碰擦
11	风口安装不合要求	严格执行规程规范对风口安装的要求

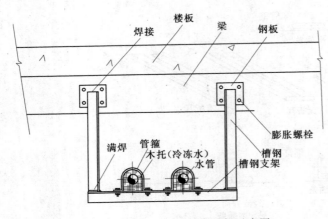

图 3.3.13　大口径管道支吊架示意图

（3）由于大口径管道支吊架的制作需作特别加工，如图 3.3.13 所示。

（4）作为热水管、冷水管在作支架时必须考虑保温、防结露的木质管托高度，并考虑支架上各条管道口径大小（外径）、距墙位置、相互间距、流向、坡度，每个支架间距可按图纸施工。

（5）管道支架必须牵线敷设，作为型钢水平支架，每个必须横平竖直，成排支架的平面必须有调高度的余地。所以管道安装的质量好坏与否，直接与支吊架敷设有相当大的联系，所以务必引起操作人员的注意。

3.3.4.5　空调及通风设备安装

3.3.4.5.1　通风机安装

风机按其工作原理，可以分为离心式通风机和轴流式通风机两种。

小型直联（电机轴与风机轴直联合一）传动的离心风机可以用支架安装在墙上、柱上及平台上，或者通过地脚螺栓安装在混凝土基础上，如图 3.3.14（a）所示。大中型皮带传动的离心风机一般都安装在混凝土基础上，如图 3.3.14（b）所示。对隔振有一定要求时，则应安装在减振台座上。

轴流风机往往安装在风管中间或者墙洞内。在风管中间安装时，可将风机装在用角钢制成的支架上，再将支架固定在墙上、柱上或混凝土楼板的下面。在墙上安装的示意图，如图 3.3.15 所示。

通风机安装工艺流程：

基础验收──→开箱检查──→搬运──→清洗──→安装、找平、找正──→试运转、检查验收

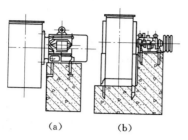

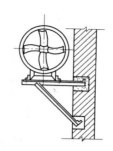

图 3.3.14　离心风机在混凝土基础上安装

图 3.3.15　轴流风机在墙上安装

通风机安装质量标准：

1. 保证项目

（1）风机叶轮严禁与壳体碰擦。

检验方法：盘动叶轮检查。

（2）散装风机进风斗与叶轮的间隙必须均匀并符合技术要求。

检验方法：尺量和观察检查。

（3）地脚螺栓必须拧紧，并有防松装置；垫铁放置位置必须正确，接触紧密，每组不超过三块。

检验方法：小锤轻击，扳手拧拭和观察检查。

（4）试运转时，叶轮旋转方向必须正确。经不少于 2h 的运转后，滑动轴承温升不超过 35℃，最高温度不超过 70℃，滚动轴承温升不超过 40℃，最高温度不超过 80℃。

检验方法：检查试运转记录或试车检查。

2. 允许偏差项目

通风机安装的允许偏差和检验方法应符合表 3.3.10 的规定。

表 3.3.10　　　　　　　　　通风机安装的允许偏差和检验方法

项次	项　目		允许偏差	检 验 方 法
1	中心线的平面位移		10mm	经纬仪或拉线和尺量检查
2	标高		±10mm	水准仪或水平仪、直尺、拉线和尺量检查
3	皮带轮轮宽中心平面位移		1mm	在主、从动皮带轮端面拉线和尺量检查
4	传动轴水平度		0.2/1000	在轴或皮带轮 0°和 180°的两个位置上，用水平仪检查
5	联轴器同心度	径向位移	0.05mm	在联轴器互相垂直的四个位置上，用百分表检查
		轴向倾斜	0.2/1000	

3.3.4.5.2　风机盘管安装

风机盘管有立式和卧式两种；按安装方式分明装型和暗装型。风机盘管接管详图如图 3.3.16 所示。

其安装要点与要求如下：

（1）安装前应作水压试验，以检查其产品质量，性能应稳定，特别是检查电机的绝缘和风机性能以及叶轮转向是否符合设计要求，并检查各节点是否松动，防止产生附加噪声。

（2）风机盘管安装位置必须正确，螺栓应配制垫圈。风机盘管与风管连接处应用橡胶

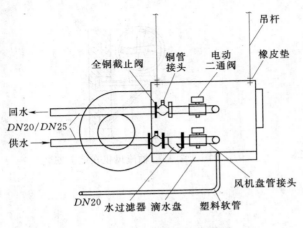

图 3.3.16 风机盘管接管详图

板连接，以保证严密性。

（3）卧式明装机组安装进出水管时，可在地面上先将进出水管接出机外，吊装后再与管道相接；也可在吊装后将面板和凝水盘取下，再进行连接。立式明装机组安装进出水管时，可将机组风口、面板取下进行安装。

（4）安装时，要注意机组和供回水管的保温质量，防止产生凝结水；机组凝水盘应排水畅通；机组的排水应有 3％的坡度流向指定位置。

（5）风机盘管同热水管道应清洗排污后连接，最好在通向机组的供水文管上设置过滤器，防止堵塞热交换器。

（6）为便于拆卸、维修和更换风机盘管，顶棚应设置比暗装风机盘管每边尺寸均大250mm 的活动顶棚，活动顶棚内不得有龙骨挡位。

3.3.4.5.3 柜式空调机组安装

（1）空调柜机采用吊装，支架就位尺寸正确，连接严密，四角垫弹簧减振器，各组减振器承受荷载应均匀，运行时不得移位。

（2）与机组连接的风管和水管的重量不得由机组承受。

（3）风机、风柜进出口与风管的连接处，应采用帆布或人造革柔性接头，接缝要牢固严密。

（4）空调水管与机组的连接宜采用法兰式橡胶软接头，以便拆修，机组外水管应装有阀门和压力表，温度计，用以调节流量和机修时切断水源。

（5）凝结水管应有足够的坡度接至下水道排走。

（6）机组内热交换器的最低点应设放水阀门，最高点设排气阀。

3.3.4.5.4 消音器安装

在通风空调系统中，常用的消声器有管式消声器、声流式消声器和其他类型消声器。

（1）消音器运输，安装时防止损坏，充填吸音材料要均匀，不得下沉，面层要完整牢固，消音器安装的方向应正确。

（2）消音器片安装务必牢固，以防使用后跌落，片距要均匀。

（3）消音器与风管的连接严密，消音器外用难燃烧（B1 级）橡胶闭孔发泡保温材料。

（4）消音器应单独设支架，其重量不得由风管承受。

3.3.4.6 通风空调系统运行调试

空调系统的测试与调整统称为调试，这是保证空调工程质量，实现空调功能不可缺少的重要环节，对于新建成的空调系统，在完成安装交付之前，需要通过测试、调整和试运转，来检验设计、施工安装和设备性能等各方面是否符合生产工艺和使用要求，对于是已投入使用的空调系统，当发现某些方面不能满足生产工艺和使用要求时，也需要通过测试查明原因，以便采取措施予以解决。

正由于调试如此重要，所以《通风与空调工程施工及验收规范》（GB 50243—97）作了如下规定：

（1）设备单机试运转。主要包括水泵、风机、空调机组、风冷热泵、制冷机、冷却塔、除尘器、空气过滤器、风机盘管等设备的试运转。

设备的试运行要根据各种设备的运行操作规程进行，着重检查设备运行时的振动、声响、紧固件、运行参数等并做好原始记录。

（2）无负荷联合试运转。在单机试运转合格的基础上，可进行设备的无负荷系统联合试运转。

通风与空调工程的无负荷联合试运转。应包括以下内容：通风机的风量、风压、转速、电机工作电流等的测定；系统与风口的风量平衡；制冷系统的工作压力、温度等各项技术数据的测定。

（3）无生产负荷系统联合试运转的测定和调整。无生产负荷系统联合试运转是指室内没有工艺设备或有工艺设备但并未投入运转，也无生产人员的情况下进行的联合试运转。在试运转过程中应充分考虑到各种因素的干扰，如建筑物装修材料的干燥程度、室内热湿度负荷是否符合设计条件等。

（4）带生产负荷的综合效能试验的测定和调整：

1）使用的仪表性能应稳定可靠，精度应高于被测定对象的级别，并应符合国家有关计量法规的规定。

2）通风与空调系统的无生产负荷联合试运转的测定和调整应由施工单位负责，设计单位、建设单位参与配合；带生产负荷的综合效能试验的测定和调整，应由建设单位负责，设计、施工及监理单位配合。

1. 调试的准备

（1）资料的准备：

1）设计图纸和设计说明书。掌握设计构思、空调方式和设计参数等。

2）主要设备（空调机组、末端装置等）产品安装使用说明书。了解各种设备的性能和使用方法。

3）弄清风系统、水系统和自动调节系统以及相互间的关系。

（2）现场准备：

1）检查空调各个系统和设备安装质量是否符合设计要求和施工验收规范要求。尤其要检查关键性的监测表（例如户式空调机进出水口是否装有压力表、温度计）和安全保护装置是否安全，安装是否合格。如有不合要求之处，必须整改合格，具备调试条件后，方可进行调试。

2）检查电源、水源和冷、热源是否具备调试条件。

3）检查空调房间建筑围护结构是否符合设计要求，以及门窗的密闭程度。

（3）制定调试计划：调试计划的内容包括以下几个方面：

1）调试的依据。设计图纸、产品说明书以及设计、施工与验收规范等。

2）调试的项目、程序及调试要求。

3）调试方法和使用仪表及精度。

4）调试时间和进度安排。

5）调试人员及其资质等级。

6）预期的调试成果报告。

2. 系统调试

由于空调系统的性质的控制精度不同，所以调试的项目和要求也有所不同。对于空调精度要求较高的空调系统，调试项目和程序有以下几个方面：

（1）空调系统电气设备与线路的检查测试。（该项工作通常是在空调制冷专业人员配合下，由电气专业调试人员操作）。

（2）空调设备单机的空载试运转：

1）制冷机或制冷机组试运转，按有关规范一般由制造厂商进行。

2）水泵单机无负荷运转。水泵试运转前应注油并填满填料，连接法兰和密封装置等不得有渗漏。

3）空调机组内通水试运转。检查供水管压力是否正常，有无漏水等。

4）空气过滤装置试运转。按设计要求和产品说明书检查运转是否正常。

（3）空调备的空载联合试运转。联合试运转包括同风系统、水系统以及制冷系统，在无生产负荷的情况下，同时启动运转，应进行如下项目的测试与调整：

1）测定新风机的风量、风压等。

2）风管系统及风口的风量测试与平衡；要求实测风量与设计风量的偏差不大于10％。

3）制冷系统的压力、温度、流量的测试与调整。要求各项技术参数应符合有关技术文件的规定。空调系统带冷（热）源的正常联合试运转不少于8h。

（4）空调系统带生产负荷的综合效能调试。该项试验应由建设单位负责，设计单位和施工单位配合进行，根据工艺和设计要求进行测试和调整以下内容：

1）室内空气参数的测定与调整。

2）室内气流组织的测定。

3）室内洁净度和正压的测定。

4）室内噪声的测定。

5）自动调节系统的参数整定和联动调试。

复 习 思 考 题

1. 空调系统根据不同的分类方法分为哪几类？

2. 集中式空调系统一般由哪些部分组成？

3. 通风空调安装工程施工图应包含哪些图纸？通常应该按何种顺序识图？

4. 通风空调风管常用哪些材料？各使用在什么场合？

5. 风管的制作和安装有哪些要求？

6. 通风空调工程安装包含哪些内容？

7. 简述空调水系统安装的施工工艺及安装要求。

8. 通风空调系统主要有哪些设备？

9. 简述通风空调系统调试的项目和程序。

学习情境 4 建筑电气系统施工与组织

学习单元 4.1 建筑电气系统分析

4.1.1 学习目标

通过本单元的学习，能够分析电气系统的组成与原理；能够分析建筑照明系统组成和特点；能够分析有线电视系统、电话通信、火灾自动报警系统、安全防范系统等建筑弱电工程系统的组成及特点；能够选用电气系统常用材料和设备。

4.1.2 学习任务

本学习单元以某综合楼电气系统（见附录 4）为例，对建筑电气系统进行分析。建筑强电系统分析包括建筑供配电系统分析、三相正弦交流电分析、配电系统接地的形式分析、建筑电气照明系统分析。建筑弱电系统分析包括共用天线电视系统分析、建筑电话通信系统分析、火灾自动报警控制系统分析、火灾自动报警控制系统形式分析。

4.1.3 任务分析

电力应用按照电力输送功率的强弱可以分为强电与弱电两类。建筑及建筑群用电一般是指交流 220V，50Hz 及以上的强电。主要向人们提供电力能源，将电能转换为其他能源，例如空调用电、照明用电、动力用电等。建筑强电系统分为供配电系统、建筑动力系统、建筑电气照明系统三类。

建筑弱电系统是指应用可以将电能转换为信号能的电子设备（如放大器等），来保证信号准确接收、传输和显示，以满足人们对各种信息的需要和保持相互联系的各种系统；建筑弱电系统主要包括共用电视天线系统、通信系统、建筑广播系统、火灾自动报警控制系统。

4.1.4 任务实施

4.1.4.1 建筑供配电系统分析

1. 电力系统组成分析

电力系统是由生产、转换、分配、输送和使用电能的发电厂、变电站、电力线路和用电设备联系在一起组成的统一整体，电力系统示意图如图 4.1.1 所示。

（1）发电厂。发电厂是将自然界蕴藏的各种一次能源（如、煤、水、风和原子能等）转换为电能（称二次能源），并向外输出电能的工厂。

（2）变电所。变电所是接受电能、变换电压和分配电能的场所，由电力变压器和高低压配电装置组成。按照变压的性质和作用不同，又可分为升压变压器和降压变压器两种。

（3）电力网。在电力系统中除去发电厂和用电设备以外的部分称为电力网络，简称电网，一个电网由很多变电站和电力线路组成。其任务是将发电厂生产的电能输送、变换和分配到电能用户。

电力网按其功能常分为输电网和配电网两大类。由 35kV 及以上的输电线路和与其连接的变电所所组成的电力网称为输电网，它是电力系统的主要网络。它的作用是将电能输送到各个地区或直接输送给大型用户。由 10kV 及以下的配电线路和配电变压器所组成的电力网称为配电网。它的作用是将电能分配给各类不同的用户。

（4）电能用户。电能用户是所有用电设备的总称。

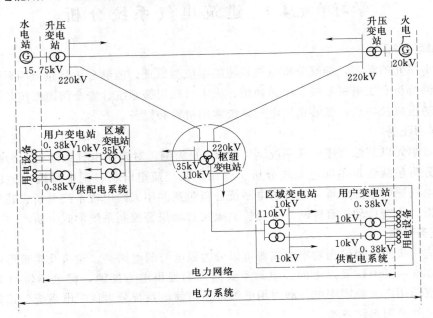

图 4.1.1　电力系统示意图

供配电系统是电力系统的一个重要组成部分，包括电力系统中区域变电站和用户变电站，涉及电力系统电能发、输、配、用的后两个环节，其运行特点、要求与电力系统基本相同。只是由于供配电系统直接面向用电设备及其使用者，因此供、用电的安全性尤显重要。供配电系统示意图如图 4.1.1 中点画线框部分。

2. 电力系统的额定电压分析

所有电力设备都是在一定的电压下和频率下工作的。电压和频率是衡量电能质量的两个基本参数。我国交流电力设备的额定频率为 50Hz，此频率称为"工频"，工频的频率偏差一般不得超过 ±0.5Hz，对于容量在 300MW 或以上的电力系统，频率偏差不超过 ±0.2Hz。对于建筑供配电系统来说，提高电能质量主要是提高电压的质量。

当输送功率一定时，电压越高，电流越小，线路、电气设备等的载流部分所需的截面积就越小，有色金属投资也就越小；同时，由于电流小，传输线路上的功率损耗和电压损失也较小。

（1）输电电压。220～750kV 电压一般为输电电压，完成电能的远距离传输功能。该电网称为高压输电网。

（2）配电电压。110kV 及以下电压一般为配电电压，完成对电能进行降压处理并按一定方式分配至电能用户的功能。其中 35～110kV 配电网为高压配电网，10～35kV 配电网为中压配电网，1kV 以下配电网称为低压配电网。3kV、6kV 是工业企业中压电气设备的供电电压。

3. 电力负荷分级分析

（1）一级负荷：符合下列条件之一的，为一级负荷。

1）中断供电将造成人身伤亡的负荷。如医院急诊室、监护病房、手术室等处的负荷。

2）中断供电将在政治、经济上造成重大损失的负荷。

3）中断供电将影响有重大政治、经济意义的用电单位的正常工作的负荷，如重要交通枢纽、重要通信枢纽、重要宾馆、大型体育场馆、经常用于国际活动的大量人员集中的公共场所等用电单位中的重要负荷。

一级负荷中有普通一级负荷和特别重要的一级负荷之分。

普通一级负荷应由两个电源供电，且当其中一个电源发生故障时；另一个电源不应同时受到损坏。

特别重要的一级负荷，除由满足上述条件的两个电源供电外，尚应增设应急电源专门对此类负荷供电。

（2）二级负荷：符合下列条件之一的，为二级负荷。

1）中断供电将在政治、经济上造成较大损失的负荷。

2）中断供电将影响重要用电单位的正常工作的负荷。

二级负荷的电源宜由两回线路供电，当电源来自于同一区域变电站的不同变压器时，即可认为满足要求。

在负荷较小或地区供电条件困难时，可由一回 6kV 及以上专用的架空线路或电缆线路供电。当采用架空线时，可为一回架空线供电；当采用电缆线路时，应采用两根电缆组成的线路供电，且每根电缆应能承受 100% 的二级负荷。

（3）三级负荷：三级负荷为一般的电力负荷，不属于一级、二级负荷者为三级负荷。

在一个工业企业或民用建筑中，并不一定所有用电设备都属于同一等级的负荷，因此在进行系统设计时应根据其负荷级别分别考虑。

三级负荷对电源无特殊要求，一般以单电源供电即可。但在条件允许的情况下，应尽量提高供电的可靠性和连续性。

4.1.4.2　三相正弦交流电分析

在电力系统中，电能的生产、传输和分配几乎都采用三相制，这是因为三相输电比单相输电节省材料，同时三相电流能产生旋转磁场，从而能制成结构简单、性能良好的三相异步电动机。

4.1.4.2.1　三相交流电压分析

三相交流电是由三相交流发电机产生的。三相交流发电机，如图 4.1.2 (a) 所示。在磁极间放一圆柱形铁芯，圆柱表面上对称安置了三个完全相同的

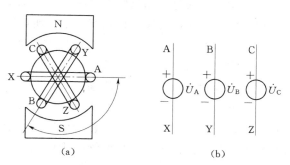

图 4.1.2　三相交流电产生示意图

（a）三相交流发电机原理图；（b）三相正弦电压源

线圈，称为三相绕组。铁芯和绕组合称为转子。A、B、C 为绕组的首端，X、Y、Z 分别为它的末端，空间上相差 120° 的相位角。当发电机转子以角速度 ω 逆时针旋转时，在三相绕组的两端产生幅值相等、频率相同、相位依次相差 120° 的正弦交流电压。这一组正弦交流电压称为对称三相正弦电压。电压的参考方向规定为由绕组的首端指向末端，如图 4.1.2（b）所示。以 A 相电压为正弦参考量，它们的解析式为

$$\left.\begin{array}{l} u_A = U_m \sin\omega t \, V \\ u_B = U_m \sin(\omega t - 120°) V \\ u_C = U_m \sin(\omega t + 120°) V \end{array}\right\} \tag{4.1.1}$$

它们的波形图和相量图如图 4.1.3 所示。对应的相量为

$$\left.\begin{array}{l} \dot{U}_A = U \,\underline{/0°}\ V \\ \dot{U}_B = U \,\underline{/-120°}\ V \\ \dot{U}_C = U \,\underline{/120°}\ V \end{array}\right\} \tag{4.1.2}$$

三相交流电在相位上的先后次序称为相序。上述 A 相超前于 B 相，B 相超前于 C 相的顺序，称为正序，一般的三相电源都是正序。工程上以黄、绿、红三种颜色分别作为 A、B、C 三相的标记。

从波形图可以看出，任意时刻三个正弦电压的瞬时值之和恒等于零，即

$$u_A + u_B + u_C = 0 \tag{4.1.3}$$

其相量关系为

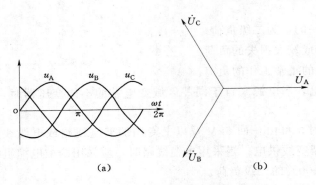

图 4.1.3　对称三相电源的电压波形图和相量图

$$\dot{U}_A + \dot{U}_B + \dot{U}_C = 0 \tag{4.1.4}$$

即对称的三个正弦量的相量（瞬时值）之和为零。

4.1.4.2.2　三相电源的连接分析

三相发电机的每一相绕组都是独立的电源，可以单独地接上负载，成为互不连接的三相电路，但这样使用的导线根数就太多，所以这种电路实际上是不应用的。

三相电源的三相绕组一般都按两种方式连接起来供电，一种方式是星形（Y）连接；另一种方式是三角形（△）连接。

1. 三相电源的星形（Y）连接

三相电源的星形（Y）连接方式如图 4.1.4 所示，将三个电压源的末端 X、Y、Z 连接在一起，成为一个公共点 N，称为中性点，简称中点；从三个首端 A、B、C 引出三根线与外电路相连。由中点引出的线称为中线，也称为零线、地线；由首端 A、B、C 引出的三根线称为端线或相线（俗称火线）。若三相电路中有中线，则称为三相四线制；若无中线，则称为三相三线制。

在三相电路中，每一相电压源两端的电压称为相电压，用 u_A、u_B、u_C 表示，参考方向规定为由首端指向末端；端线与端线之间的电压称为线电压，用 u_{AB}、u_{BC}、u_{CA} 表示，参考方向规定为由 A 到 B，由 B 到 C，由 C 到 A。

根据基尔霍夫电压定律可得

$$u_{AB} = u_A - u_B \quad u_{BC} = u_B - u_C \quad u_{CA} = u_C - u_A$$

用相量表示为

$$\dot{U}_{AB} = \dot{U}_A - \dot{U}_B \quad \dot{U}_{BC} = \dot{U}_B - \dot{U}_C \quad \dot{U}_{CA} = \dot{U}_C - \dot{U}_A$$

当相电压对称时，从相量图 4.1.4（b），可得线电压与相电压的关系

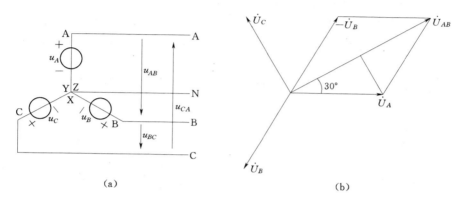

（a）

（b）

图 4.1.4 三相电源的连接

（a）电源的星形连接；（b）星形电源的线电压和相电压的相量关系

线电压与相电压大小的关系

$$U_{AB} = 2U_A\cos30° = \sqrt{3}U_A$$

在相位上线电压 $\dot{U}_{AB}$ 超前相电压 $\dot{U}_A$ 的角度为 30°，即

$$\dot{U}_{AB} = \sqrt{3}\dot{U}_A \underline{/30°} \tag{4.1.5}$$

同理可得

$$\dot{U}_{BC} = \sqrt{3}\dot{U}_B \underline{/30°} \tag{4.1.6}$$

$$\dot{U}_{CA} = \sqrt{3}\dot{U}_C \underline{/30°} \tag{4.1.7}$$

即线电压也是一组对称三相正弦量。线电压的大小是相电压大小的 $\sqrt{3}$ 倍，在相位上线电压超前相应的相电压30°。

线电压的有效值用 U_l 表示，相电压的有效值用 U_p 表示，即

$$U_l = \sqrt{3}U_p \tag{4.1.8}$$

电源作 Y 形连接时，可给予负载两种电压。在低压配电系统中线电压为 380V，相电压为 220V。

2. 三相电源的三角形（△）连接

将三个电压源首末端依次相连，形成一闭合回路，从三个连接点引出三根端线。当三相电源作△形连接时，只能是三相三线制，而且线电压就等于相电压。三相电源的△形连

接如图 4.1.5 所示。

电源作△形连接时，给予负载一种数值的电压。当对称三相电源连接时，只要连接正确，$u_A + u_B + u_C = 0$ 电源内部无环流，但是，如果某一相的始端与末端接反，则会在回路中引起电流，造成事故。所以电源一般都不做△形连接。

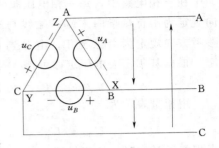

图 4.1.5　电源的三角形连接

4.1.4.3　配电系统接地的形式分析

将电气设备的某部分与大地之间做良好的电气连接，称为接地。埋入地中并直接与大地接触的金属导体，称为接地体或接地极。电气上的"地"，是指电位等于零的地方。电气设备的接地部分，如接地的外壳和接地体等，与零电位的"大地"之间的电位差，称为接地部分的对地电压。

电力系统及设备的接地，按其功能分为工作接地和保护接地两大类，此外还有为进一步保证接地的重复接地。

1. 工作接地形式分析

工作接地是为保证电力系统和设备达到正常工作要求而进行的一种接地，例如电源中性点的接地、防雷接地等。各种工作接地都有各自的功能，如电源中性点直接接地，能在运行中维持三相系统的相线对地电压不变；电源中性点经消弧线圈接地，能在单相接地时消除接地点的断续电弧，以防止系统出现过电压。至于防雷接地，功能更是显而易见，不进行接地就无法对地泄放雷电流。

2. 保护接地形式分析

保护接地是为保障人身安全、防止间接触电而将设备的外露可导电部分接地。

保护接地有两种形式：一种是设备的外露可导电部分经各自的接地线（PE 线）直接接地；另一种是设备的外露可导电部分经公共的 PE 线（TN—S 系统：中性线 N 和保护线 PE 始终严格分开）或 PEN 线（TN—C 系统：中性线 N 和保护用 PE 线合用一根导线）接地。我国称前者为保护接地，而称后者为保护接零。

低压配电系统接地的形式根据电源端与地的关系、电气装置的外露可导电部分与地的关系分为 TN、TT、IT 系统，其中 TN 系统又分为 TN—S、TN—C、TN—C—S 系统。

（1）TN 系统。根据国家标准《供配电系统设计规范》（GB 50052—95）规定：TN 电力系统有一点直接接地，电气设施的外露可导电部分用保护线与该点连接。

按中性线与保护线的组合情况，TN 系统有以下三种形式：

1）TN—S 系统。整个系统的中性线和保护线是分开的，如图 4.1.6 所示。

2）TN—C 系统。整个系统的中性线和保护线是合一的，如图 4.1.7 所示。

3）TN—C—S 系统。系统中有一部分中性线和保护线是合一的，如图 4.1.8 所示。

（2）TT 系统。TT 系统有一个直接接地点，电气设施的外露可导电部分接至电气上与电力系统的接地点无关的接地极，如图 4.1.9 所示。

（3）IT 系统。IT 系统的带电部分与大地间不直接连接，而电气设施的外露可导电部分则是接地的，如图 4.1.10 所示。

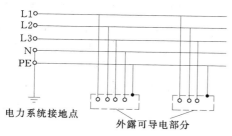

图 4.1.6 TN—S 系统

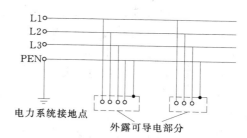

图 4.1.7 TN—C 系统

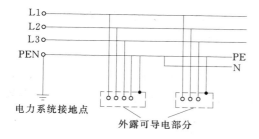

图 4.1.8 TN—C—S 系统

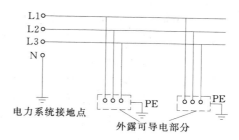

图 4.1.9 TT 系统

（4）重复接地。为确保公共 PE 线或 PEN 线安全可靠，除在电源中性点进行工作接地以外，专用保护线 PE（或 PEN 线）上一处或多处通过接地装置再次与大地相连接称为重复接地。重复接地在降低漏电设备对地电压、减轻公共 PE 线或 PEN 线断线的危险性、缩短故障时间、改善防雷性能等方面起着重要的作用。

4.1.4.4 民用建筑供配电线路分析

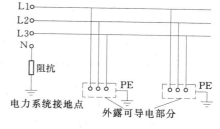

图 4.1.10 IT 系统

4.1.4.4.1 低压配电系统的接线方式分析

低压配电系统，是指从终端降压变压器侧到民用建筑内部低压设备的电力线路，其电压一般为 380V/220V。配电线路的接线方式一般有放射式、树干式和混合式三种，如图 4.1.11 所示。

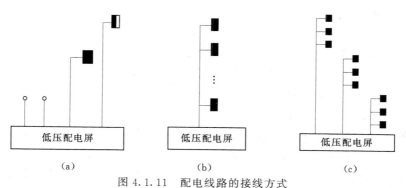

图 4.1.11 配电线路的接线方式
（a）放射式配电方式；（b）树干式配电方式；（c）混合式配电方式

放射式配电接线方式，其特点是配电线路相互独立，因而具有较高的可靠性，某一配电线路发生故障或检修时不致影响其他配电线路。但放射式配电接线方式中，从低压配电柜引出的干线较多，使用的开关等材料也较多。这种接线方式一般适用于供电可靠性要求高的场所或容量较大的用电设备，如空调机组、消防水泵等。

树干式配电方式是由配电装置引出一条线路同时向若干用电设备配电。优点是有色金属耗量少、造价低；缺点是干线故障时影响范围大，可靠性较低。一般用于用电设备的布置比较均匀、容量不大、又无特殊要求的场合。

混合式配电方式兼顾了放射式和树干式两种配电方式的特点，是将两者进行组合的配电方式，如高层建筑中，当每层照明负荷都较小时，可以从低压配电屏放射式引出多条干线，将楼层照明配电箱分组接入干线，局部为树干式。

4.1.4.4.2　线路的选用与敷设

建筑物内无论是配电线路还是信号线路，按构造区分，均可分为导线和电缆两大类。通常对导线型式和敷设方式是一起考虑的，导线的敷设方式主要考虑安全、经济和适当的美观，并取决于环境的条件。

1. 导线的选用

导线可分为裸导线和绝缘导线两大类。在民用建筑中几乎不用裸导线，故对裸导线的选用敷设不作讨论。

绝缘导线按芯线材质分，有铜芯和铝芯两种。绝缘导线按绝缘材料分，有橡皮绝缘（如 BLX、BX、BLXF、BXF）的和塑料绝缘（如 BLV、BV）的两种。正确选用绝缘导线，不仅关系到照明布线消耗金属材料的数量和线路投资，而且对保证线路安全经济运行和供电质量也有着密切的关系。选择绝缘导线截面应考虑的问题如下：

（1）绝缘导线的机械强度。绝缘导线本身都有一定的重量。绝缘铝导线重量比较轻，它的机械强度比铜芯绝缘导线差，极易折断。铜芯绝缘导线具有良好的机械强度，容易达到技术标准，有利于施工。

（2）绝缘导线的允许载流量。绝缘导线的温度是由绝缘导线中所通过的电流、环境温度、太阳照射以及散热情况（穿管、明敷散热条件则不一样）等诸多因素决定的。为了保证导线在运行中不致超过其最高的允许的温度，塑料绝缘导线持续运行时允许的电流（即绝缘电线的载流量）见表 4.1.1。表 4.1.1 中为设定周围环境温度为 25℃，绝缘导线线芯允许工作温度为 70℃。对于不同环境温度的载流量修正系数见表 4.1.2。

修正系数为实际载流量＝载流量×修正系数

例如：某村民要安装电灯，选用 BLV 塑料绝缘导线，标称截面积 $1.5mm^2$，该绝缘导线载流量为 19A，当环境温度 40℃时，实际载流时应是多少？

查表 4.1.1、表 4.1.2 可知：实际载流量＝19A×0.815＝15.485（A）

（3）线路的电压损失：由于线路本身存在着阻抗，当有电流通过线路时，不可避免地会产生电压损失。线路越长，负载电流越大，导线越细则电压损失越大，造成线路末端的电压越低。低压配电线路，自配电变压器二次侧出口至线路末端的允许电压损失为额定电压 4%。

表 4.1.1　　　　　　　　塑料绝缘电气空气中敷设长期负载下的载流量

标称截面积 (mm²)	载流量 A		标称截面积 (mm²)	载流量 A	
	铝芯	铜芯		铝芯	铜芯
0.2		4	8	54	70
0.3		5	10	62	85
0.4		7	16	85	110
0.5		9	20	100	130
0.6		11	25	110	150
0.7		14	35	140	180
0.8	—	17	50	175	230
1	15	20	70	225	290
1.5	19	25	95	270	350
2	22	29	120	330	430
2.5	26	34	150	380	500
3	28	36	185	450	580
4	34	45	240	540	710
5	38	50	300	6360	820
6	44	57	400	770	1000

表 4.1.2　　　　　　　　不同环境温度时载流量修正系数　　　　　　　单位：℃

周围环境温度	线芯允许工作温度		周围环境温度	线芯允许工作温度	
	+65	+70		+65	+70
	温度校正系数			温度校正系数	
5	1.22	1.20	35	0.865	0.885
10	1.17	1.15	40	0.790	0.815
15	1.12	1.10	45	0.706	0.745
20	1.06	1.05	50	0.610	0.666
25	1.0	1.0	55	0.500	0.577
30	0.935	0.94			

　　在选择绝缘导电线时，一般是先按满足机械强度、允许温升（或允许载流量）、允许电压损失等几个条件中的某一个条件选择。然后，再用其他几个条件进行校核。

　　例如：线路短、负载电流大，可先按允许温升条件选择导线截面，再用其他条件进行校核；如果线路较长，可先按允许电压损失选择导线，再用其他条件进行校核；如果负载很小、线路不太长，这时应首先考虑机械强度，再用其他条件进行校核。

　2. 导线的敷设

　　绝缘导线的敷设方式可分为明敷（明配线）和暗敷（暗配线）两种。

　　（1）明配线是指将导线沿墙壁、天花板、桁架、柱子等明敷设。明配线通常有瓷

（塑）夹板配线、瓷瓶配线、槽板配线、钢（塑料）管配线、塑料钢钉电线卡及钢索配线等。在现代建筑中已经较少采用明配线。

（2）暗配线是指将导线穿管埋设于墙壁、顶棚、地坪及楼板等处的内部，或在混凝土板孔内敷线。暗配线可以保持建筑内表面整齐美观、方便施工、节约线材。暗敷的管子可采用金属管或硬塑料管。穿管暗敷时应沿最近的路径敷设，并应尽量减少弯曲，其弯曲半径不小于管外径的 10 倍。

导线穿管敷设时，导线总截面（包括外护套）不应超过管子内截面积的 40%。穿线管径选择，有表可查。

4.1.4.4.3　电缆选用与敷设

电力电缆是专门用于输送和分配电能的传输介质。按结构的不同，电力电缆有油浸纸绝缘铅（铝）包电力电缆、全塑电缆、油浸纸干绝缘电力电缆、不滴流电力电缆等多种类型。按缆芯数的不同，电力电缆有单芯、双芯、三芯、四芯之分。按电缆芯线的材料不同，电力电缆又有铜芯和铝芯之分。电缆线路的主要优点是运行可靠、不易受外界的影响、不占地面空间；主要缺点是成本高、敷设和维修困难、不易发现和排除故障等。

1. 直埋敷设

电缆直敷施工容易、造价小、散热好，但易受腐蚀和机械损伤，检修不方便，一般用于根数不多的地方。埋深一般不小于 0.7m，上下各铺 100mm 厚的软土或砂层，上盖保护板。电缆应敷于冻土层下，不得在其他管道上面或下面平行敷设。

2. 电缆沟敷设

电缆沟有室内电缆沟、室外电缆沟和厂区电缆沟之分。室内电缆沟的盖板应与室内地坪齐平。在易积水易积灰处宜用水泥砂浆或沥青将盖板缝隙抹死。经常开启的电缆沟盖板宜采用钢盖板。

室外电缆沟的盖板宜高出地面 100mm，以减少地面水流入沟内。当妨碍交通和排水时，采用有覆盖层的电缆层，盖板顶低于地面 300mm。电缆沟进户处应设有防火隔墙。

3. 电缆穿管敷设

管内径不能小于电缆外径的 1.5 倍。管的弯曲半径为管外径的 10 倍，且不应小于所穿电缆的最小弯曲半径。

电缆在室内埋地、穿墙或穿楼板时，应穿管保护。水平明敷时距地面应不小于 2.5m，垂直明敷时，高度在 1.8m 以下部分应有防止机械损伤的措施。

4.1.4.5　建筑电气照明系统分析

1. 照明的分类分析

（1）工作照明。在正常工作时，能保证顺利作业和安全通行所设置的照明，称为工作照明。按照明范围，又可分为一般照明、局部照明和混合照明三种方式。

1）一般照明。一般照明是为了使整个场所照度基本均匀而设置的照明。

2）局部照明。局部照明是指只限于某工作部位的照明。如机床上的工作灯就是一种局部照明。

3）混合照明。混合照明是指有一般照明和局部照明共同组成的照明。

（2）事故照明。当正常照明因故熄灭之后，而启用供继续工作或通行的备用照明系统，称为事故照明。一般布置在主要设备和通道的出入口处。

（3）警卫值班照明。在警卫地区周围供值班人员使用的照明，称为警卫值班照明。

（4）障碍照明。装设在高建（构）筑物尖顶上作为障碍标志用的照明，称为障碍照明。如在100m的烟囱顶端和1/2高度处所设置的红灯（障碍灯）。

2. 照明供电方式分析

室内照明电源是从室外低压配电线路上接线引入的。室外接入电源有220V单相二线制和380V/220V三相四线制供电两种方式。

（1）220V单相二线制。一般照明供电负荷较小的住宅可用200V单相交流制。它是由一根相线（A、B或C相）和一根中性线（N）组成。"相"是指火线，中性线又称零线。如图4.1.12所示。

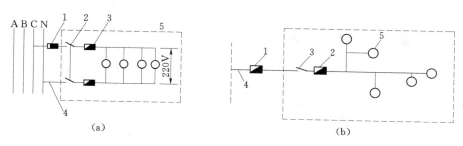

图 4.1.12　380V/220V 三相四线制供电示意图

（a）原理接线图；（b）单线图

1—进户保险丝；2—保险丝；3—进户开关；4—进户；5—电灯

（2）380V/220V三相四线制。在照明供电负荷较大的建筑物中（负荷电流超过30A的用户），如学校、办公室、宿舍等，可采用三相四线制供电。三相四线制是由三根相线（A、B、C）和一根中性线（N）组成。将各组灯具按需配给220V单相电压，并尽可能按三相均匀分配的远侧，分接在每一相线和中性线之间。如图4.1.13所示。

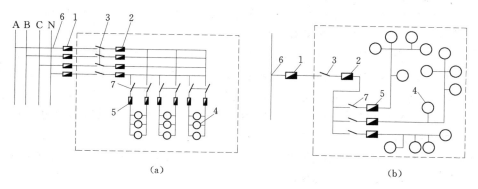

图 4.1.13　380V/220V 三相四线制供电示意图

（a）原理接线图；（b）单线图

1—进户保险丝；2—保险丝；3—进户开关；4—电灯；5—分支保险丝；6—进户线；7—分支开关

3. 照明线路组成分析

照明线路一般由进户装置、总配电箱（盘）、分配电箱（盘）、室内布线、照明灯具、

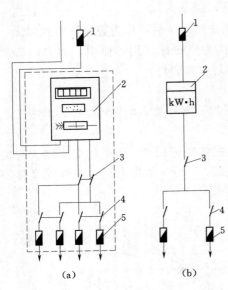

图 4.1.14　配电箱示意图

(a) 原理接线图；(b) 单线图

1—进户保险丝；2—电能表；3—进户开关；
4—分支开关；5—分支保险丝

开关和插座等用电设备组成。

(1) 进户装置。将电源从室外低压配电线路接线入户的设施，称为进户装置。进户装置包括进户横担、引下线、进户线和进户管。

(2) 配电箱（盘）。配电箱（盘）是用户用电设备的供电和配电点，是控制室内电源的设施。用电量较小的住宅可只设一个配电箱，而多层建筑可在某层设总配电箱，并由此引出干线，向其他各层分配电箱配电。配电箱里装有闸刀开关、熔断器和电能表等电气设备。如图 4.1.14 所示。

1) 配电箱。配电箱分木制和铁制，其安装方式有明装和安装。明装箱体突出墙面，暗装箱体嵌入墙内。明装一般底口距地面 1.2m，暗装底口距地面 1.4m，如果装设电能表应为 1.8m，以便操作和维修。

2) 开关。照明配电箱内安装的开关是用来控制照明线路。常用的低压开关设备有：低压刀开关，如 HD、HS 系列的低压刀开关；低压负荷开关，如 HH 系列的铁壳开关、HK 系列的瓷底胶盖闸刀开关。

3) 熔断器。熔断器也称保险盒。熔断器用于照明线路作过载、短路保护。照明用的熔断器常有 RC1A 系列瓷插式熔断器。

4) 电能表。为了记载电能消耗的数量，在配电箱上还要装设电能表。电量单位为千瓦·小时（kW·h）。照明线路中常用的有单相电能表和三相四线制电度表两种。

(3) 室内布线。将导线敷设在建筑物内的过程称室内布线，也称为室内配线工程。

(4) 照明灯具。灯具光源按发光原理分为热辐射光源（如白炽灯和卤钨灯）和气体放电光源（荧光灯、高压汞灯、金属卤化物灯）。

(5) 开关和插座。开关是用来控制灯具的开启和关闭，常用的有单极、双极、三极开关以及拉线开关等；插座是各种移动电器具如台灯、电视机、收录机、电风扇、电冰箱等的电源接取口。常用的插座有二孔、三孔、五孔、七孔等，按电流和电压分一般家庭常用有 5A/250V、10A/250V、15A/250V。选用时应使插座的额定电压（额定电流）应不小于电器负载的额定电压（额定电流）。目前，城市家庭装饰最常用暗装式插座。

插座按功能分可分为一般插座和专用插座，专用插座指专门为某种用电设备设置的插座，如空调插座（K）、油烟机插座（Y）等。

4.1.4.6　共用天线电视系统分析

共用天线电视系统一般由前端、干线、分配分支三个部分组成，如图 4.1.15 所示。

4.1.4.6.1　前端部分分析

前端部分的主要任务是接收电视信号，并对信号进行处理，如滤波、变频、放大、调制和混合等。

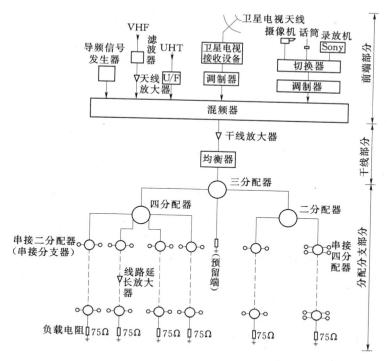

图 4.1.15 共用天线电视系统的组成

主要设备有接收天线、放大器、滤波器、频率变换器、导频信号发生器、调制器、混合器以及连接线缆等。

1. 接收天线

接收天线主要有以下作用：

（1）磁电转换。接收电视台向空间发射的高频电磁波，并将其转换为相应的电信号。

（2）选择信号。在空间多个电磁波中，有选择地接收指定的电视射频信号。

（3）放大信号。对接收的电视射频信号进行放大，提高电视接收机的灵敏度，改善接收效果。

（4）抑制干扰。对指定的电视射频信号进行有效的接收，对其他无用的干扰信号进行有效的抑制。

（5）改善接收的方向性。电视台发射的射频信号是按水平方向极化的水平极化波，具有近似于光波的传播性质，方向性强，这就要求接受机必须用接收天线来对准发射天线的方向才能达到最佳接收。

接收天线主要有以下几种分类：

（1）按工作频段分类。主要有 VHF（甚高频）天线、UHF（特高频）天线、SHF（超高频）天线和 EHF（极高频）天线。

（2）按工作频道分类。主要有单频道天线、多频道天线和全频道天线等。

（3）按结构分类。主要分为基本半波振子天线、折合振子天线、多单元天线、扇形天线、环形天线和对数周期天线等。

（4）按方向性分类。一般分为定向天线和可变方向天线。

（5）按增益大小分类。一般分为低增益天线和高增益天线。

2. 导频信号发生器

若干线传输距离较长，由于电缆对不同频道信号衰减不同，使用导频信号发生器能进行自动增益控制和自动斜率控制。

3. 天线放大器

天线放大器主要用于放大微弱信号。采用天线放大器可提高接收天线的输出电平，以满足处于弱场强区电视传输系统主干线放大器输入电平的要求。

4. 频率变换器

频率变换器是将接收的频道信号变换为另一频道信号的器件。因此，其主要作用是电视频道信号的变换。

由于电缆对高频道信号的衰减很大，若在 CATV 系统中直接传送 UHF 频道的电视信号，则信号损失太大，因此常使用 U/V 变换器将 UHF 频道的信号变成 VHF 频道的信号，再送入混合器和传输系统。这样，整个系统的器件（如放大器、分配器、分支器等）就只采用 VHF 频段的，可大大降低 CATV 系统的成本。

在电视台附近的高场强区，电视台的强直射信号会直接进入电视机，与通过 CATV 系统进入电视机的信号叠加形成严重的重影。用频率变换器后，直射信号会因其频道与转换后的接收频道不同而被电视机的高放、中放等电路滤掉。为避免一个功率强的 VHF 电视频道的干扰，可以把收到的某个 VHF 频道信号转换为另外一个 VHF 频道信号后，再送入 CATV 系统的混合器中。

频率变换器按变换的频段不同可分为 U/V 频率变换器、V/V 频率变换器、V/U 频率变换器和 U/U 频率变换器。

5. 调制器

调制器的作用将来自摄像机、录像机、激光、电视唱盘、卫星接收机、微波中继等设备输出的视频、音频信号调制成电视频道的射频信号后送入混合器。

调制器一般有两种分类方式，一是按工作原理分为中频调制式和射频调制式；二是按组成器件分为分离元调制器和集成电路调制器。

6. 混合器

混合器是将两路或多路不同频道的电视信号混合成一路的部件。

在 CATV 系统中，混合器可将多个电视和声音信号混合成一路，用一根同轴电缆传输，达到多路复用的目的。如果不用混合器，直接将两路（或多路）不同频道的天线直接在其输出端并接，再由同轴电缆向下传输，则会破坏系统的匹配状态，由于系统内部信号的来回反射会使电视图像出现重影，并使图像（或伴音）产生失真，影响收视效果。

分波器和混合器的功能相反，具有可逆性。如果将混合器的输入端和输出端互换，则混合器就变成了分波器。混合器按电路结构可分为滤波器式和宽带变压器式两大类。滤波器式混合器又可分为频道混合器（几个单频道的混合）和频段混合器（某一频段信号与另一频段信号的混合）等。

4. 1. 4. 6. 2 干线系统分析

干线系统是把前端接收、处理、混合后的电视信号传输给分配分支系统的一系列传输设备，主要包括干线、干线放大器、均衡器等。干线放大器是安装在干线上，用以补偿干线电缆传输损耗的放大器。均衡器的作用是补偿干线部分的频谱特性，以保证干线末端的各个频道信号电平基本相同。

4. 1. 4. 6. 3 分配分支部分分析

分配分支部分是共用天线电视系统的最后部分，其主要作用是将前端部分、干线部分送入的信号分配给建筑物内各个用户电视机。它主要包括放大器、分配器、分支器、系统输出端和电缆线路等。

1. 分配放大器

分配放大器安装在干线的末端，用以提高干线末端信号电平，以满足分配、分支的需要。

2. 线路延长放大器

线路延长放大器安装在支干线上，用来补偿支线电缆传输损耗和分支器的分支损耗与插入损耗。

3. 分配器

分配器是用来分配电视信号并保持线路匹配的装置，其主要作用有如下几点：

(1) 分配作用将一路输入信号均匀地分配成多路输出信号，并且插入损耗要尽可能地小。

(2) 隔离作用所谓隔离，是指分配器各路输出端之间的隔离，以避免相互干扰或影响。

(3) 匹配作用主要指分配器与线路输入端和线路输出端的阻抗匹配，即分配器的输入阻抗与输入线路的匹配。各路的输出阻抗必须与输出线路匹配，才能有效地传输信号。分配器按输出路数的多少可分为二分配器、三分配器、四分配器、六分配器和八分配器等；按分配器的回路组成可分为集中参数型和分布参数型两种；按使用条件又可分为室内型、室外防水型和馈电型等。

4. 分支器

分支器是从干线或支线上取出一部分信号馈送给用户电视机的部件，它的作用是：

(1) 以较小的插入损耗从传输干线或分配线上分出部分信号经衰减后送至各用户。

(2) 从干线上取出部分信号形成分支。

(3) 反向隔离与分支隔离。

分支器可根据分支输出端的个数分为一分支器、二分支器、四分支器等，也可根据其使用场合不同分为室内型、室外防水型、馈电型和普通型等。

4. 1. 4. 6. 4 传输线路分析

目前，共用天线电视系统中的传输线路均使用同轴电缆。同轴电缆有内导体、外导体、绝缘体和护套层四个部分组成，它是用介质材料来使内、外导体之间绝缘，并且始终保持轴心重合的电缆。在 CATV 系统中，各国都规定采用特性阻抗为 75Ω 的同轴电缆作为传输线路。同轴电缆标注的含义如图 4.1.16 所示。

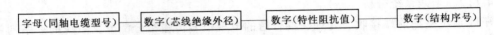

图 4.1.16 同轴电缆的标注

4.1.4.7 建筑电话通信系统分析

建筑电话通信系统的基本目标是实现某一地区内任意两个终端用户之间进行通话，因此电话通信系统必须具备三个基本要素：①发送和接收话音信号；②传输话音信号；③话音信号的交换。

这三个要素分别由用户终端设备、传输设备和电话交换设备来实现。一个完整的电话通信系统是由终端设备、传输设备和交换设备三大部分组成，如图 4.1.17 所示。

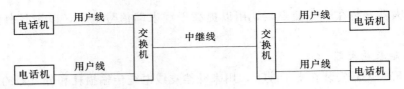

图 4.1.17 电话通信系统示意图

1. 用户终端设备分析

常见的用户终端设备有电话机、传真机等，随着通信技术与交换技术的发展，又出现了各种新的终端设备，如数字电话机、计算机终端等设备。

2. 电话传输系统分析

在电话通信网中，传输线路主要是指用户线和中继线。在图 4.1.18 所示的电话网中，A、B、C 为其中的三个电话交换局，局内装有交换机，交换可能在一个交换局的两个用户之间进行；也可能在不同的交换局的两个用户之间进行，两个交换局用户之间的通信有时还需要经过第三个交换局进行转接。

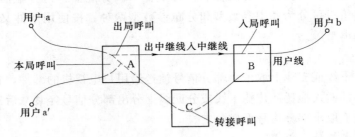

图 4.1.18 电话传输示意图

常见的电话传输媒体有市话电线电缆、双绞线和光缆。为了提高传输线路的利用率，对传输线路常采用多路复用技术。

3. 电话交换设备分析

电话交换设备是电话通信系统的核心。电话通信最初是在两点之间通过原始的受话器和导线的连接由电的传导来进行，如果仅需要在两部电话之间进行通话，只要用一对导线将两部电话机连接起来就可以实现。但如果有成千上万部电话机之间需要互相通话，则不可能采用个个相连的办法。这就需要有电话交换设备，即电话交换机，将每一部电话机（用户终端）连接到电话交换机上，通过线路在交换机上的接续转换，就可以实现任意两部电话机之间的通话。

目前主要使用的电话交换设备是程控交换机。程控是指控制方式，即存储程序控制是（Stored Program Control，简称 SPC），它是把电子计算机的存储程序控制技术引入到电话交换设备中。这种控制方式是预先把电话交换的功能编制成相应的程序（或称软件），并把这些程序和相关的数据都存入到存储器内。当用户呼叫时，由处理机根据程序所发出的指令来控制交换机的操作，以完成接续功能。

在现代化建筑大厦中的程控用户交换机，除了基本的线路接续功能之外，还可以完成建筑物内部用户与用户之间的信息交换以及内部用户通过公用电话网或专用数据网与外部用户之间的话音及图文数据传输。程控用户交换机通过控制机配备的各种不同功能的模块化接口，可组成通信能力强大的综合数据业务网（ISDN）。程控用户交换机的一般性系统结构如图 4.1.19 所示。

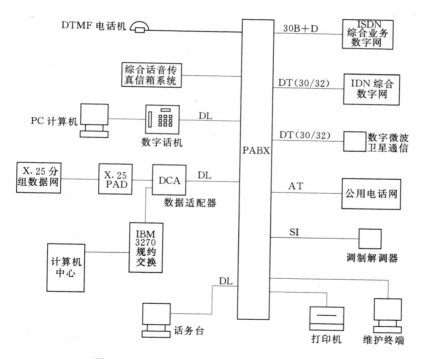

图 4.1.19　程控用户交换机一般性系统结构

4.1.4.8　火灾自动报警控制系统分析

火灾自动报警控制系统主要由火灾探测器、火灾报警控制器和报警装置组成。火灾探测器将现场火灾信息（烟、温度、光）转换成电气信号传送至自动报警控制器，火灾报警控制器将接收到的火灾信号经过处理、运算和判断后认定火灾，输出指令信号。一方面启动火灾报警装置，如声、光报警等；另一方面启动消防联动装置和连锁减灾系统，用以驱动各种灭火设备和减灾设备。

1. 火灾探测器选用

火灾探测器是火灾自动报警控制系统最关键的部件之一，它是以探测物质燃烧过程中产生的各种物理现象为依据，是整个系统自动检测的触发器件，能不间断地监视和探测被保护区域的火灾初期信号。

根据火灾探测器探测火灾参数的不同，可分为感烟式、感温式、感光式、可燃气体探测式和复合式等主要类型。

（1）感烟式火灾探测器。感烟式火灾探测器是一种检测燃烧或热解产生的固体或液体微粒的火灾探测器。感烟式火灾探测器作为前期、早期火灾报警是非常有效的。对于要求火灾损失小的重要地点，火灾初期有阴燃阶段，产生大量的烟和少量的热，很少或没有火焰辐射的火灾，都适合选用。

（2）感温式火灾探测器。感温式火灾探测器是响应异常温度、温升速率和温差等火灾信号的火灾探测器。常用的有定温式、差温式和差定温式三种：

1）定温式探测器。环境温度达到或超过预定值时响应。

2）差温式探测器。环境温升速率超过预定值时响应。

3）差定温式探测器。兼有定温、差温两种功能。

（3）感光式火灾探测器。感光式火灾探测器又称火焰探测器或光辐射探测器，它对光能够产生敏感反应。按照火灾的规律，发光是在烟生成及高温之后，因而感光式探测器属于火灾晚期报警的探测器，适用于火灾发展迅速，有强烈的火焰和少量的烟、热，基本上无阴燃阶段的火灾。

（4）可燃气体火灾探测器。可燃气体火灾探测器是一种能对空气中可燃气体浓度进行检测并发出报警信号的火灾探测器。它通过测量空气中可燃气体爆炸下限以内的含量，以便当空气中可燃气体浓度达到或超过报警设定值时自动发出报警信号，提醒人们及早采取安全措施，避免事故发生。可燃气体火灾探测器除具有预报火灾、防火、防爆功能外，还可以起到监测环境污染的作用，目前主要用于宾馆厨房或燃料气贮备间、汽车库、压气机站、过滤车间、溶剂库、炼油厂、燃油电厂等存在可燃气体的场所。

（5）复合式火灾探测器。复合式火灾探测器是可以响应两种或两种以上火灾参数的火灾探测器，主要有感温感烟型、感光感烟型、感光感温型等。

2. 手动火灾报警按钮选用

手动火灾报警按钮主要安装在经常有人出入的公共场所中明显和便于操作的部位。当有人发现有火情的情况下，手动按下按钮，向报警控制器送出报警信号。手动火灾报警按钮比探测器报警更紧急，一般不需要确认。因此，手动报警按钮要求更可靠、更确切，处理火灾要求更快。

3. 火灾报警控制器选用

（1）火灾报警控制器的作用。火灾报警控制器是火灾自动报警控制系统的重要组成部分，是系统的核心。火灾报警控制器的作用是向火灾探测器提供高稳定度的直流电源；监视连接各火灾探测器的传输导线有无故障；能接收火灾探测器发送的火灾报警信号，迅速、正确地进行转换和处理，并以声、光等形式指示火灾发生的具体部位，进而发送消防设备的启动控制信号。

（2）火灾报警控制器的主要功能：

1）故障报警。检查探测器回路断路、短路、探测器接触不良或探测器自身故障等，并进行故障报警。

2）火灾报警。将火灾探测器、手动报警按钮或其他火灾报警信号单元发出的火灾信号转换为火灾声、光报警信号，用以指示具体的火灾部位和时间。

3）火灾报警优先功能。在系统存在故障的情况下出现火警，则报警控制器能由故障报警自动转变为火灾报警，当火警被清除后，又自动恢复原有故障报警状态。

4）火灾报警记忆功能。当控制器收到火灾探测器送来的火灾报警信号时，能保持并记忆，不可随火灾报警信号源的消失而消失，同时也能继续接收、处理其他火灾报警信号。

5）声光报警消声及再响功能。火灾报警控制器发出声、光报警信号后，可通过控制器上的消声按钮人为消声，如果停止声响报警时又出现其他报警信号，火灾报警控制器应能进行声光报警。

6）时钟单元功能。当火灾报警时，能指示并记录准确的报警时间。

7）输出控制单元。用于火灾报警时的联动控制或向上一级报警控制器输送火灾报警信号。

（3）火灾报警控制器的分类。火灾报警控制器的分类如图 4.1.20 所示。

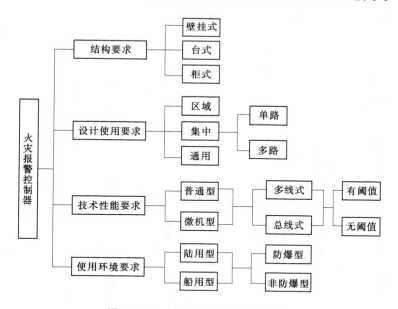

图 4.1.20　火灾报警控制器的分类

（4）报警装置：

1）报警装置包括故障指示灯、故障蜂鸣器、火灾事故光字牌和火灾警铃等。

2）报警装置以声、光报警的形式向人们提示火灾与事故的发生，并且能记忆和显示火灾与事故发生的时间和地点。

3）现代消防系统的报警装置通常分为预告报警与紧急报警两部分。两者的区别在于：

预告报警是在火灾探测器已经动作，即探测器已经探测到火灾信息，但火灾处于燃烧的初期，如果此时能用人工方法，火灾能够被及时扑灭而不必动用消防系统的灭火设备；紧急报警则是表示火灾已经被确认，即火灾已经发生，需要动用消防系统的灭火设备快速扑灭火灾。

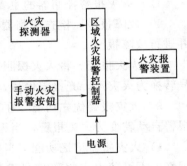

图 4.1.21　区域报警系统示意图

4.1.4.9　火灾自动报警控制系统形式分析

1. 区域报警系统分析

区域报警系统示意图如图 4.1.21 所示，它是由火灾探测器、手动火灾报警按钮、区域火灾报警控制器、火灾报警装置和电源组成。区域报警系统的保护对象仅为建筑物中某一局部范围或某一措施。区域火灾报警控制器往往是第一级的监控报警装置，应设置在有人值班的房间或场所，如保卫室、值班室等。

2. 集中报警系统分析

集中报警系统主要由火灾探测器、区域火灾报警控制器、集中火灾报警控制器等组成，如图 4.1.22 所示。

集中报警系统一般适用于保护对象规模较大的场合，如高层住宅、商住楼和办公楼等。集中火灾报警控制器是区域火灾报警控制器的上位控制器，它是建筑消防系统的总监控设备，其功能比区域火灾报警控制器更加齐全。

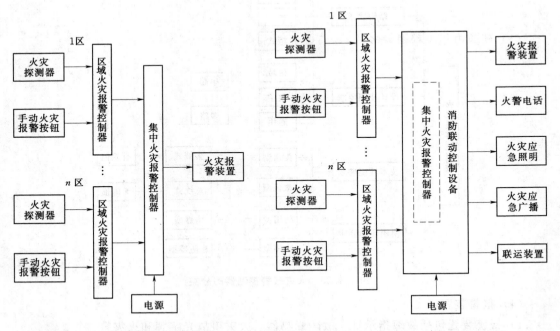

图 4.1.22　集中报警系统示意图　　　　图 4.1.23　控制中心报警系统示意图

3. 控制中心报警系统分析

控制中心报警系统示意图如图 4.1.23 所示。从图中可知，控制中心报警系统由火灾探测器、手动火灾报警按钮、区域火灾报警控制器、集中火灾报警控制器、消防联动控制设备、电源及火灾报警装置、火警电话、火灾应急照明、火灾应急广播和联动装置等组成。

控制中心报警系统一般适用于规模大的一级以上的保护对象，因该类型建筑物建筑规模大、建筑防火等级高、消防联动控制功能多。

学习单元4.2 建筑电气施工图识读

4.2.1 学习目标

通过本单元的学习，能够识读照明配电系统图、照明平面图、插座平面图；能够识读防雷与接地平面图；能够识读共用天线电视系统工程图、建筑电话通信系统工程图、可视对讲系统系统图、火灾自动报警控制系统施工图。

4.2.2 学习任务

本学习单元以某综合楼电气系统为例，对建筑电气施工图进行识读。建筑电气施工图包括图例识读、平面图识读、控制原理图识读、系统图识读。建筑弱电系统施工图识读包括共用天线电视系统工程图识读、建筑电话通信系统工程图识读、可视对讲系统系统图识读、火灾自动报警控制系统施工图识读。

4.2.3 任务分析

电气施工图所涉及内容往往是根据建筑物不同的功能而有所不同，主要有建筑供配电、动力与照明、防雷与接地、建筑弱电等方面，用以表达不同的电气设计内容。

（1）建筑电气工程图大多是采用统一的图形符号并加注文字符号绘制而成的。

（2）电气线路都必须构成闭合回路。

（3）线路中的各种设备、元件都是通过导线连接成为一个整体的。

（4）在进行建筑电气工程图识读时应阅读相应的土建工程图及其他安装工程图，以了解相互间的配合关系。

（5）建筑电气工程图对于设备的安装方法、质量要求以及使用维修方面的技术要求等往往不能完全反映出来，所以在阅读图纸时有关安装方法、技术要求等问题，要参照相关图集和规范。

4.2.4 任务实施

4.2.4.1 电气施工图的组成及阅读方法

1. 电气施工图的组成分析

（1）图纸目录与设计说明。包括图纸内容、数量、工程概况、设计依据以及图中未能表达清楚的各有关事项。如供电电源的来源、供电方式、电压等级、线路敷设方式、防雷接地、设备安装高度及安装方式、工程主要技术数据、施工注意事项等。

（2）主要材料设备表。包括工程中所使用的各种设备和材料的名称、型号、规格、数量等，它是编制购置设备、材料计划的重要依据之一。

（3）系统图。如变配电工程的供配电系统图、照明工程的照明系统图、电缆电视系统图等。系统图反映了系统的基本组成、主要电气设备、元件之间的连接情况以及它们的规格、型号、参数等。

（4）平面布置图。平面布置图是电气施工图中的重要图纸之一，如变、配电所电气设备安装平面图、照明平面图、防雷接地平面图等，用来表示电气设备的编号、名称、型号及安装位置、线路的起始点、敷设部位、敷设方式及所用导线型号、规格、根数、管径大小等。通过阅读系统图，了解系统基本组成之后，就可以依据平面图编制工程预算和施工方案，然后组织施工。

（5）控制原理图。包括系统中各所用电气设备的电气控制原理，用以指导电气设备的安装和控制系统的调试运行工作。

（6）安装接线图。包括电气设备的布置与接线，应与控制原理图对照阅读，进行系统的配线和调校。

（7）安装大样图（详图）。安装大样图是详细表示电气设备安装方法的图纸，对安装部件的各部位注有具体图形和详细尺寸，是进行安装施工和编制工程材料计划时的重要参考。

2. 电气施工图的阅读方法

（1）熟悉电气图例符号，弄清图例、符号所代表的内容。常用的电气工程图图例及文字符号可参见国家颁布的《新编电气图形符号标准手册》见表4.2.1。

表 4.2.1　　常用电气照明图例符号

图形符号	名　称	图形符号	名　称
	多种电源配电箱（屏）	⊗	灯或信号灯一般符号
	动力或动力—照明配电箱	⊗	防水防尘灯
	信号板信号箱（屏）		壁灯
	照明配电箱（屏）	●	球形灯
	单相插座（明装）	⊗	花灯
	单相插座（暗装）	⊙	局部照明灯
	单相插座（密闭、防水）		天棚灯
	单相插座（防爆）		荧光灯一般符号
	带接地插孔的三相插座（明装）		三管荧光灯
	带接地插孔的三相插座（暗装）		避雷器
	带接地插孔的三相插座（密闭、防水）	●	避雷针
	带接地插孔的三相插座（防爆）		熔断器一般符号
	单极开关（明装）		接地一般符号

续表

图形符号	名　　称	图形符号	名　　称
●	单极开关（暗装）	——	多极开关一般符号　单线表示
⊖	单极开关（密闭、防水）	≡	多极开关一般符号　多线表示
◐	单极开关（防爆）	⊓	分线盒一般符号
○	开关一般符号	⊓	室内分线盒
○	单极拉线开关	⊐	电铃
——	动合（常开）触点；本符号也可用作开关一般符号	kW·h	电能表

（2）针对一套电气施工图，一般应先按以下顺序阅读，然后再对某部分内容进行重点识读。

1）看标题栏及图纸目录。了解工程名称、项目内容、设计日期及图纸内容、数量等。

2）看设计说明。了解工程概况、设计依据等，了解图纸中未能表达清楚的各有关事项。

3）看设备材料表。了解工程中所使用的设备、材料的型号、规格和数量。

4）看系统图。了解系统基本组成，主要电气设备、元件之间的连接关系以及它们的规格、型号、参数等，掌握该系统的组成概况。

5）看平面布置图。如照明平面图、防雷接地平面图等。了解电气设备的规格、型号、数量及线路的起始点、敷设部位、敷设方式和导线根数等。平面图的阅读可按照以下顺序进行：电源进线——→总配电箱——→干线——→支线——→分配电箱——→电气设备。

6）看控制原理图。了解系统中电气设备的电气自动控制原理，以指导设备安装调试工作。

7）看安装接线图及大样图。了解电气设备的布置与接线、具体安装方法、安装部件的具体尺寸等。

对于具体工程来说，为说明配电关系时需要有配电系统图；为说明电气设备、器件的具体安装位置时需要有平面布置图；为说明设备工作原理时需要有控制原理图；为表示元件连接关系时需要有安装接线图；为说明设备、材料的特性、参数时需要有设备材料表等。这些图纸各自的用途不同，但相互之间是有联系并协调一致的。在识读时应根据需要，将各图纸结合起来识读，以达到对整个工程或分部项目全面了解的目的。

3. 照明灯具及配电线路标注

（1）照明灯具的标注。灯具的标注是在灯具旁按灯具标注规定标注灯具数量、型号、灯具中的光源数量和容量、悬挂高度和安装方式。照明灯具的标注格式为

$$a-b(c\times d\times L)/ef$$

灯具安装方式代号见表 4.2.2。

例如：5—YZ402×40/2.5Ch 表示 5 盏 YZ40 直管型荧光灯，每盏灯具中装设 2 只功率为 40W 的灯管，灯具的安装高度为 2.5m，灯具采用链吊式安装方式。如果灯具为吸顶安装，那么安装高度可用"—"号表示。在同一房间内的多盏相同型号、相同安装方式和相同安装高度的灯具，可以标注一处。

例如：20—YU601×60/3CP 表示 20 盏 YU60 型 U 形荧光灯，每盏灯具中装设 1 只功率为 60W 的 U 形灯管，灯具采用线吊安装，安装高度为 3m。

表 4.2.2　　　　　　　　　　　　　　　灯具安装方式及其代号

序号	名　　称	旧代号	新代号	序号	名　　称	旧代号	新代号
1	线吊式	X	CP	9	嵌入式（成人不可进入的顶棚）	R	R
2	固定线吊式	X1	CP1	10	顶棚内安装（成人可进入的顶棚）	DR	CR
3	防水线吊式	X2	CP2	11	墙壁内安装	BR	WR
4	吊线器式	X3	CP3	12	台上安装	T	T
5	链吊式	L	Ch	13	支架上安装	J	SP
6	管吊式	G	P	14	柱上安装	Z	CL
7	壁装式	B	W	15	座装	ZH	HM
8	吸顶式或直附式	D	S				

（2）配电线路的标注。配电线路的标注用以表示线路的敷设方式及敷设部位，采用英文字母表示。

配电线路的标注格式为

$$a - b(c \times b)e - f$$

线路敷设方式及敷设部位见表 4.2.3、表 4.2.4。

例如：BV(3×50+1×25)SC50—FC 表示线路是铜芯塑料绝缘导线，3 根 50mm²，1 根 25mm²，穿管径为 50mm 的钢管沿地面暗敷。

又例如：BLV(3×60＋2×35)SC70—WC 表示线路为铝芯塑料绝缘导线，3 根 60mm²，两根 35mm²，穿管径为 70mm 的钢管沿墙暗敷。

表 4.2.3　　　　　　　　　　　　　　导线或电缆敷设方式的标注符号

序号	中文名称	旧代号	新代号	序号	中文名称	旧代号	新代号
0	暗敷	A	C	10	绝缘子或瓷柱敷设	CP	K
1	明敷	M	E	11	塑料线槽敷设	CB	PR
2	铝皮线卡	QD	AL	12	钢线槽敷设	S	SR
3	电缆桥架		CT	13	金属线槽敷设		MR
4	金属软管		F	14	电缆桥架敷设		CT
5	厚壁钢管（水煤气管）		RC	15	瓷夹板敷设	CP	PL
6	穿焊接钢管敷设	G	SC	16	塑料夹敷设	CJ	PCL
7	穿电线管敷设	DG	TC	17	穿蛇皮管敷设	VJ	CP
8	穿硬聚氯乙烯管敷设	VG	PC	18	塑料阻燃管	SPG	PVC
9	穿阻燃半硬聚氯乙烯管敷设		FPC				

表 4.2.4　　　　导线敷设部位的标注

序号	名　　称	旧代号	新代号	序号	名　　称	旧代号	新代号
1	沿钢索敷设	S	SR	7	暗敷设在梁内	LA	BC
2	沿屋架或跨屋架敷设	LM	BE	8	暗敷设在柱内	ZA	CLC
3	沿柱或跨柱敷设	ZM	CLE	9	暗敷设在墙内	QA	WC
4	沿墙面敷设	QM	WE	10	暗敷设在墙面或地板内	DA	FC
5	沿天棚面或顶板面敷设	PM	CE	11	暗敷设在屋面或顶板内	PA	CC
6	在能进入的吊顶内敷设	PNM	ACE	12	暗敷设在不能进入的吊顶内	PNA	ACC

（3）照明配电箱的标注。照明配电箱标注如图 4.2.1 所示，例如：型号为 XRM1—A312M 的配电箱，表示该照明配电箱为嵌墙安装，箱内装设一个型号为 DZ20 的进线主开关，单相照明出线开关 12 个。

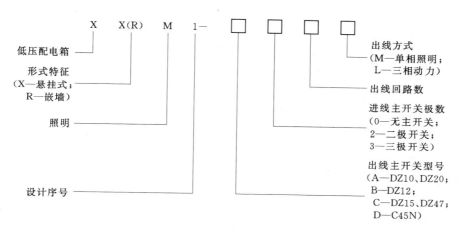

图 4.2.1　照明配电箱标注

（4）开关及熔断器的标注。开关及熔断器的表示，也为图形符号加文字标注，其文字标注格式一般为

$$a\frac{b}{c/i} \quad 或 \quad a-b-c/i$$

若需要标注引入线的规格时，则标注为

$$a\frac{b-c/i}{d(e\times f)-g}$$

例如：标注 Q3DZ10—100/3—100/60，表示编号为 3 号的开关设备，其型号为 DZ10—100/3，即装置式 3 极低压空气断路器，其额定电流为 100A，脱扣器整定电流为 60A。

4.2.4.2　强电系统施工图识读

4.2.4.2.1　设计说明识读

设计说明一般是一套电气施工图的第一张图纸，主要包括：①工程概况；②设计依据；③设计范围；④供配电设计；⑤照明设计；⑥线路敷设；⑦设备安装；⑧防雷接地；⑨施工注意事项。

识读一套电气施工图,应首先仔细阅读设计说明,通过阅读,可以了解到工程的概况、施工所涉及的内容、设计的依据、施工中的注意事项以及在图纸中未能表达清楚的事宜。

下面的例子是某公寓的电气设计说明,通过它来初步了解电气施工图的设计说明。

1. 设计依据

(1)《民用建筑电气设计规范》(JGJ/T 16—92)。

(2)《建筑物防雷设计规范》(GB 50057—94 2000年版)。

(3)《有线电视系统工程技术规范》(GB 50200—94)。

(4)其他有关国家及地方的现行规程、规范及标准。

2. 设计内容

本工程电气设计项目包括380V/220V供配电系统、照明系统、防雷接地系统和电视电话系统。

3. 供电系统

(1)供电方式。本工程拟由小区低压配电网引来380V/220V三相四线电源,引至住宅首层总配电箱,再分别引至各用电点;接地系统为TN—C—S系统,进户处零线须重复接地,设专用PE线,接地电阻不大于4Ω;本工程采用放射式供电方式。

(2)线路敷设。低压配电干线选用铜芯交联聚乙烯绝缘电缆(YJV)穿钢管埋地或沿墙敷设;支干线、支线选用铜芯电线(BV)穿钢管沿建筑物墙、地面、顶板暗敷设。

4. 照明部分

(1)本工程按普通住宅设计照明系统。

(2)所有荧光灯均配电子镇流器。

(3)卫生间插座采用防水防溅型插座;户内低于1.8m的插座均采用安全型插座。

(4)各照明器具的安装高度详见主要设备材料表。

5. 防雷接地系统

(1)本工程按民用三类建筑防雷要求设置防雷措施,利用建筑物金属体做防雷及接地装置,在女儿墙上设人工避雷带,利用框架柱内的两根对角主钢筋做防雷引下线,并利用结构基础内钢筋做自然接地体,所有防雷钢筋均焊接连通,屋面上所有金属构件和设备均应就近用ϕ10镀锌圆钢与避雷带焊接连通,接地电阻不大于4Ω,若实测大于此值应补打接地极直至满足要求;具体做法详见相关图纸。

(2)本工程设总等电位连接。应将建筑物的PE干线、电气装置接地极的接地干线、水管等金属管道、建筑物的金属构件等导体作等电位连接。等电位联结做法按国标《等电位连接安装》(02D501—2)。

(3)所有带洗浴设备的卫生间均作等电位连接,具体做法参见98ZD501—51、52。

(4)过电压保护:在电源总配电柜内装第一级电涌保护器(SPD)。

(5)本工程接地形式采用TN—C—S系统,电源在进户处做重复接地,并与防雷接地共用接地极。

6. 其他

施工中应与土建密切配合,做好预留、预埋工作,严格按照国家有关规范、标准施工，未尽事宜在图纸会审及施工期间另行解决，变更应经设计单位认可。

4.2.4.2.2 照明配电系统图识读

照明配电系统图是用图形符号、文字符号绘制的，用以表示建筑照明配电系统供电方式、配电回路分布及相互联系的建筑电气工程图，能集中反映照明的安装容量、计算容量、计算电流、配电方式、导线或电缆的型号、规格、数量、敷设方式及穿管管径、开关及熔断器的规格型号等。通过照明系统图，可以了解建筑物内部电气照明配电系统的全貌，它也是进行电气安装调试的主要图纸之一。

照明系统图的主要内容包括：

（1）电源进户线、各级照明配电箱和供电回路，表示其相互连接形式。

（2）配电箱型号或编号，总照明配电箱及分照明配电箱所选用计量装置、开关和熔断器等器件的型号、规格。

（3）各供电回路的编号、导线型号、根数、截面和线管直径以及敷设导线长度等。

（4）照明器具等用电设备或供电回路的型号、名称、计算容量和计算电流等。

例如，某商场楼层配电箱照明配电系统图，如图 4.2.2 所示。

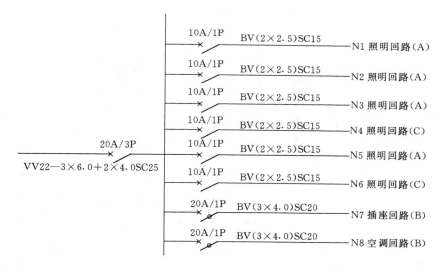

图 4.2.2 某商场楼层配电箱照明配电系统图

再例如，某住宅楼照明配电系统图，请读者自己根据前面的知识进行识读，如图 4.2.3 所示。

4.2.4.2.3 平面布置图识读

1. 照明、插座平面图识读

（1）照明平面图的用途、特点。主要用来表示电源进户装置、照明配电箱、灯具、插座、开关等电气设备的数量、型号规格、安装位置、安装高度，表示照明线路的敷设位置、敷设方式、敷设路径、导线的型号规格等。

（2）照明、插座平面图举例。某高层公寓标准层插座、照明平面图，如图 4.2.4、图 4.2.5 所示。

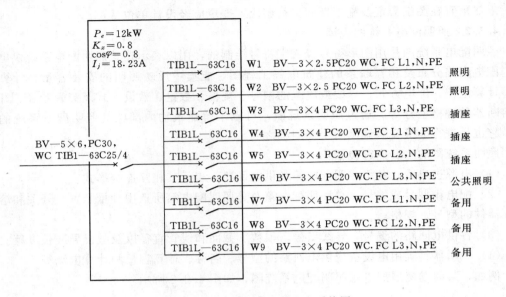

图 4.2.3　某住宅楼照明配电系统图

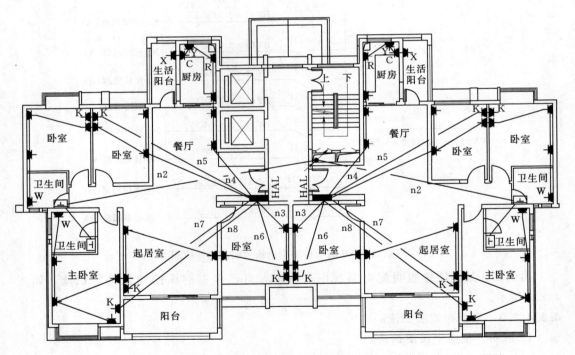

图 4.2.4　某高层公寓标准层插座平面图

2. 防雷平面图识读

防雷平面图是指导具体防雷接地施工的图纸，如图 4.2.6 所示。通过阅读，可以了解工程的防雷接地装置所采用设备和材料的型号、规格、安装敷设方法、各装置之间的连接方式等情况，在阅读的同时还应结合相关的数据手册、工艺标准以及施工规范，从而对该

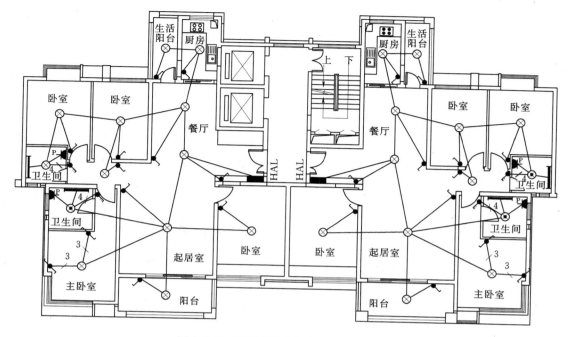

图 4.2.5　某高层公寓标准层照明平面图

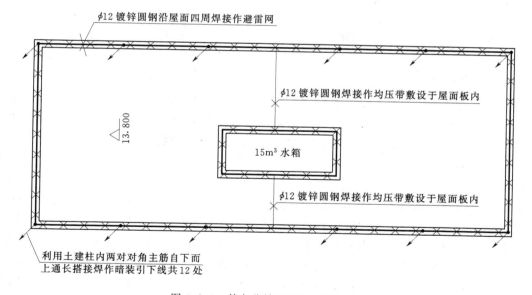

图 4.2.6　某办公楼屋顶防雷平面图

建筑物的防雷接地系统有一个全面的了解和掌握。

4.2.4.3　弱电系统施工图识读

1. 共用天线电视系统工程图识读

共用天线电视系统工程图主要是共用天线电视系统图、共用天线电视系统设备平面布置图、安装大样图等。某建筑共用天线电视系统图如图 4.2.7 所示，从图中可以看出，该

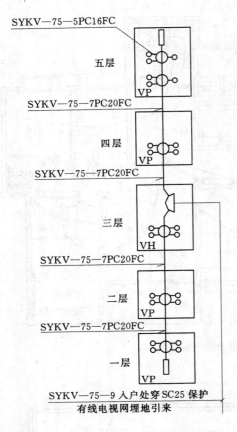

图 4.2.7　某建筑共用天线电视系统图

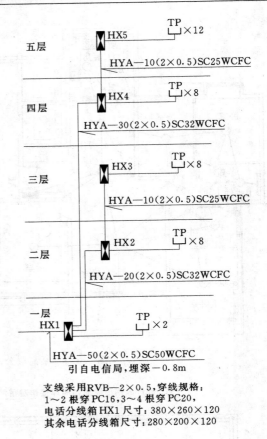

图 4.2.8　某建筑电话通信系统图

共用天线电视系统的系统干线选用 SYKV—75—9 型同轴电缆，穿管径为 25mm 的钢管埋地引入，在三层处由二分配器分为两条分支线，分支线采用 SYKV—75—7 型同轴电缆，穿管径为 20mm 的硬塑料管暗敷设。在每一楼层用四分支器将信号传输至用户端。对应的平面图如图 4.2.9 所示。

2. 建筑电话通信系统工程图识读

建筑电话通信系统工程图同样由系统图和平面图组成，是指导具体安装的依据。建筑电话通信系统通常是通过总配线架和市话网连接。在建筑物内部一般按建筑层数、每层所需电话门数以及这些电话的布局，决定每层设几个分接线箱。自总配线箱分别引出电缆，以放射式的布线形式引向每层的分接线箱，由总配线箱与分接线箱依次交接连接。也可以由总配线架引出一路大对数电缆，进入一层交接箱，再由一层交接箱除供本层电话用户外，引出几路具有一定芯线的电缆，分别供上面几层交接箱。

某建筑电话通信系统图如图 4.2.8 所示，该电话通信系统是采用 HYA—50(2×0.5)SC50WCFC 自电信局埋地引入建筑物，埋设深度为 0.8m。再由一层电话分接线箱 HX1 引出三条电缆，其中一条供本楼层电话使用，一条引至二层、三层电话分接线箱，还有一条供给四、五层电话分接线箱，分接线箱引出的支线采用 RVB—2×0.5 型绞线穿塑料 PC 管敷设。其平面图如图 4.2.9 所示。

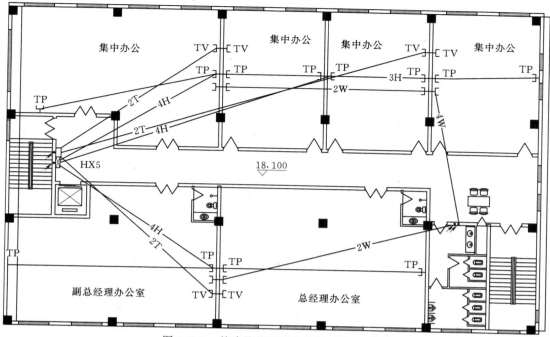

图 4.2.9　某建筑共用天线电视系统平面图

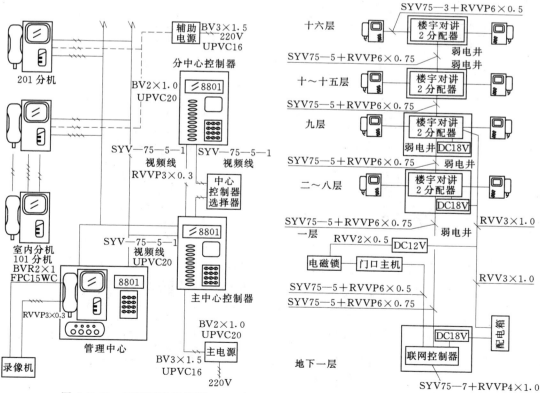

图 4.2.10　可视对讲系统图

图 4.2.11　高层住宅楼可视对讲系统图

3. 可视对讲系统系统图识读

可视对讲系统除了对讲功能外，还具有视频信号传输功能，使户主在通话时可同时观察到来访者的情况。因此，系统增加了一部微型摄像机，安装在大门入口处附近，用户终端设一部监视器。可视对讲系统如图 4.2.10 所示。

可视对讲系统主要具有以下功能：

(1) 通过观察监视器上来访者的图像，可以将不希望的来访者拒之门外。

(2) 按下呼出键，即使没人拿起听筒，屋里的人也可以听到来客的声音。

(3) 按下"电子门锁打开按钮"，门锁可以自动打开。

(4) 按下"监视按钮"，即使不拿起听筒，也可以监听和监看来访者长达 30s，而来访者却听不到屋里的任何声音；再按一次，解除监视状态。

一高层住宅楼楼宇对讲系统图。通过识读系统图可以知道，该楼宇对讲系统为联网型可视对讲系统。

每个用户室内设置一台可视电话分机，单元楼梯口设一台带门禁编码式可视梯口机，

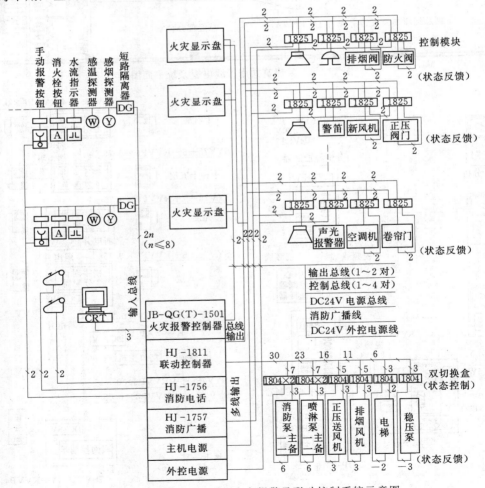

图 4.2.12　1501—1811 型火灾报警及联动控制系统示意图

住户可以通过智能卡和密码开启单元门。可通过门口主机实现在楼梯口与住户的呼叫对讲。

楼梯间设备采用就近供电方式，由单元配电箱引一路 220V 电源至梯间箱，实现对每楼层楼宇对讲 2 分配器及室内可视分机供电。

从图 4.2.11 中还可得知，视频信号线型号分别为 SYV75－5＋RVVP6×0.75 和 SYV75－5＋RVVP6×0.5，楼梯间电源线型号分别为 RVV3×1.0 和 RVV2×0.5。

4. 火灾自动报警控制系统工程图识读

火灾自动报警控制系统工程图是建筑电气工程图的重要组成部分。主要包括火灾自动报警系统图、火灾自动报警平面图等。

（1）火灾自动报警控制系统的常用图例符号。熟悉火灾自动报警控制系统施工图中常用图例符号是识读和绘制施工图的基础。

施工图中的图例符号均采用国家标准《消防设施图形符号》（GB 4327—84）和《火灾报警设备图形》（ZBC 80001—1984）规定的图形符号。

（2）火灾自动报警系统图。火灾自动报警系统图主要反映系统组成和功能以及组成系统的各设备之间的连接关系等。系统的组成随保护对象的分级和所选用报警设备的不同，其基本形式也有所不同。火灾报警及联动控制系统图如图 4.2.12 所示某建筑火灾自动报警系统图，如图 4.2.13 所示。

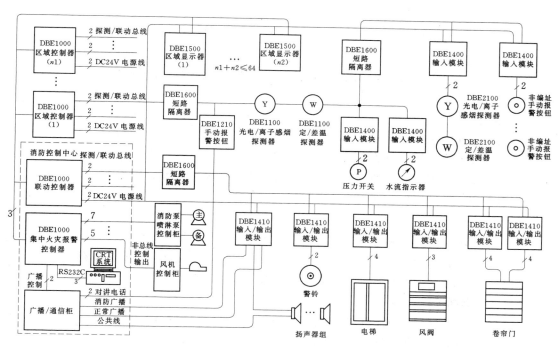

图 4.2.13　某建筑火灾自动报警系统图

（3）火灾自动报警控制系统平面布置图。火灾自动报警控制系统平面布置图主要反映火灾探测器、火灾报警装置以及联动设备的平面布置、消防供电线路的敷设情况等，是指导施工人员进行火灾自动报警控制系统施工的重要依据。

某综合楼楼层火灾报警及联动控制平面布置图，如图4.2.14所示。

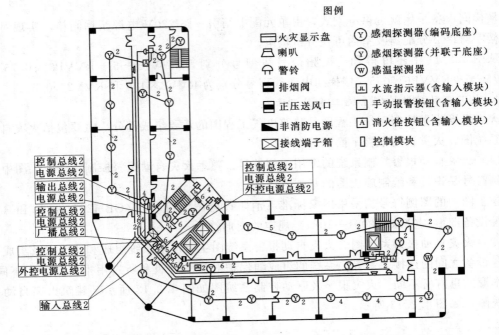

图4.2.14　某综合楼楼层火灾报警及联动控制平面布置图

学习单元4.3　建筑电气系统施工与组织

4.3.1　学习目标

通过本单元的学习，能够根据不同的情况选择布线方式，完成室内布线；能够进行绝缘导线的选择、连接及绝缘的恢复；能够完成各种灯具、开关、插座等的安装；懂得触电防护和电气安全知识；能够进行有线电视系统各组成部分的安装；能够进行火灾探测器、手动报警按钮、控制模块、火灾报警控制器的安装。

4.3.2　学习任务

本学习单元以某综合楼电气系统为例，讲述建筑电气系统施工过程。具体学习任务有加工与连接、室内线路配线施工、照明装置的安装、防雷与接地装置安装、有线电视系统安装、火灾自动报警系统的安装、质量评定和竣工验收。

4.3.3　任务分析

照明装置的安装工艺流程：电气配管──→管内穿线──→检查灯具──→灯具支吊架制作安装──→灯具安装──→通电试亮──→清理接线盒──→开关、插座接线──→开关、插座安装。

防雷与接地装置安装工艺流程：接地体──→接地干线──→引下线暗敷（支架、引下线明敷）──→避雷带或均压环──→避雷针（避雷网）。

有线电视系统安装工艺流程：站址选择──→天线安装──→前端设备和机房设备安装──→传输部分安装──→用户终端安装──→系统内的接地──→系统调试验收。

火灾自动报警系统的安装工艺流程：钢管、线槽及线缆敷设——→探测器安装——→模块箱安装——→手动报警按钮安装——→主机房设备安装——→设备接地——→单体设备调试——→系统联调——→竣工验收。

4.3.4 任务实施

4.3.4.1 导线加工与连接

4.3.4.1.1 导线加工

1. 导线剖削

由于各种导线截面、绝缘层薄厚程度、分层多少都不同，因此使用剥线的工具也不同。常用的工具有电工刀、克丝钳和剥线钳，可进行削、勒及剥削绝缘层。剥线钳如图4.3.1所示。一般4mm²以下的导线原则上使用剥线钳，剥线钳由钳头和手柄两部分组成，它的钳口工作部分有从0.5～3mm的多个不同孔径的切口，以便剥削不同规格的芯线绝缘层。剥线时，为了不损伤线芯，线头应放在大于线芯的切口上剥削。

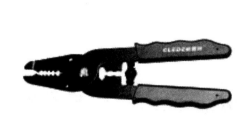

图 4.3.1 剥线钳

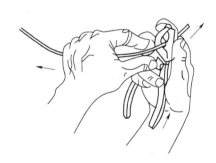

图 4.3.2 钢丝钳剥离塑料绝缘层

除用剥线钳剥削导线外，还必须学会用电工刀或钢丝钳剖削导线的绝缘层。对于不同截面、不同材质的导线，应选用合适的剖削方法。

（1）塑料线的剖削：当芯线截面积不超过4mm²时，根据线头所需长度，用钢丝钳头刀口轻切塑料层（不可切着芯线），然后右手握住钳子头部用力向外勒去塑料层，如图4.3.2所示。规格较大的塑料线，可用电工刀进行剖削，如图4.3.3所示。

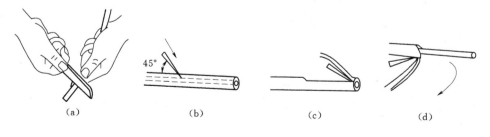

（a） （b） （c） （d）

图 4.3.3 电工刀剖削塑料绝缘层
（a）握刀姿势；（b）45°切入；（c）25°推削；（d）扳转切去根部

（2）塑料护套线的剖削：先用电工刀剥离护套层，方法是：根据所需长度用刀尖在线芯缝隙间划开护套层，接着扳翻并用刀口切齐，如图4.3.4所示。护套线芯线绝缘层的剥削方法如同塑料线，只不过在绝缘层的切口与护套层的切口间应留有5～10mm

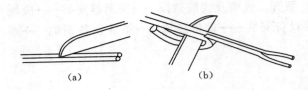

图 4.3.4 电工刀剥离护套层

(a) 线缝间划开护套层；(b) 扳转护套层并切去根部

（3）橡皮线的剖削：先用电工刀刀尖划开编织保护层，其方法与剥离护套层雷同，然后用剥削塑料线的方法剥去橡胶层，最后松散棉纱层至根部并用电工刀切去。

（4）花线的剖削：先用电工刀将棉纱织物的四周切割一圈后拉去，然后按剖削橡皮线的方法进行剖削。

2. 绝缘的恢复

导线剖削或破损后，必须恢复其绝缘。恢复后的绝缘强度不应低于原有绝缘层。常用的恢复绝缘层的材料有黄蜡带、涤纶薄膜带和黑胶带，规格一般选用宽 20mm。恢复导线绝缘的常用方法如图 4.3.5 所示。

先将黄蜡带从导线左边完整的绝缘层上包缠两个带宽后再进入无绝缘层的线芯部分；包缠时，黄蜡带与导线保持约 55°的倾斜角并使得每圈叠压带宽的 1/2；黄蜡带包缠完毕后其末端用纱线绑扎牢固或自身套结扎紧。

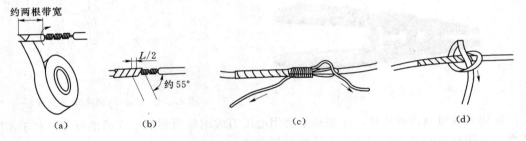

图 4.3.5 绝缘带的包缠方法

在 380V 的线路上恢复绝缘时，需先包缠 1~2 层黄蜡带，然后再包缠一层黑胶带；在 220V 的线路上恢复绝缘时，先包缠一层黄蜡带，然后再包缠一层黑胶带，也可只包缠两层黑胶带。绝缘带层与层间的包缠方向应相反，如图 4.3.6 所示。

图 4.3.6 绝缘带层与层间的包缠方向

4.3.4.1.2 导线连接

1. 铜芯导线的连接方法

（1）单股芯线的直线连接方法：先将两线端 X 形相交，互相绞合 2~3 圈，然后扳直两线端，再将细线圈在线芯上紧贴并绕 6 圈，最后剪去余线并钳平切口毛刺，如图 4.3.7 所示。

（2）单股导线的丁字分支连接方法：先将支线芯线线头（截面积较小）与干线芯线（截面积较大）作十字相交，使支线留出约 3~5mm 根部。当支线截面较小时，将其环绕成结状，再把支线线头抽紧、扳直，然后密缠 6~8 圈，最后剪去多余芯线并钳平切口毛刺，如图 4.3.8 所示。当支线截面较大时，因绕成结后不易平服，可在十字交叉后直接并绕 8 圈。

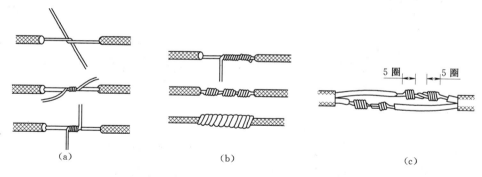

图 4.3.7　单股铜芯导线的直线连接

（a）绞合 2～3 圈；（b）并绕 6 圈；（c）双芯线连接

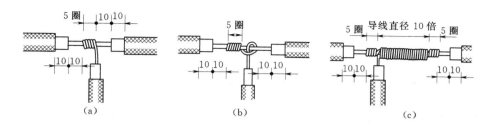

图 4.3.8　单股铜芯导线的分支连接

（a）小截面分线连接；（b）分线打结连接；（c）大截面分线连接

（3）多股铜导线的直线铰接连接。多股铜导线的直线铰接连接如图 4.3.9 所示。先将导线线芯顺次解开，成 30°伞状，用钳子逐根拉直，并剪去中心一股，再将各张开的线端相互交叉插入，根据线径大小，选择合适的缠绕长度，把张开的各线端合拢，取任意两股同时缠绕 5～6 圈后，另换两股缠绕，把原有两股压住或割弃，再缠 5～6 圈后，又取二股缠绕，如此重复。直到缠至导线解开点，剪去余下线芯，并用钳子敲平线头；另一侧亦同样缠绕。

（4）多股铜导线的分支铰接连接。分支连接时，先将分支导线端头松开，拉直擦净分为两股，各曲折 90°，贴在干线下，先取一股，用钳子缠绕 5 圈，余线压在里档或割弃，再调换一根，依此类推，缠至距绝缘层 15mm 时为止；另一侧依法缠绕，不过方向应相

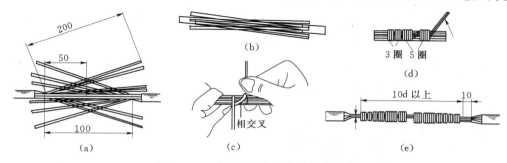

图 4.3.9　多股铜导线的直接铰接连接

（a）步骤一；（b）步骤二；（c）步骤三；（d）步骤四；（e）步骤五

反，如图 4.3.10 所示。

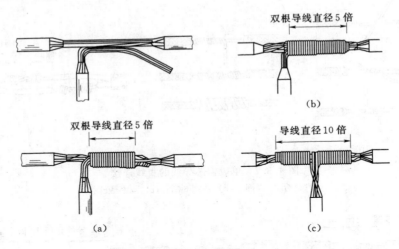

图 4.3.10 多股铜导线的分支铰接连接

(a)、(b)、(c) 分线连接

2. 铝芯导线的连接

因铝极易氧化且氧化铝的电阻率很高，因而铝芯导线常采用与铜芯导线不同的连接方法——压接法。

(1) 螺钉压接法。先用钢丝刷去除氧化层并立即涂上中性凡士林，然后进行螺丝压接，如图 4.3.11 所示。因铝线易断，连接前可将芯线卷 2～3 圈，以免线头断裂后再次连接用。

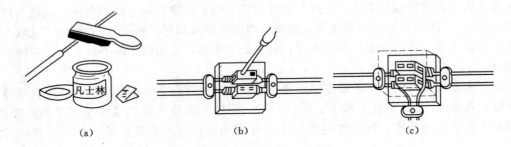

图 4.3.11 铝芯导线的螺钉压接法

(a) 去除氧化层；(b) 直接连接；(c) 字连接

(2) 压接管压接法。先用钢丝刷去除芯线表面和压接管内壁的氧化层并涂上中性凡士林，然后将导线的线端相对穿入压接管并伸出 25～30mm，用压接钳在线端的一侧压接完后再压接另一侧，如图 4.3.12 所示。

4.3.4.2 室内线路配线施工

4.3.4.2.1. 室内配线的原则和要求分析

(1) 所用导线的额定电压应大于线路的工作电压。导线的绝缘应符合线路的安装方式和敷设环境的条件。

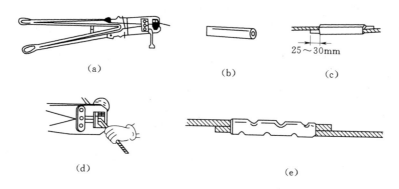

图 4.3.12 铝芯导线的压接管压接法
(a) 手动冷挤压接钳；(b) 压接管；(c) 穿进压接管；(d) 进行压接；(e) 压接后

（2）导线敷设时，应尽量避免接头。若必须接头时，应采用压接或焊接。穿在管内的导线，在任何情况下都不能有接头，必须接头时，可把接头放在接线盒或灯头盒、开关盒内。

（3）各种明配线应垂直和水平敷设，要求横平竖直，导线水平高度距地不应小于 5m；垂直敷设不低于 1.8m，否则应加管、槽保护，以防机械损伤。

（4）导线穿墙时应装过墙管保护，过墙管两端伸出墙面不小于 10mm，当然太长也不美观。

（5）当导线沿墙壁或天花板敷设时，导线与建筑物之间的最小距离：瓷夹板配线不应小于 5mm，瓷瓶配线不小于 10mm。在通过伸缩缝的地方，导线敷设应稍有松弛。对于线管配线应设补偿盒，以适应建筑物的伸缩性。当导线互相交叉时，为避免碰线，应在每根导线上套以塑料管，并将套管固定，避免窜动。

（6）为确保用电安全室内电气管线与其他管道间应保持一定距离，见表 4.3.1。施工中如不能满足表中所列距离时，则应采取如下措施。

表 4.3.1　　　　　　　　　　　　室内配线与管道间最小距离　　　　　　　　　　单位：mm

管道名称		配线方式		
		穿管配线	绝缘导线明配线	裸导线配线
		最小距离		
蒸气管	平行 交叉	1000/500 300	1000/500 300	1500 1500
暖、热水管	平行 交叉	300/200 100	300/200 100	1500 1500
通风、上下水压缩空气管	平行 交叉	200 100	200 100	1500 1500

注 表中分子数字为电气管线敷设在管道上面的距离、分母数字为电气管线在管道下面的距离。

1）电气管线与蒸汽管不能保持表中距离时，可在蒸汽管外包以隔热层，这样平行净距可减到 200mm；交叉距离须考虑施工维修方便，但管线周围温度应经常在 35℃ 以下。

2）电气管线与暖水管不能保持表中距离时，可在暖水管外包隔热层。

3）裸导线应敷设在管道上面，当不能保持表中距离时，可在裸导线外加装保护网或保护罩。

4.3.4.2.2 塑料护套线配线

因塑料护套线具有防潮、耐酸、耐腐蚀及安装方便等优点，因而，塑料护套线配线方式广泛地应用于家庭、办公场所等负荷较小的室内配线中。塑料护套线一般用铝片（俗称钢精轧头，如图 4.3.13 所示）或塑料线卡作为导线的支持物，直接敷设在建筑物的表面上。

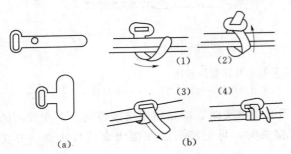

图 4.3.13 铝片及其绑扎
(a) 铝片线卡；(b) 铝片线卡的绑扎操作

1. 塑料护套线配线的步骤

（1）画线定位。先确定线路的走向和电器的安装位置，然后用弹线袋画线，同时每隔 $150\sim300$mm 画出固定线卡的位置。在距开关、插座、灯具等的木台 50mm 处都需设置线卡的固定点。

（2）固定铝片卡或塑料卡。在木质结构或涂灰层的墙上，选择适当的小铁钉或小水泥钉即可将线卡钉牢；在砖墙和混凝土结构上，可用小水泥钉钉牢或用环氧树脂黏接固定，也可用木榫固定。

（3）敷设导线。为使护套线敷设平直，可在直线部分各装一副瓷夹。敷设时，首先把护套线一端固定在瓷夹内，然后勒直并在另一端收紧护套线后固定在另一副瓷夹中，最后把护套线依次夹入线卡中。

2. 注意事项

（1）室内配线时，铜芯线截面不小于 0.5mm^2，铝芯线截面不小于 1.5mm^2；室外配线时，铜芯线截面不小于 1.0mm^2，铝芯线截面不小于 2.5mm^2。

（2）线路上不可直接连接。确需连接，必须通过瓷接头或接线盒或其他电器的接线桩来连接线头。

（3）转弯时，应弯成一定的弧度，不能用力强扭成直角，且转弯前后各用一线卡夹住，如图 4.3.14（a）所示。

（4）进入木台前，应安装一个线卡，如图 4.3.14（b）所示。

（5）尽量避免护套线交叉。确有必要交叉时，应用 4 个线卡夹住，如图 4.3.14（c）所示。

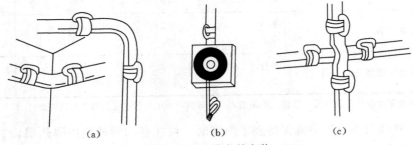

(a)　　　　　　(b)　　　　　　(c)

图 4.3.14 线卡的安装

4.3.4.2.3　线管配线

1. 线管配线的步骤与工艺要求

将绝缘导线穿在管内的敷设方式，称为线管配线。线管配线具有耐潮、耐腐且导线易遭受机械损伤等优点，但安装、维修不便且造价较高，适用于室内外照明和动力线路配线。线管配线有明装和暗转两种。采用明装时，线管沿墙壁或其他支撑物的表面敷设，要求线管横平竖直、整齐美观；采用暗装时，线管埋入地下墙体或吊顶上，要求线管短、弯头少。

（1）线管的选择。通常根据敷设场所选择线管类型，根据导线截面和根数选择线管的直径。在潮湿和有腐蚀性气体的场所，一般采用管壁较厚的镀锌管或高强度的 PVC 线管；在干燥场所，一般采用管壁较薄的 PVC 线管；腐蚀性较大的场所，一般采用硬塑料管。一般要求穿管导线的总截面（含绝缘层）不超过线管内空截面的 40%。

（2）落料。落料前应检查线管质量，如有无裂缝、瘪陷，管内有无杂物等。然后，按两个接线盒之间为一个线段，并考虑弯曲情况，确定线管根数和弯曲部位。

（3）弯管。对于直径在 50mm 以下的管子，通常采用弯管器弯管，如图 4.3.15 所示。①弯管时，为便于线管穿越，管子的弯曲角度一般不应小于 90°，如图 4.3.16 所示。对于管壁较薄直径较大的线管，为避免钢管弯瘪，管内要灌满沙；如采用加热弯曲，还应采用干燥无水分的沙并在两头塞上木塞，如图 4.3.17 所示。②有缝管弯曲时，应将接缝处放在弯曲的侧边，作为中间层，以防焊缝裂开。③硬塑料管弯曲时，先用电炉或喷灯对塑料管加热，然后放在木坯上弯曲成型，如图 4.3.18 所示。

（4）锯管、套丝。按实际长度，锯割所需钢管，并锉去毛刺和锋口。为使线管与线管间、线管与接线盒间进行连接，应在管子端部进行套丝。

图 4.3.15　弯管器弯管

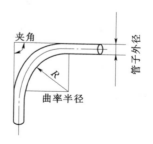

图 4.3.16　线管的弯曲

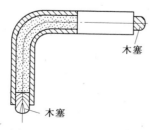

图 4.3.17　钢管灌沙弯曲

图 4.3.18　硬塑料管弯曲

（5）线管连接。钢管与钢管间的连接，最好采用管箍连接，如图4.3.19所示。钢管与接线盒或配电箱间的连接，采用锁紧螺母连接，如图4.3.20所示。硬塑料管的连接，可采用插入法或套接法连接，如图4.3.21所示。

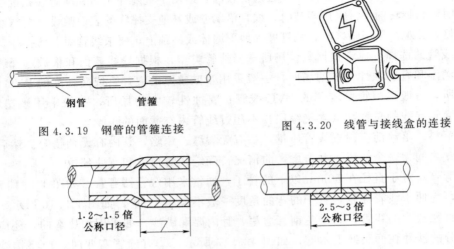

图4.3.19 钢管的管箍连接

图4.3.20 线管与接线盒的连接

图4.3.21 硬塑料管的连接

（6）线管的固定。线管明敷时，应采用管卡固定。线管暗装时，若布在现场浇制的混凝土构件内，可用铁丝将管子绑扎在钢筋上，也可将管子用垫块垫起、铁丝绑定，用钉子将垫块固定在木模上；若布置在砖墙内，一般应在土建砌砖时预埋，否则应先在砖墙上留槽或开槽。对于硬塑料管，由于其膨胀系数较大，因此在敷设时，直线部分每隔30m左右要装设一个温度补偿盒。

（7）线管的接地。线管配线的钢管必须可靠接地。为此，在钢管与钢管、钢管与配电箱及接线盒等连接处，用直径6～10mm圆钢制成的跨接线连接（如图4.3.22所示），并在干线始末两端和分支管上分别与接地体可靠连接。

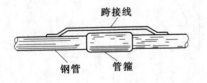
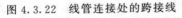

图4.3.22 线管连接处的跨接线

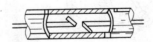

图4.3.23 钢丝引线从管两端穿入

（8）穿线。穿线工作一般在土建工作结束后进行。穿线前，先清扫线管，除去管内杂物和水分。穿线时，可选用直径为1.2mm的钢丝做引线，如若线管较长或弯头较多，将钢丝引线从管子的一端穿入另一端有困难时，可将引线端弯成小钩，从管子的两端同时穿入钢丝引线，如图4.3.23所示。当钢丝引线在管中相遇时，用手转动引线使其钩在一起，然后把引线从一端拉出，即可将导线从另一端牵引入管。导线穿入线管前，两端要做好标记，并按图4.3.24所示方法与钢丝引线缠绕。穿线时，一人将导线理成平行束往线管内送；另一人在另一端缓慢地抽拉钢丝引线，如图4.3.25所示。

图 4.3.24　导线与引线的缠绕

图 4.3.25　导线穿入管内的方法

2. 注意事项

（1）对穿管导线的要求，其额定电压不低于 500V，铜芯线截面积不小于 $1mm^2$，铝芯线截面积不小于 $2.5mm^2$。管里导线一般不超过 10 根。除直流回路导线和接地线外，不得在钢管内穿单根导线。

（2）穿入线管的导线不准有接头；如若导线绝缘损坏，则不准穿入线管，即使绝缘破损后经过包缠恢复。

（3）不同电压或不同电能表的导线不得穿在同一根线管内，但同一台电动机或同一台设备的导线允许穿在同一根线管内。

（4）为便于穿线，当线管较长或转弯较多时，必须加装接线盒。

（5）混凝土内敷设的线管，必须使用壁厚为 3mm 的电线管。当电线管的外径超过混凝土厚度的 1/3 时，不准将电线管埋设在混凝土内，以免影响混凝土的强度。

4.3.4.2.4　金属线槽配线

金属线槽一般由 0.4～1.5mm 的钢板压制而成，为具有槽盖的封闭式金属线槽。金属线槽一般适用于正常环境的室内场所明敷设，同时可暗装于地面内。

1. 金属线槽明敷设

（1）定位。金属线槽安装前，首先根据图纸确定出电源及箱（盒）等电气设备、器具的安装位置，然后用粉袋弹线定位，分匀档距标出线槽支、吊架的固定位置。金属线槽敷设时，吊点及支持点的距离，应根据工程实际情况确定，一般在直线段固定间距不应大于 3m，在线槽的首端、终端、分支、转角、接头及进、出接线盒处应不大于 0.5m。

（2）墙上安装。金属线槽在墙上安装时，可采用 8mm×35mm 半圆头木螺丝配塑料胀管的安装方式。金属线槽在墙上安装如图 4.3.26 所示。

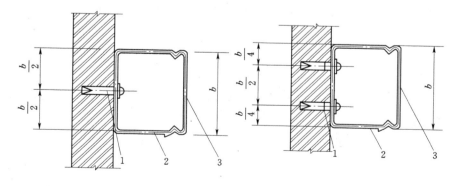

图 4.3.26　金属线槽在墙上安装
1—半圆头木螺丝；2—电线槽；3—盖板

金属线槽在墙上水平架空安装也可使用托臂支撑。金属线槽沿墙在水平支架上安装如图 4.3.27 所示。金属线槽沿墙垂直敷设时，可采用角钢支架或钢支架固定金属线槽，支架的长度应根据金属线槽的宽度和根数而确定。

支架与建筑物的固定应采用 M10×80 的膨胀螺栓紧固，或将角钢支架预埋在墙内，线槽用管卡子固定在支架上。支架固定点间距为 1.5m，底部支架距楼（地）面的距离不应小 0.3m。

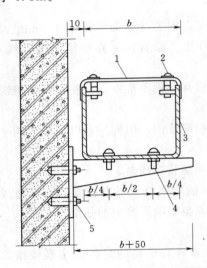

图 4.3.27　金属线槽在水平支架上安装
1—盖板；2、4—螺栓；3—电线槽；
5—膨胀螺栓

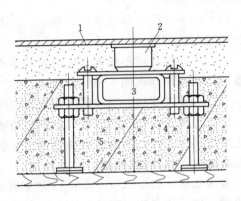

图 4.3.28　现浇楼板内金属线槽安装示意图
1—地面；2—出线口；3—线槽；
4—钢筋混凝土；5—模板

2. 地面内暗装金属线槽敷设

地面内暗装金属线槽由厚度 2mm 的钢板制成，可直接敷设在混凝土地面、现浇混凝土楼板或预制混凝土楼板的垫层内。当暗装在现浇混凝土楼板内，楼板厚度不应小于 200mm；当敷设在楼板垫层内时，垫层的厚度不应小于 70mm。在现浇楼板内的安装如图 4.3.28 所示。

地面内暗装金属线槽，应根据施工图纸中线槽的形式，正确选择单压板或双压板支架，将组合好的线槽与支架，沿线路走向水平放置在地面或楼板的模板上，如图 4.3.29 所示，然后再进行线槽的连接。

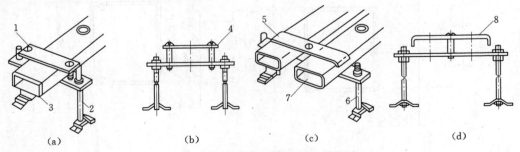

图 4.3.29　地面内线槽支架安装方法
1—单压板；2—卧脚螺栓；3—线槽；4、8—支架压板；5—双压板；6—卧脚螺栓；7—线槽

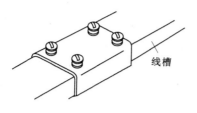

图 4.3.30 线槽连接

地面暗装金属线槽的制造长度一般为 3m，每 0.6m 设一出线口，当需要线槽与线槽相互连接时，应采用线槽连接头进行连接如图 4.3.30 所示。当遇到线路交叉、分支或弯曲转向时，应安装接线盒，如图 4.3.31 所示。

线槽端部与配管连接，应使用线槽与钢管过渡接头，如图 4.3.32 所示。

地面内暗装金属线槽全部组装好后，应进行一次系统调整。调整符合要求后，将各盒盖好或堵严，防止盒内进水泥沙浆，直至配合土建施工结束为止。

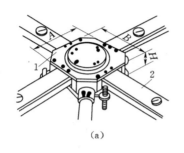

(a)

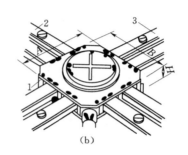

(b)

图 4.3.31 分线盒安装示意图

1—分线盒；2、3—线槽

4.3.4.3 照明装置的安装

1. 照明开关及灯座安装

电灯开关的内部接线桩如图 4.3.33 所示。电灯开关接线时，一个接线桩与电源的相线相连；另一个接至灯座的接线桩。安装拉线开关时，拉线口必须与拉向保持一致，否则容易磨断拉线；安装平开关时，应使操作柄向下时接通电路，扳向上时分断电路。

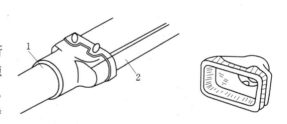

图 4.3.32 线槽与管过渡接头连接

1—钢管；2—线槽

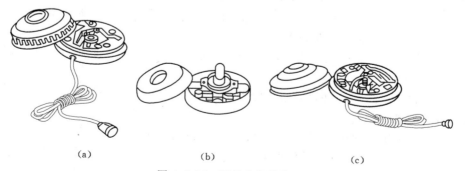

(a)　　　　　　　(b)　　　　　　　(c)

图 4.3.33 开关内部接线桩

(a) 接线式单联开关；(b) 平式单联开关；(c) 接线式双联开关

183

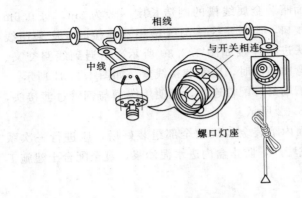

图 4.3.34　螺口灯座的安装

灯座安装应注意，灯座上的两个接线桩，一个与电源的零线相连；另一个与来自开关的相线相连。螺口灯座接线时，零线必须接在连通螺纹圈的接线桩上，来自开关的相线必须接在连通中心簧片的接线桩上，如图 4.3.34 所示。

吊灯灯座必须采用塑料软线（或花线）作为电源的引线；在灯座接线桩的近端和灯座罩盖的近端均应打结，如图 4.3.35 所示。吊灯的挂线盒和平灯座均应安装在木台上。

2. 插座与插头安装

（1）在两眼插座上，左方插孔"N"接线柱接电源的零线，右方插孔"L"接线柱接电源的相线。

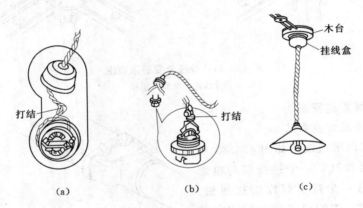

图 4.3.35　螺口灯座的安装

（a）挂线盒安装；（b）灯座安装；（c）装成的吊灯

（2）在三眼插座上，上方插孔旁边"E"接线柱接地线，左方插孔"N"接线柱接电源的零线，右方插孔"L"接线柱接电源的相线。

（3）插座安装的最低高度应在踢脚板的上檐以上，插座面底边与踢脚板的上檐间距不得小于 10mm；插座不能安装在踢脚板下。

（4）一般场合插座最高高度为 1.3～1.4m；幼儿园、小学校等的场合插座安装高度不应低于 1.8m。

（5）同室内要求高度一致的插座高低差不应大于 ±5mm。成排安装的插座不应大于 ±2mm，并列安装的插座应高度一致。

（6）宾馆、公寓、娱乐场所的洗手间、浴洗间的洗手池台面、置物台、化妆台面上的插座，应距台面 150mm 以上，以免水浸受潮。

（7）公寓、宾馆客房、居民住宅应使用安全插座。

（8）潮湿场所应用防潮插座。

（9）插座和照明开关等不应在同一面板上，但是控制插座本身电路的开关除外。

3. 配电箱安装

（1）安装准备：安装配电箱的木砖及铁件等均应预埋，挂式配电箱（盘）应采用膨胀螺栓固定。铁制配电箱均需先刷一遍防锈漆，再刷灰油漆两遍。

（2）弹线定位：根据设计要求找出配电箱（盘）位置，并按照箱（盘）外形尺寸进行弹线定位。配电箱底边距地一般为 1.5m，配电板底边距地不小于 1.8m。在同一建筑物内，同类箱盘高度应一致，允许偏差 10mm。

（3）明装配电箱（盘）的固定：在混凝土墙上固定时，有暗配管及暗装分线盒和明配管两种方式。如有分线盒，先将分线盒内杂物清理干净，然后将导线理顺，分清支路和相序，按支路绑扎成束。待箱（盘）找准位置后，将导线端头引至箱内或盘上，逐个剥削导线端头，再逐个将线头压接在器具的接线桩上。最后，将保护地线压在明显的地方，并将箱（盘）调整平直后用钢架或金属膨胀螺栓固定。如图 4.3.36 所示。

（4）暗装配电箱的固定：在预留孔洞中将箱体找好标高及水平尺寸，稳住箱体后用水泥砂浆填实周边并抹平齐，待水泥砂浆凝固后再安装盘面和贴脸，如箱底与外墙平齐时，应在外墙固定金属网后再做墙面抹灰，不得在箱底板上直接抹灰。安装盘面要求平整，周边间隙均匀对称，贴脸（门）平正，不歪斜，螺栓垂直受力均匀。

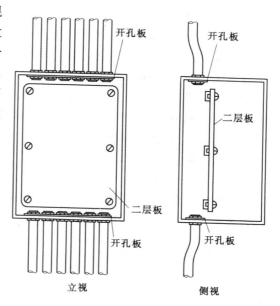

图 4.3.36　配电箱安装

（5）绝缘摇测：配电箱（盘）全部电器安装完毕后，用 500V 兆欧表对线路进行绝缘摇测。摇测项目包括相线与相线之间，相线与零线之间，相线与接地线之间，零线与接地线之间。两人进行摇测，同时做好记录，最后作为技术资料存档。

4.3.4.4　防雷与接地装置安装

4.3.4.4.1　雷电与防雷装置分析

根据雷电造成危害的形式和作用，一般可分为直击雷、感应雷两大类。直击雷是雷云对地面直接放电。感应雷是雷云的二次作用（静电感应和电磁效应）造成的危害。无论是直击雷还是感应雷，都可能演变成雷电的第三种形式—高电位侵入，即很高的电压（可达数十万伏）沿着供电线路和金属管道，高速涌入变电所、建筑物等。

1. 防直击雷

防直击雷的主要措施是装设避雷针、避雷带、避雷网、避雷线。这些设备又称接闪器，即在防雷装置中，用以接受雷云放电的金属导体。

避雷针的作用原理是它能对雷电场产生一个附加电场（这种附加电场是由于雷云对避

雷针产生静电感应引起的），使雷电场发生畸变，将雷云放电的路径，由原来可能从被保护物通过的方向吸引到避雷针本身，由它经引下线和接地体把雷电流泻放到大地中，使被保护物免受直击雷击。所以实质上避雷针是引雷针，它是把雷电流引来入地，从而保护了其他物体免受雷击。

2. 防感应雷

感应雷产生的感应过电压可高达数十万伏。防止静电感应产生的高压，一般是在建筑物内，将金属设备、金属管道、结构钢筋予以接地，使感应电荷迅速入地，避免雷害。根据建筑物的不同屋顶，采取相应的防止静电感应措施，例如金属屋顶，将屋顶妥善接地；对于钢筋混凝土屋顶，将屋面钢筋焊成 6～12m 网格，连成通路，并予以接地；对于非金属屋顶，在屋顶上加装边长 6～12m 金属网格，并予接地。屋顶或屋顶上的金属网格的接地不应少于 2 处，其间距不应大于 18～30m。

防止电磁感应引起的高电压，一般采取以下措施：对于平行金属管道相距不到 100m 时，每 20～30m 用金属线跨接；交叉金属管道不到 100m 时，也用金属线跨接；管道与金属设备或金属结构之间距离小于 100m 时，也用金属线跨接；在管道接头、弯头等连接部位也用金属线跨接，并可靠接地。

3. 防雷电侵入波

由于输电线路上遭受雷击，高压雷电波便沿着输电线侵入变配电所或用户，击毁电气设备或造成人身伤害，这种现象称雷电波侵入。据统计资料，电力系统中由于雷电波侵入而造成的雷害事故占整个雷害事故的近 1/2。因此，对雷电波侵入应予以相当重视，要采取措施，严加防护。避雷器就是防止雷电波侵入，造成雷害事故的重要电气设备。

4.3.4.4.2 防雷装置的安装

1. 避雷针的安装

避雷针通常采用镀锌圆钢或镀锌钢管制成，上部制成针尖形状。所采用的圆钢或钢管的直径不小于下列数值。当针长为 1m 以下时：圆钢为 12mm；钢管为 20mm。当针长为 1～2m 时：圆钢为 16mm，钢管为 25mm。烟囱顶上的避雷针：圆钢为 20mm。

避雷针一般安装在支柱（电杆）上或其他构架、建筑物上。避雷针下端必须可靠地经引下线与接地体连接，可靠接地。装设避雷针的构架上不得架设低压线或通信线。

引下线一般采用圆钢或扁钢，其尺寸不小于下列数值：圆钢直径 8mm；扁钢截面 48mm²，厚度 4mm。所用的圆钢或扁钢均需镀锌。引下线的安装路径应短直，其紧固件及金属支持件均应镀锌。引下线距地面 1.7m 处开始至地下 0.3m 一段应加塑料管或钢管保护。

避雷针及其接地装置不能装设在人、畜经常通行的地方，距道路应 3m 以上，否则要采取保护措施。与其他接地装置和配电装置之间要保持规定距离：地面上不小于 5m，地下不小于 3m。

2. 避雷带、避雷网的安装

避雷带、避雷网普遍用来保护建筑物免受直击雷和感应雷。避雷带是沿建筑物易受雷击部位（如屋脊、屋檐、屋角等处）装设的带形导体。避雷网是将屋面上纵横敷设的避雷带组成的网格，网格大小按有关规范确定，对于防雷等级不同的建筑物，其要求不同。

避雷带一般采用镀锌圆钢或镀锌扁钢制成，其尺寸不小于下列数值：圆钢直径为8mm；扁钢截面积48mm²，厚度4mm。避雷带（网）距屋面一般4mm，支持支架间隔距离一般为1～5m。引下线采用镀锌圆钢或镀锌扁钢。圆钢直径不小于8mm；扁钢截面积不小于48mm²，厚度为4mm。引下线沿建（构）筑物的外墙明敷设，固定于埋设在墙里的支持卡子上。支持卡子的间距为1.5m。也可以暗敷，但引下线截面积应加大。引下线一般不少于2根，对于第三类工业建筑，第二类民用建（构）筑物，引下线的间距一般不大于30m。

采用避雷带时，屋顶上任何一点距离避雷带不应大于10m。当有3m及以上平行避雷带时，每隔30～40m宜将平行的避雷带连接起来。屋顶上装设多支避雷针时，两针间距离不宜大于30m。屋顶上单支避雷针的保护范围可按60°保护角确定。

4.3.4.4.3　接地装置的安装

1. 接地装置的分类分析

接地装置广泛地存在于电气设备、线路和建筑物中，在图4.3.37中，电动机保护接地如图4.3.38（a）所示，避雷针工作接地如图4.3.38（b）所示，避雷线工作接地如图4.3.38（c）所示。

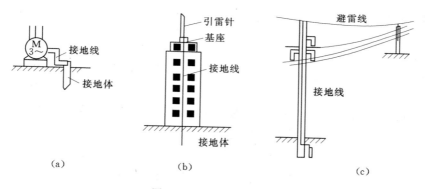

图 4.3.37　接地装置

接地装置由接地体和接地线两部分组成。按接地体的多少，接地装置分为单极接地、多极接地及接地网络等三种形式。

（1）单极接地。由一支接地体构成，接地线一端与接地体相连接；另一端与设备的接地点直接连接，如图4.3.38所示。单极接地适用于接地要求不太高和设备接地点较少的场所。

（2）多极接地。由两支或以上接地体构成，各接地体之间用接地干线连成一体，接地支线一端与接地干线相连接；另一端与设备的接地点直接连接，如图4.3.39所示。多极接地适用于接地要求较高而设备接地点较多的场所。

（3）接地网络。用接地干线将多支接地体相互连接所形成的网络称为接地网络，如图4.3.40所示为接地网络的常见形状。接地网络适用于配电场所及接地点较多、接地要求较高的场所。

接地装置的技术要求主要体现在接地电阻上，原则上是越小越好，但考虑到经济性，以不超过规定值为准。

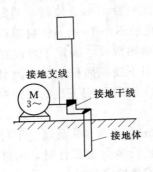

图 4.3.38　单极接地

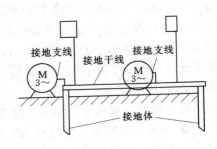

图 4.3.39　多极接地

对接地电阻的要求：避雷针和避雷线单独使用时的接地电阻不应超过 10Ω；配电变压器低压侧中性点接地电阻应在 0.5～10Ω 之间；保护接地的接地电阻应不超过 4Ω；若几个设备共用一个接地装置，接地电阻应以要求最高的为准。

2. 接地装置的安装

接地装置的安装包括接地体的安装和接地线的安装。

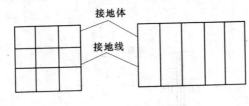

图 4.3.40　接地网络

（1）接地体的安装。接地体一般用结构钢制成，其规格要求是：角钢的厚度不小于 4mm，钢管的壁厚不小于 3.5mm，圆钢的直径不小于 8mm，扁钢的厚度不小于 4mm、截面积不小于 48mm² 。同时，材料不应严重锈蚀，弯曲的材料需校正后才可使用。

接地体的安装方法有垂直安装法和水平安装法。

1）垂直安装法。先制作好接地体。垂直安装时，接地体通常用角钢或钢管制成，一般用 50mm×50mm×5mm 镀锌角钢或 ϕ50mm 镀锌钢管制成。长度一般在 2.5m，其下端加工成尖形。其上端若用螺钉连接，应先钻好螺钉孔，如图 4.3.41 所示。接地体制作好后，采用打桩法将其打入地下，并要求：接地体与地面垂直，不可歪斜打入地面的有效深度不小于 2m；多极接地或接地网的接地体与接地体之间在地面下应保持 2.5m 以上的直线距离。为减小接地电阻，接地体的四周要填土夯实。若土质情况较差，可采取换土、深

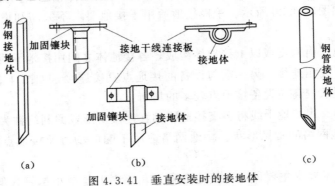

（a）　　　　　　（b）　　　　　　　（c）

图 4.3.41　垂直安装时的接地体

埋（接触地下水）、添加食盐等方法以改善土壤环境。

2）水平安装法。水平安装接地体的方法一般只适用于土层浅薄的地方。此时，接地体常用扁钢或圆制成，一端弯成直角向上，以便于连接；若与接地线采用螺钉连接，则应先钻好螺钉孔；接地体的长度随安装条件和接地装置的结构形状而定。具体安装时，采用挖沟填埋法。接地体应埋入在地面 0.6m 以下的土壤中；若是多极接地或接地网，则接地体间的相隔距离应在 2.5m 以上。

（2）接地线的安装。接地线是指接地干线与接地支线的总称，接地干线是指接地体之间的连接导线，接地支线是接地干线与设备接地点间的连接线。接地线可选用铜芯线或铝芯线，绝缘线或裸线，也可选用扁钢、圆钢或镀锌铁丝绞线，其所选导线的截面积不应低于具体接地装置的有关规定。同时，装于地下的接地线不得采用铝芯线，移动电具的接地支线必须采用铜芯绝缘软线。

4.3.4.5　触电防护和电气安全

在工农业生产和日常生活中，电能被广泛应用，但是，如果使用不当，管理不善，会造成生命危险与财产损失，因此安全用电非常重要。当人身直接或间接接触带电体时，流过人体的电流微小时，对人体不会造成伤害。当流过人体的电流达到一定数值以后，对人体就会造成不同程度的伤害。

当人身接触了电气设备的带电（或漏电）部分，身体承受电压，从而使人体内部流过电流，这种情况称为电击。电流伤害神经系统使心脏和呼吸功能受到障碍，极易导致死亡；只有皮肤表面被电弧烧伤时称为电伤，烧伤面积过大也可能会有生命危险。

在供用电过程中必须特别注意安全用电，无数电气事故告诫人们：人们的思想麻痹大意往往是造成人身触电事故的主要因素。任何电气在确认无电以前应一律认为有电。不要随便接触电器设备，不要盲目信赖开关或控制装置，不要依赖绝缘来防范触电。当电气设备起火时，应立即切断电源，并用干砂覆盖灭火，或者用四氯化碳或二氧化碳灭火器来灭火。绝不能用水或一般酸性泡沫灭火器灭火，否则会有触电危险。

4.3.4.5.1　触电方式分析

按照人体触及带电体的方式和电流通过人体的路径，触电方式有单相触电、两相触电、跨步电压触电以及接触电压触电。常见的触电方式有：

1. 单相触电

人体的某一部分在地面或其他接地导体上；另一部分触及一相带电体的触电事故称单相触电。这时触电的危险程度决定于三相电网的中性点是否接地，一般情况下，接地电网的单相触电比不接地电网的危险性大。

供电网中性点接地时的单相触电如图 4.3.42 所示，此时人体承受电源相电压；供电网无中线或中线不接地时的单相触电如图 4.3.42（b）所示，此时电流通过人体进入大地，再经过其他两相对地电容或绝缘电阻流回电源，当绝缘不良时，也有危险。在工厂和农村，一般有接地系统多为 6～10kV，若在该系统单相触电，由于电压高，因此触电电流大，几乎可致命。

2. 两相触电

人体的不同部分同时分别触及同一电源的任何两相导线称两相触电，这时电流从一根

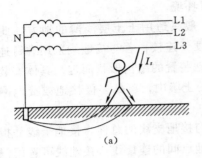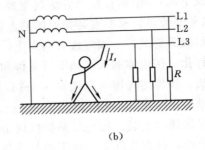

图 4.3.42　单相触电

导线以过人体流至另一根导线，人体承受电源的线电压，这种触电形式比单相触电更危险。如图 4.3.43 所示。

3. 跨步电压触电

当带电体接地有电流流入地下时（如架空导线的一根断落地上时），在地面上以接地点为中心形成不同的电位，人在接地点周围，两脚之间出现的电位差即为跨步电压。线路电压越高，离落地点越近，触电危险性越大。

4. 接触电压触电

人体与电气设备的带电外壳接触而引起的触电称接触电压触电。人体触电及带电体外壳，会产生接触电压触电，人体站立点离接地点越近，接触电压就越小。如图 4.3.44 所示。

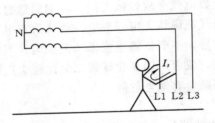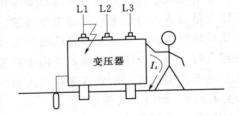

图 4.3.43　两相触电　　　　　　　　图 4.3.44　接触电压触电

4.3.4.5.2　防止触电的保护措施

触电往往很突然，最常见的触电事故是偶然触及带电体或触及正常不带电而意外带电的导体。为了防止触电事故，除思想上重视外，还应健全安全措施。安全措施分为安全技术措施和安全组织措施。

安全技术措施包括停电、验电、装设接地线、悬挂标示牌和装设遮栏等。主要有如下几项。

1. 使用安全电压

在劳动保护措施中规定有安全电压，安全电压是指为了防止触电事故而采用的由特定电源供电的电压。该电压的最大值在任何情况（含故障、空载等情况）下，两导体间或任一导体与大地之间都不得超过交流 $50\sim500\text{Hz}$ 有效值 50V。我国规定的安全电压等级为 42V、36V、24V、12V、6V。当设备采用超过 24V 的安全电压时，必须采取防止直接接触带电体的安全措施。

在实际工作中，安全电压值的选择，应根据设备操作特点及工作环境等因素确定。对于工作环境差、容易造成触电事故的场所，安全电压值应低一些。

安全电压的供电电源，通常采用安全隔离变压器。必须强调指出，千万不能用自耦变压器作为安全电源。这是因为它的一、二次绕组之间不但有磁的关系，而且有电的直接联系。

2. 保护接地

保护接地就是在 1kV 以下变压器中性点（或一相）不直接接地的电网中，电气设备的金属外壳和接地装置良好联结。当电气设备绝缘损坏，人体触及带电外壳时，由于采用了保护接地，人体电阻和接地电阻并联，人体电阻远远大于接地电阻。故流经人体的电流远远小于流经接地体电阻的电流，并在安全范围内，这样就起到了保护人身安全的作用。如图 4.3.45 所示。

3. 保护接零

保护接零就是在 1kV 以下变压器中性点直接接地的电网中，电气设备金属外壳与零线作可靠联结。低压系统电气设备采用保护接零后，如有电气设备发生单相碰壳故障时，形成一个单相短路回路。由于短路电流极大，使熔丝快速熔断，保护装置动作，从而迅速地切断了电源，防止了触电事故的发生。如图 4.3.46 所示。

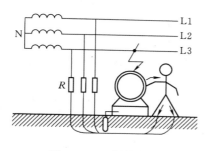

图 4.3.45 保护接地

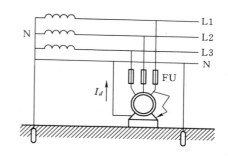

图 4.3.46 保护接零

仅采用保护接零时要注意以下几项：

1）同一台变压器供电系统的电气设备不允许一部分采用保护接地；另一部分采用保护接零。

2）保护零线上不准装设熔断器。

3）保护接地或接零线不得串联。

4）在保护接零方式中，将零线的多处通过接地装置与大地再次连接，称为重复接地。保护接零回路的重复接地是保证接地系统可靠运行，可防止零线断线失去保护作用。

4. 使用漏电保护装置

漏电保护装置按控制原理可分为电压动作型、电流动作型、交流脉冲型和直流型等几种。其中，电流动作型的保护性能最好，应用最为普遍。

电流动作型漏电保护装置是由测量元件、放大元件、执行元件和检测元件组成，如图 4.3.47 所示。

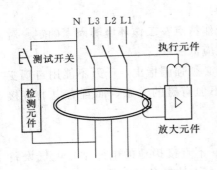

图 4.3.47 电流动作型漏电保护装置

测量元件是一个高导磁电流互感器，相线和零线从中穿过，当电源供出的电流负载使用后又回到电源，互感器铁心中合成磁场为零，说明无漏电现象，执行机构不动作；当合成磁场不为零时，表明有漏现象，执行机构快速动作，切断电源时间一般为 0.1s，保证安全。

在家庭中，漏电保护器一般接在单相电能表和断路器胶盖闸刀后，是安全用电的重要保障。

5. 静电防护

工农业生产中产生静电的情况很多，例如：皮带运输机运行时，皮带轮摩擦起电；物料粉碎、碾压、搅拌、挤出等加工过程中的摩擦起电；在金属管道中输送液体或用气流输送粉体物料等产生静电。

静电的危害主要是由于静电放电引起周围易燃易爆的液体、气体或粉尘起火乃至爆炸，还可能使人遭受电击。消除静电的最基本方法是接地。把物料加工、贮存和运输等设备及管道的金属体统用导线连接起来并接地。接地电阻值不要求如供电线路中保护接地样小，但要牢靠，并可与其他的接地采用池漏法和静电法使静电消散或消除。

6. 防火与防爆

电气设备的绝缘材料（包括绝缘油）多数是可燃物质。材料老化，渗入杂质因而失去绝缘性能时可能引起火花、电弧；过载、短路的保护电器失灵使电气设备过热；绝缘线端子螺丝松懈，使接触电阻增大而过热等，都可能使绝缘材料燃烧起来并波及周围可燃物而酿成火灾。应严格遵守安全操作规程，经常检查电气设备运行情况（特别要注意升温和异味）、定期检修，防止发生此类事故。

空气中所含可燃固体粉尘（如煤粉、鞭炮火药粉）和可燃气体达到一定程度时，遇到电火花、电弧或其他明火就会发生爆炸燃烧。在这类场合应选用防爆型的开关、变压器、电动机等电气设备。

4.3.4.6 有线电视系统安装

有线电视系统的安装主要包括天线安装、系统前端放大设备安装、线路敷设和系统防雷接地等。系统的安装质量对保证系统安全正常的运行起着决定性的作用。因此，系统安装必须认真筹划、充分准备、合理安排。

1. 施工准备

施工单位必须执有系统安装施工的施工执照。工程设计文件和施工图纸齐全，并经会审批准。施工人员应全面熟悉有关图纸和了解工程特点、施工方案、工艺要求、施工质量标准等。在施工之前应做好充分的施工准备工作，其中包括：施工所需设备、器材准备齐全；预埋线管、支撑件及预留孔洞、沟、槽、基础等应符合设计要求；施工区域内应具备顺畅施工的条件等。

2. 接收天线的安装

接收天线应按设计要求组装，并应平直牢固。天线竖杆基座应按设计要求安装，可用场强仪收测和用电视接收机收看，确定天线的最优方位后，再将天线固定。

天线应根据生产厂家的安装说明书，在地面组装好后，再安装于竖杆合适位置上。天线与地面应平行安装，其馈电端与阻抗匹配器、馈线电缆、天线放大器的连接应正确、牢固、接触良好。

3. 前端设备安装

前端的设备，如频道放大器、衰减器、混合器、宽带放大器、电源和分配器等，多集中布置在一个铁箱内，俗称前端箱。前端箱一般分箱式、台式、柜式 3 种。箱式前端宜挂墙安装，明装于前置间内时，箱底距地 1.2m，暗装时为 1.2～1.5m，明装于走道等处时，箱底距地 1.5m，暗装时为 1.6m，安装方法如图 4.3.48 所示。

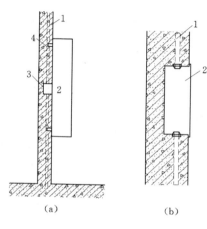

图 4.3.48　前端箱的安装方法
(a) 明装；(b) 暗装
1—钢管；2—前端箱；3—膨胀螺栓；
4—接线盒

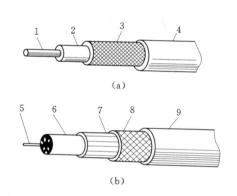

图 4.3.49　同轴电缆结构
(a) 泡沫状电缆；(b) 耦芯状电缆
1—内导体；2—绝缘介质；3—外导体；4—外导体；
5—内导体铜芯；6—高频塑料；7—铝箔层；
8—铜网层；9—塑料护套

台式前端可以安装在前置间内的操作台桌面上，其高度不宜小于 0.8m，且应牢固。柜式前端宜落地安装在混凝土基础上面，如同落地式动力配电箱的安装。

箱内接线应正确、牢固、整齐、美观，并应留有适当裕度，但不应有接头，箱内各设备间的连接及设备的进出线均应采用插头连接。分配器、分支器、干线放大器分明装和暗装两种方法。明装是与线路明敷设相配套的安装方式，多用于已有建筑物的补装，其安装方法是根据部件安装孔的尺寸在墙上钻孔，埋设塑料胀管，再用木螺丝固定。安装位置应注意防止雨淋。电缆与分支器、干线放大器、分配器的连接一般采用插头连接，且连接应紧密牢固。新建建筑物的 CATV 系统，其线路多采用暗敷设，分配器、分支器、干线放大器亦应暗装。即将分配器、分支器、干线放大器安装在预埋在建筑物墙体内的特制木箱或铁箱内。

4. 传输线路安装

在 CATV 系统中常用的传输线是同轴电缆，如图 4.3.49 所示。同轴电缆的敷设分为明敷设和暗敷设两种。其敷设方法可参照现行电气装置安装工程施工及验收规范进行，并应完全符合《有线电视系统工程技术规范》（GBJ 50200—94）的要求。当支线或用户线采用自承式同轴电缆时，电缆的受力应在自承线上。用户线进入房屋内可穿管暗敷，也可用卡子明敷在室内墙壁上，或布放在吊顶上。无论采用何种方式，都应做到牢固、安全、美观。走线应注意横平竖直。

为了加长电缆，一般采用中间接头。中间接头是一个两端带螺纹的金属杆，使用时把铜线芯插入，再把 F 头拧上即可。

5. 用户盒安装

用户盒分明装和暗装。明装用户盒可直接用塑料胀管和木螺丝固定在墙上。暗装用户盒应在土建施工时就将盒及电缆保护管埋入墙内，盒口应和墙面保持平齐，待粉刷完墙壁后再穿电缆，进行接线和安装盒体面板，面板可略高出墙面。用户盒距地高度：宾馆、饭店和客房一般为 0.2～0.3m；住宅一般为 1.2～1.5m，或与电源插座等高，但彼此应相距 50～100mm。接收机和用户盒的连接应采用阻抗为 75Ω、屏蔽系数高的同轴电缆，长度不宜超过 3m。

用户盒分两种：一种是用户终端盒；另一种是串接单元盒。用户终端盒上只有一个进线口，一个用户插座。用户插座有时是两个插口，其中一个输出电视信号，接用户电视机；另一个是 FM 接口，用来接调频收音机。用户终端盒要与分支器和分配器配合使用。

串接单元盒是一分支器与插座的组合。这种盒有一个进线口和一个出线口，进线从上一用户来，出线到下一用户去。由于这种器件安装在用户室内，上下用户相互影响，不便于维修，现已不再使用。由于这种盒上带有分支器，因此有分支衰减，可以根据线路信号情况选用不同衰减量的盒。

6. 用户终端安装

在 CATV 系统中，电缆与各种设备器件要连接，与电视设备要连接，导线间有时也要连接，这些连接不能按电力导线的接线方法进行，而要使用专门的连接件。

(1) 工程用高频插头。与各种设备连接的插头，称为工程用高频插头，平时称为 F 头。实际上，这种插头是一个连接紧固螺母。使用时先将电缆芯线插入高频插座，再将插头拧在高频插座上，使导线不会松脱，另外，插头还起连接外层金属网的作用。

安装时，将电缆外护套割去 13mm，铜网、铝膜割去 12mm，将内绝缘层割去 9mm，露出 9mm 芯线；将卡环套到电缆上，把电缆头插入 F 头中，F 头的后部要插在铜网里，铜网与 F 头紧密接触，注意不要把铜网顶到护套里面去，一定要让铜网包在 F 头外；插紧后，把卡环套在 F 头后部的电缆外护套上并用钳子夹紧，以不能把 F 头拉下为好。高频插头与电缆的连接方法如图 4.3.50 所示。铜网与 F 头接触不良，会影响低频道电视节目收看的效果。如果电缆较粗，在插头组件上有一根转换插针，把粗线芯变细以便与设备连接，如图 4.3.50（b）所示。

(2) 与电视机连接用插头。接电视机的插头有两类，一类是 300Ω/75Ω 插头，用来与扁馈线连接，变换阻抗后接到电视机上。一般彩色电视机上都随机带有此类插头，但这种插头不能用于 MATV 系统；另一类是 75Ω 插头，可以用于 MATV 系统。使用时将电缆护套剥去 10mm，留下铜网，去掉铝膜，再剥去约 8mm 内绝缘层，把铜芯插入插头芯并用螺钉压紧，把铜网接在插头外套金属筒上，一定要接触良好，如图 4.3.51 所示。

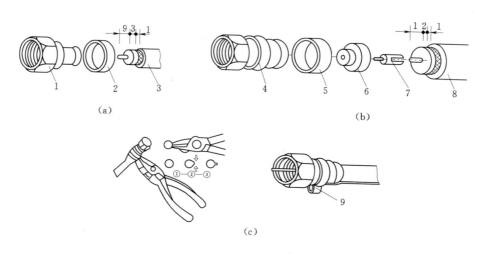

图 4.3.50 高频插头与电缆的连接方法

（a）不带插针高频插头及安装；（b）带插针高频插头及安装；（c）轧头及紧固

1—高频插头；2—轧头；3—电缆；4—高频插头；5—轧头；6—绝缘子；

7—插针；8—电缆；9—高频插头和电缆紧固轧头

4.3.4.7 火灾自动报警系统的安装

火灾自动报警系统用以监视建筑物现场的火情，当存在火患开始冒烟而还未出现明火之前，或者是已经起火但还未成灾之前发出火情信号，以通知消防控制中心及时处理并自动执行消防前期准备工作。火灾自动报警系统由火灾探测器、区域报警器、集中报警器、电源、导线等组成。

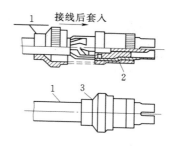

图 4.3.51 与电视机连接用插头

1—电缆；2—锡焊；3—压紧套

1. 火灾探测器安装

（1）探测器的接线方式。探测器的接线端子数是由探测器的具体电子电路决定的，有两端、三端、四端或五端的，出厂时都已经设置好。一般就功能来说，有几个出线端：①电源正极，记为"＋"端，＋24V（或＋18V）；②电源负极或接地（零）线，记为"－"端；③火灾信号线，记为"X"（或"S"）端；④检查线，用以确定探测器与报警装置（或控制台）间是否断线的检查线，记为"J"端，一般有检入线 J_R 和检出线 J_c 之分。

探测器的接线端子一般以三端子和五端子为最多，如图 4.3.52 所示。但并非每个端子一定要有进出线相连接，工程中通常采用 3 种接线方式，即两线制、三线制、四线制。分别如图 4.3.53～图 4.3.55 所示。

（2）探测器的安装。火灾探测器要安装在底座上，如图 4.3.56 所示。接线在底座上完成，探测器与底座用簧片接触。一般随使用场所不同，在安装方式上主要有嵌入式和露出式两种。为了方便用户辨认探测器是否动作，探测器有带（动作）确认灯和不带确认灯之分。探测器的确认灯，应面向便于人员观察的主要入口方向。

图 4.3.52　探测器出线端示意图

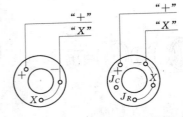

图 4.3.53　探测器两线制出线形式

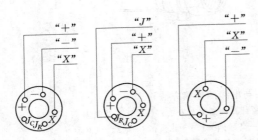

图 4.3.54　探测器三线制出线形式

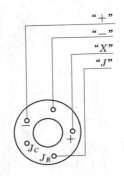

图 4.3.55　探测器四线制出线形式

图 4.3.56　火灾探测器
安装示意图

探测器安装前应进行下列检验：

1）探测器的型号、规格是否与设计相符合。

2）改变或代用探测器是否具备审查手续和依据。

3）探测器的接线方式、采用线制、电源电压同设计选型设备，施工线路敷线是否相符合，配套使用是否吻合。

4）探测器的出厂时间、购置到货的库存时间是否超过规定期限。对于保管条件良好，在出厂保修期内的探测器可采取 5% 的抽样检查试验。对于保管条件较差和已经过期的探测器必须逐个进行模拟试验检查，不合格者不得使用。

探测器安装一般应在穿线完毕，线路检验合格之后，即将调试时进行。探测器安装应先进行底座安装，安装时，要按照施工图选定的位置，现场定位画线。在吊顶上安装时，要注意纵横成排对称，内部接线紧密，固定牢固美观。并应注意参考探测器的安装高度限制及其保护半径。

探测器的安装高度是指探测器安装位置（点）距该保护区域地面的高度。为了保证探测器在监测中的可靠性，不同类型的探测器其安装高度都有一定的范围限制，见表 4.3.2。探测器的保护面积主要受火灾类型、建筑结构特点及环境条件等因素影响，见表 4.3.3。

（3）探测器安装注意事项：

1）当探测器安装于探测区域不同坡度的顶棚上时，随着顶棚坡度的增大，烟雾沿斜顶向屋脊聚集，使得安装在屋脊（或靠近屋脊）的探测器感受烟或感受热气流的机会增加，因此，探测器的保护半径也相应的加大。

2）当探测器监测的地面面积大于 80m² 时，安装在其顶棚上的感烟探测器受其他环境

表 4.3.2　　　　　　　　　　　　安装高度与探测器种类的关系

安装高度 H（m）	感烟探测器	感温探测器			感光探测器
		一级	二级	三级	
12＜H≤20	不适合	不适合	不适合	不适合	适合
8＜H≤12	适合	不适合	不适合	不适合	适合
6＜H≤8	适合	适合	不适合	不适合	适合
4＜H≤6	适合	适合	适合	不适合	适合
H≤4	适合	适合	适合	适合	适合

表 4.3.3　　　　　　　　　　　探测器的保护面积 A 和保护半径 R

火灾探测器种类	地面面积（m²）	安装高度 H	探测器的保护面积 A 和保护半径 R					
			θ≤15°		15°＜θ≤30°		θ＞30°	
			A(m²)	R(m)	A(m²)	R(m)	A(m²)	R(m)
感烟探测器	S≤80	H≤12	80	6.7	80	7.2	80	8.0
	S＞80	6＜H≤12	80	6.8	100	8.0	120	9.9
		H≤6	60	5.8	80	7.2	100	9.0
感温探测器	S≤30	H≤8	30	4.4	30	4.9	30	5.5
	S＞30	H≤8	20	3.6	30	4.9	40	6.3

条件的影响较小。房间越高，火源与顶棚之间的距离越大，则烟均匀扩散的区域越大。因此，随着房间高度的增加，探测器保护的地面面积也增大。

3）随着房间顶棚高度的增加，能使感温探测器动作的火灾规模明显增大。因此，感温探测器须按不同的顶棚高度选用不同灵敏度的等级。较灵敏的探测器，宜使用于较大的顶棚高度上。

4）感烟探测器对各种不同类型的火灾，其敏感程度有所不同。因而难以规定感烟探测器灵敏度等级与房间高度的对应关系。但考虑到火灾初期房间越高，烟雾越稀薄的情况，当房间高度增加时，可将探测器的感烟灵敏度等级调高。

探测区域内的每个房间应至少设置一只探测器，探测器安装应符合下列要求。

1）探测器距墙壁或梁边的水平距离应大于 0.5m，且在探测器周围 0.5m 内不应有遮挡物。

2）在有空调的房间内，探测器要安装在距空调送风口 1.5m 以外的地方，并宜接近回风口安装。探测器至多孔送风顶棚孔口的水平距离，不应小于 0.5m。

3）在室内梁上设置可燃气体探测器时，探测器与顶棚距离应在 0.3m 以内，如图 4.3.57 所示。

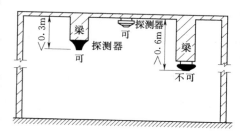

图 4.3.57　探测器的距顶高度

4）当房屋顶部有热屏障时，感烟探测器下表面至顶棚的距离应当符合表 4.3.4 的规定。

5）探测器宜水平安装，如必须倾斜安装时，其安装倾斜角 α 不应大于 45°，否则应加装平台安装探测器，如图 4.3.58 所示。所谓"安装倾斜角"是指探测器安装面的法线与房间铅垂线间的夹角。显然，安装倾斜角 α 等于屋顶坡度 θ。

表 4.3.4　　　　　感烟探测器下表面距顶棚的距离

探测器安装高度	感烟探测器下表面距顶棚的距离					
	顶棚坡度 θ					
	$\theta \leqslant 15°$		$15° < \theta \leqslant 30°$		$\theta > 30°$	
	最小	最大	最小	最大	最小	最大
$H \leqslant 6$	30	200	200	300	300	500
$6 < H \leqslant 8$	70	250	250	400	400	600
$8 < H \leqslant 10$	100	300	300	500	500	700
$10 < H \leqslant 12$	150	350	350	600	600	800

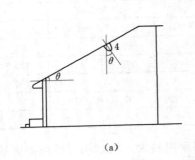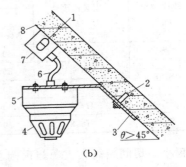

图 4.3.58　探测器在倾斜面上的安装

(a) $\theta \leqslant 45°$；(b) $\theta > 45°$

1—电线管；2—膨胀螺栓；3—扁铁制作支架；4—探测器；5—配套明盒；
6—金属软管；7—接线盒；8—倾斜屋顶板

6）在宽度小于 3m 的内走廊顶棚安装探测器时，宜居中布置。感温探测器的安装间距不应超过 10m，感烟探测器的安装间距不应超过 15m。探测器至端墙的距离不应大于探测器安装间距的 1/2。

7）探测器的底座应固定牢靠。底座的外接导线，应留有不小于 150mm 的余量，入端处应有明显标志。探测器的"＋"线应为红色，"－"线应为蓝色，其余线应根据不同用途采用其他颜色区分。但同一工程中相同用途的导线颜色应一致。导线的连接必须可靠压接或焊接。当采用焊接时，不得使用带腐蚀性的助焊剂。探测器底座的穿线孔宜封堵，安装完毕后的探测器底座应采取保护措施。

2. 手动报警按钮安装

每个防火分区（1000m² 左右），至少应设置一个手动报警按钮，有的按钮上带有消防电话插口。手动报警按钮如图 4.3.59 所示，其安装方法如图 4.3.60 所示。

手动报警按钮应安装在下列部位：

(1) 大厅、过厅、主要公共活动场所的出入口。

(2) 餐厅、多功能厅等处的主要出入口。

(3) 主要通道等经常有人通过的地方。

(4) 各楼层的电梯间、电梯前室。

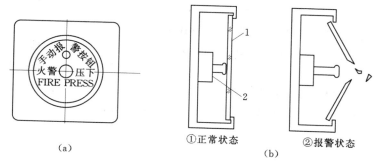

图 4.3.59 手动报警按钮
(a) 外形；(b) 工作状态
1—玻璃；2—按钮

手动报警按钮的安装位置，应满足在一个防火分区内的任何位置到最邻近的一个手动火灾报警按钮的步行距离不大于 30m，安装高度为 1.5m。手动火灾报警按钮的外接导线，应留有不小于 100mm 的余量，且在其端部应有明显的标志。

3. 控制（接口）模块的安装

在火灾报警与联动灭火系统中有各种类型的输入、输出控制模块和信号模块。较分散的控制模块和信号模块可以直接安装在被控器件或各种开关附近的接线盒内，如图 4.3.61 所示。

控制模块的作用是控制各种联动设备的启闭。例如水泵、防火门、通风道、警铃、广播喇叭等。使用这些控制模块的目的，是利用模块的编码功能，通过总线制接线，对设备进行控制，减少系统接线。这些模块也要占用报警器的输出端口，在与配用编码底座的探测器相同。

信号模块的作用，是把各种开关的动作信号反馈到报警器，在报警器上显示该开关设备的位置，从而确定火场的位置。

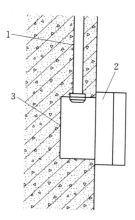

图 4.3.60 手动报警
按钮安装
1—钢管；2—报警按钮；
3—接线盒

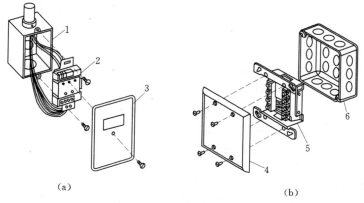

图 4.3.61 模块安装方法
（a）方式一；（b）方式二
1—接线盒；2—模块；3、4—盖板；5—台式火灾报警控制器；6—接线盒

4. 火灾报警控制器安装

区域报警控制器和集中报警控制器分为台式、壁挂式和落地式 3 种。台式报警器设于桌上，它须配用嵌入式线路端子箱，装于报警器桌旁墙壁上，所有探测器线路均先集中于端子箱内，经端子后编成线束，再引至台式报警器。壁挂式报警器明装于墙壁上或嵌入墙内暗设，安装方法和照明配电箱安装类似，如图 4.3.62 所示，墙壁内需设分线箱，所有探测线路汇集于箱内再引出至报警器下部的端子排上。落地式报警器的安装方法与配电屏的安装相同，如图 4.3.63 所示，通过墙壁上的分线箱将所有探测器线路连接在它的端子排上。

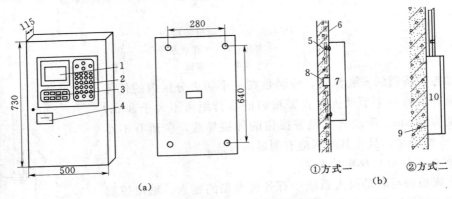

图 4.3.62　壁挂式火灾报警控制器

(a) 规格尺寸；(b) 安装方法

1—中文显示；2—功能键；3—状态显示；4—打印机；5—膨胀螺栓；6—钢管；7—控制器；8—接线盒

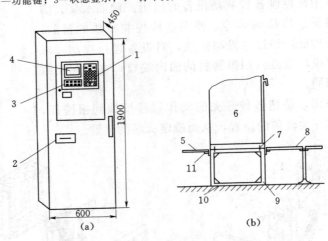

图 4.3.63　落地式火灾报警控制器

(a) 外形规格尺寸；(b) 落地式火灾报警控制器在活动地板上的安装
1—功能键；2—打印机；3—状态显示；4—中文显示；5、8—盖板；
6—报警器；7、10—螺栓；9—金属框架；11—角钢

火灾报警控制器安装，一般应满足下列要求。

（1）火灾报警控制器宜安装在专用房间或楼层值班室，也可设在经常有人值班的房间或场所，如确因建筑面积限制而不可能时，也可在过厅、门厅、走道的墙上进行安装，但安装位置应能确保设备的安全。

（2）火灾报警控制器安装在墙上时，其底边距地面一般不应小于 1.5m，距门、窗、柜边的距离不应小于 250mm；控制器安装应横平竖直，固定牢固。安装在轻质墙上时，应采取加固措施。落地安装时，其底应高出地坪 100～200mm。

（3）引入火灾报警控制器的电缆或导线，应符合以下要求：配线应整齐，避免交叉，并应固定牢靠；电缆芯线和所配导线的端部，均应标明编号，并与图纸一致，字迹清晰不易退色；端子板的每个接线端上，接线不得超过 2 根；电缆芯和导线，应留有不小于 200mm 的余量；导线应绑扎成束；导线引入线进线管处应封堵。

（4）控制器的主电源引入线，应直接与消防电源连接，严禁使用电源插头。主电源应有明显标志。

（5）控制器的接地应牢固，并有明显的标志。

5. 自动报警系统调试

火灾自动报警系统的调试应在建筑物内部装修和系统施工结束后进行。

火灾自动报警系统调试，应先分别对探测器、区域报警控制器、集中报警控制器、火灾警报装置和消防控制设备等逐个进行单机通电检查，正常后方可进行系统调试。

调试前要按设计要求查验设备的规格、型号、数量；检查系统线路通畅情况，对于错线、开路、短路以及虚焊应及时纠正处理。应具有竣工图，设计变更记录，绝缘电阻、接地电阻以及隐蔽工程的验收记录。

调试包括下列内容：

（1）检查火灾自动报警系统的主电源和备用电源，应能自动转换，并有工作指示，主电源的容量应能保证所有联动控制设备在最大负荷下连续工作 4h 以上。

（2）检查火灾自动报警控制器的下列功能：

1）火灾报警自检功能；消声、复位功能。

2）故障报警功能、火灾优先功能、报警记忆功能。

3）主、备电源自动切换功能和备用电源的自动充电功能，在备用电源连续充放电 3 次后，主电源和备用电源应能自动转换；备用电源的欠压和过压报警功能。

（3）采用专用设备对探测器逐个进行试验，动作应准确无误；编码与图纸相符，手动报警按钮动作符合图纸要求，编码无误。

（4）消防控制设备联动调试：

1）控制消防泵的启、停及主泵、备泵转换试验 1～3 次，并能显示工作及故障状态。

2）控制喷淋泵的启、停及主泵、备泵转换试验 1～3 次，并能显示工作及故障状态。显示报警阀、信号闸阀及水流指示器的工作状态，并进行末端放水试验。

3）对泡沫及干粉系统应能控制系统的启、停 1～3 次及显示工作状态。

4）对有管网的卤代烷、二氧化碳系统应能紧急启动及切断试验 1～3 次，经延时后与其联动的关闭防火阀、防火门窗，停止空调机及落下防火幕等动作试验 1～3 次。

5）消防联动控制设备在接到火灾报警信号后，应在 3s 内发出联动控制信号，并按有关逻辑关系试验其他功能。

（5）火灾自动报警及联动系统应在调试后连续运行 120h 无故障后，按规范要求填写调试报告，申请交工验收。

4.3.4.8 电气安装工程质量评定和竣工验收

4.3.4.8.1 电气安装工程质量评定

1. 检验评定的目的和作用

安装工程的评定，是以国家技术标准作为统一尺度来评价工程质量的。正确进行质量评定，可以促使企业保证和提高工程质量。

2. 电气安装工程质量检验

电气安装工程的质量检验，是按分部、分项电气工程（如裸母线的架设、配电装置安装等）的安装质量进行检验。检验其是否按照规范、规程或标准施工，能否达到安全用电要求，电气性能是否符合要求等。

质量检验的程序是：先分项工程，再分部工程，最后是单位工程。检验的形式：

1）自检。由安装班组自行检查安装方式是否与图纸相符，安装质量是否达到电气规范要求，对于不需要进行试验的电气装置，要由安装人员测试线路的绝缘性能和进行通电检查。

2）互检。由施工技术人员进行检查或班组之间相互检查。

3）初次送电前的检查。在系统各项电气性能全部符合要求，安全措施齐全，各用电装置处于断开状态的情况下，进行该项检查。

4）试运前的检查。电气设备经过试验达到交接试验标准，有关的工艺机械设备均正常的情况下，再进行系统性检查。合格后才能按系统逐项进行初送电和试运转。

3. 工程质量评定

（1）人员组成。工程质量评定需设立专门管理系统，由专职质量检查人员全面负责质量的监督、检查和组织评定工作。施工单位的主管领导，主管技术的工程师、施工技术人员（长工）及班组质量检查人员参加。

（2）检验方法：

1）直观检查。用简单工具，如线坠、直尺、水平尺、钢卷尺、塞尺、力矩扳手、扳手、试电笔等进行实测及用眼看、手摸、耳听等方法进行检查。一般电气管线、配电柜、箱的垂直度和水平度，母线的连接状态等项目，通常采用这种检查方式。

2）仪器测试。使用专用的测试设备、仪器进行检查。线路绝缘检查、接地电阻测定、电气设备耐压试验、硬母线焊接缝抗拉强度试验等，均采用这种检验方式。

3）工程质量等级评定。工程质量评定的等级标准，划分为"合格"与"优良"两个等级。在质量评定表中，合格用 O 表示，优良用 √ 表示。

分项工程质量合格的条件是：

a）保证项目必须符合相应质量检验评定标准的规定。

b）基本项目的抽检处（件）应符合相应质量检验评定标准的合格规定。

c）在允许偏差项目抽检的点数中，有80%及以上的实测应在相应质量检验评定标准的允许偏差范围内。

分项工程质量优良的条件是：

a）保证项目必须符合相应质量检验评定标准的规定。

b）基本项目每项抽检处（件）应符合相应质量检验评定标准的合格规定；其中有50%及其以上的处（件）符合优良规定，该项即为优良。优良项数应占检验项数的50%及以上。

c) 允许偏差项目抽检的点数中，有 90% 及其以上的实测应在相应质量检验评定标准的允许偏差范围内。

4.3.4.8.2　电气安装工程的竣工验收

电气安装工程验收是检验评定工程质量的重要环节，是施工的最后阶段，是必须履行的法定手续。

1. 工程验收的依据

（1）甲乙双方签订的工程合同。

（2）国家现行的施工验收规范。

（3）上级主管部门的有关文件。

（4）施工图纸、设计文件、设备技术说明及产品合格证。

（5）对从国外引进的新技术或成套设备项目，还应按照签订的合同和国外提供的设计文件等资料进行验收。

2. 须验收的工程应达到的标准

（1）设备调试、试运转达到设计要求，运转正常。

（2）施工现场清理完毕。

（3）工程项目按合同和设计图纸要求全部施工完毕，达到国家规定的质量标准。

（4）交工时所需资料齐全。

3. 验收检查内容

（1）交工工程项目一览表。

（2）图纸会审记录。

（3）质量检查记录。

（4）材料、设备的合格证。

（5）施工单位提出的有关电气设备使用注意事项文件。

（6）工程结算资料，文件和签证单。

（7）交（竣）工工程验收证明书。

（8）根据质量检验评定标准要求，进行质量等级评定。

复习思考题

1. 什么是电力系统和电力网？它们的作用是什么？

2. 电力负荷如何根据用电性质进行分级？

3. 低压配电系统的配电方式有哪些？各有什么特点？

4. 低压配电系统接地的形式有几种？如何选择？

5. 导线的种类有哪些？如何进行选择？

6. 简述建筑电气工程施工图的种类和组成。如何识读？

7. 常用的火灾探测器有哪几种类型？各有什么特点？

8. 室内照明系统布线方式有哪几种？

9. 触电的方式有哪些？防止触电的安全措施有哪些？

学习情境5　建筑小区管网系统施工与组织

学习单元5.1　建筑小区管网系统分析

5.1.1　学习目标

通过本单元的学习，能够分析小区给排水系统组成及方式；能够选用室外给排水管材及管件；能够分析给排水管道附属构筑物特点及构成。

5.1.2　学习任务

本学习单元以小区管网系统（见附录5）为例，对小区管网系统进行分析。具体学习任务有小区给水系统分析、小区排水系统分析、小区供热系统分析。主要分析管网的组成，选择所用材料、附件及附属构筑物。

5.1.3　任务分析

建筑小区给水系统的任务是把符合用水水质要求的水输送到小区各建筑用水器具（或设备）及小区需要用水的公共设施处，满足它们对水量、水压的要求，同时能保证用水系统的安全可靠和节水，并不受污染。

建筑小区排水系统的主要任务是接受小区内各建筑内外用水设备产生的污废水及小区物面、地面雨水，并经相应的处理后排至城镇排水系统或水体。

5.1.4　任务实施

5.1.4.1　小区给水系统分析

5.1.4.1.1　小区给水的系统组成分析

小区给水系统按供水的目的可分为生活用水和生产给水系统。按水源分为以地面水为水源的给水系统和以地下水为水源的给水系统，后者一般在城市给水量远远不能满足要求，或周围没有城市给水管网情况下适用。小区给水一般以城市给水管网为水源，以水表为分界点，小区内由单位自己管理，小区外由市政部门管理。如图5.1.1所示是以地下水为水源的小区给水系统的示意图。

小区生活用水，应考虑建筑中水系统，提高水资源的利用。建筑中水系统是以建筑生活污水等为水源，经处理达到水质的规定标准，回用于建筑的供水系统，主要用于厕所冲洗、园林灌溉等用水。按供水范围可分为城市中水系统、小区中水系统及建筑中水系统，特别是建筑中水系统，具有简单、投资

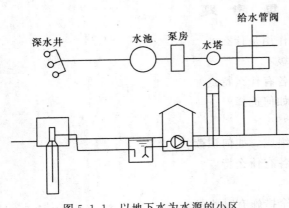

图5.1.1　以地下水为水源的小区
给水系统的组成

少、见效快，可缓解水资源不足等优点，是保护环境的重要途径。

多层、高层组合的小区应考虑采用分区给水系统，其中高层建筑部分应根据高层建筑的数量、分布、高度、性质、管理和安全等情况，经技术经济比较后，确定采用分散、分片集中或集中调蓄增压给水系统。

5.1.4.1.2 给水管道材料及管件选用

室外给水管道常用管材有金属管和非金属管，管材的选用取决于管道承受的水压、土质情况、外部荷载、施工技术及条件等因素。

1. 金属管

（1）铸铁管及管件。铸铁管在给水工程中应用广泛，其优点是经久耐用；缺点是质脆、强度差。材质有灰口铸铁和球墨铸铁，从制造工艺可分为连续铸铁和砂型铸铁。连续铸铁管按壁厚分为三个级别：LA 级、A 级和 B 级，砂型离心铸铁管按壁厚分为 P 级和 G 级两种。铸铁管的连接采用配件，但接口施工麻烦、劳动强度大，适用于配件及支管较多的管线和土质较好、地震等级不高的场合。铸铁管管路在转弯、接分支管、直径变化及连接附属配件时，须用铸铁管件连接，接口形式有承插和法兰两种。

（2）钢管。钢管分为无缝钢管和卷焊钢管两种。其优点是强度和工作压力较高，质量轻，接口方便，管段长而接口少，敷设方便，可以连接标准铸铁管配件；缺点是价格高；易锈蚀；寿命短。适用于穿越铁路、地震强度较高等场合。管件可采用黑铁管标准管件，或钢板卷焊管件。接口采用焊接，管径较小时可用丝扣连接。

2. 非金属管

（1）钢筋混凝土管。又称水泥压力管，有自应力和预应力钢筋混凝土管两种，优点是寿命长、节约钢材；缺点是笨重、运输困难、无标准配件。其配件可用铸铁或钢板卷焊而成。其接口为承插胶圈式接口。

（2）石棉水泥管。其优点是质量轻、抗腐蚀能力强，无需防腐处理、加工方便内壁光滑；缺点是质脆、机械强度差，不适宜于穿越铁路、土质松软、地下水位高的地方。其接口可用配套的石棉水泥套管。

5.1.4.1.3 给水管道附属构筑物选择

管道附件有阀门、消火栓、集中给水龙头等，一般都设置在井中，这些井、管道支墩和穿越障碍物的设施均为附属构筑物。

1. 阀门及阀门井

（1）室外给水阀门。主要有闸阀、止回阀、安全阀、排气阀等类型。室外给水阀门常在阀门井内敷设。

（2）阀门井。阀门井的尺寸应满足启闭操作和维修操作的需要，其形式可参见国家标准图与 S143。如图 5.1.2 所示为阀门井，一般用砖砌筑，也可用钢筋混凝土建造，同时应考虑地下水及寒冷地区的防冻因素。

2. 室外消火栓

具有地上式和地下式两种，应结合各地气候特点选用。常布置在易于寻找，消防车易取水的路边及需要特别保护的建筑物附

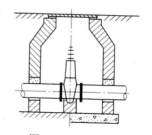

图 5.1.2 阀门井

近等地方。其型号有 SS100 和 SX100 两种，经公安部审定生产，可供选用。

地上消火栓适用于气温较高地区，地下消火栓适用于气温较低地区。安装见 S162 标准图集。

3. 管道支墩

承插式管道的弯管、叉管、三通、管堵等处，会产生外推力，易产生接口松动脱节而漏水现象，因而设置支墩用来平衡推力。另外，在明管上每隔一定距离或阀门等处也应设支墩以减少管道的应力。

当管径 DN≤350mm，试验压力不大于 980kPa，可不考虑设支墩。墩体材料常用 C10 级混凝土，也可采用砖、浆砌石块，做法参见 CS345 图集。

5.1.4.2　小区排水系统分析

5.1.4.2.1　小区排水系统组成和体制分析

1. 小区排水系统的分类和组成

小区排水系统按污水性质可分为生活污（废）水系统、生产污（废）水和雨、雪水排水系统。生产和生活污（废）水系统是收集各车间或建筑物内的生产、生活污水，经处理（或不处理）后排入城市污水系统或天然水体中；雨雪水排水系统是收集小区道路和院落的雨、雪水，经管道排入天然水体或城市排水管网中。

室外排水系统由管道、泵站、管道附属构筑物等组成，如图 5.1.3 所示。

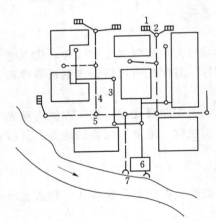

图 5.1.3　小区排水系统
1—雨水口；2、5—雨水检查井；
3—污水管道；4—雨水管道；
6—化粪池；7—雨水排放口

2. 排水体制

排水体制可分为分流制和合流制，一般应根据污水的性质、污染的程度及污水的处理方式和综合利用等情况来决定。排水方式对环境保护、污水的有效处理、综合利用及回收等有很大影响，从而必须合理地设置排水方式。

（1）分流制。生活污水、生产污水和雨、雪水分别两个或两个以上的排水系统进行排除的方式称为分流制。如雨雪水与生活和生产污水完全分开的排水方式。分流制的特点是有利于环境保护和卫生，有利于污水处理和综合利用，但管路较长、一次性投资较大。

（2）合流制。将污水和雨水用同一管道系统进行排除的体制，其优点是：管网长度较分流制减少 30%～40%，造价低，暴雨时，管网得到冲洗，养护方便；缺点是：因管径较大、晴天时易产生管内淤积现象，影响环境卫生，同时，加大了污水处理设施负荷，综合利用困难。一般不采用这种排水方式。

5.1.4.2.2　室外排水管材选择

常用的室外排水管有混凝土管和钢筋混凝土管，此外，还有陶土管、石棉水泥管和铸铁管、钢管等。

选用管材时，首先应考虑就地取材，并考虑到预制管件和快速施工的方便以及水质、断面尺寸大小、土壤性质及压力等因素进行选择。

（1）混凝土和钢筋混凝土管。按构造形式可分为承插式、企口式和平口式三种。混凝土管管径一般不超过 600mm，单根管长为 1000mm 或 2000mm；钢筋混凝土管又分为轻型和重型两种，其抗压能力比混凝土管高，直径可达 2000mm，管长可达 5m。

混凝土管一般用于管径小、外部荷载小的场合；钢筋混凝土管适用大管径、大荷载的场合，但耐磨性差，多用于顶管施工中。

（2）金属管。常用铸铁管和钢管，一般用于排水管道承受较高的内外压力场合，如排水泵站的进出水管、河道的倒虹吸管等处。

5.1.4.2.3 排水管道附属构筑物选择

小区排水管道中，常见的附属构筑物有检查井、雨水口等。合理地布置和建造附属构筑物，对充分发挥排水管道的功能，进行管网的维护管理，有效地控制工程造价等，有很大的作用。

1. 检查井

检查井有方形和圆形两种，一般采用砖砌筑而成，有统一的标准可供选用。其作用是便于检查和清通管道，同时又起连接沟管的作用。常设置在管线改变方向、坡度、高程及管沟交汇处，对于较长的直线管沟，应按要求每隔一定距离进行设置。

2. 雨水口

雨水口是雨水管道收集雨水的构筑物，收集庭院、道路、建筑雨水等，常设置在道路两侧，具体位置应根据路面种类、坡度、地形及建筑情况而定，雨水口间距一般为 25～60m。

雨水口的构造形式常用的有平箅式和联合式，前者用于无道牙的道路和地面，后者适用于有道牙的道路，汇水量较大，且箅隙容易堵塞的地方。井室由砖砌筑而成，进水箅有铸钢和混凝土两种。雨水口与雨水管之间采用管道连接，管径宜大于 200mm，坡度宜为 0.01，管长宜控制在 25m 之内。其安装可见 S235 国家标准图。

5.1.4.3 小区供热系统分析

集中供热系统的供热管网是由将热媒从热源输送和分配到各地热用户的管道系统所组成。

供热管道的构造包括：供热管到及其附件、保温结构、补偿器、管道支座以及地上敷设的管道支架、操作平台和地下敷设的地沟、检查室等构筑物。

5.1.4.3.1 供热热网布置原则分析

供热管网布置形式以及供热管线在平面位置（定线）的确定，是供热管网布置的两个主要内容。

供热管道平面位置的确定（定线），应遵守如下的基本原则：

（1）经济上合理。主干线要短直、主干线尽量走热负荷集中区。

（2）技术上可靠。供热管道应尽量避开土质松软地区、地震断裂带、滑坡危险地带以及地下水位高等不利地段。

（3）对周围环境影响少而协调。供热管道应少穿主要交通线。一般平行于道路中心线并应尽量敷设在车行道以外的地方。供热管道与建筑物、构筑物或其他管道的最小水平净距和最小垂直净距，可参考相关规范。供热管道确定后，根据地形图，制定纵断面图和地形竖向规划设计。

5.1.4.3.2　管道附属设备选用

1. 管道补偿器选用

供热管道的安装是在环境状态下进行的，而管道系统的运行是在热介质的工作温度状态下，由于热介质的温度与周围环境温差大，而使管道产生热变形。因此，需要安装补偿器来补偿管道因温度变化而引起的伸缩量，保护管道使其安全正常地运行。

补偿器根据补偿原理和结构形式可分为自然补偿器、方形补偿器、波纹管补偿器、套筒补偿器、球形补偿器。

2. 管道支座（架）选用

供热管道的支座（架）是直接支撑管道并承受管道作用力的管路附件，它的作用是支撑管道和限制管道位移。

管道活动支座（架）有滑动支座、滚动支座、悬吊支架、弹簧支（吊）架、导向支座。

管道固定支座（架）有卡环式支座、焊接角钢固定支座、曲面槽支座、挡板式固定支座。

3. 供热管道的排气及泄水装置选用

为便于排气和在运行或检修时放净管道中的存水以及从蒸汽管道中排出沿途凝水，供热管道必须设置相应的坡度。同时，应设置相应的排气、放水及疏水装置。

对于热水管、汽水同向流动的蒸汽管和凝结水管，坡度宜采用 0.003，不应小于 0.002；对于汽水逆向流动的蒸汽管，坡度不应小于 0.005。

在管道改变坡度时其最高点处应装设排气阀。蒸汽、热水、凝结水管道在改变坡度时，其最低点处应装设放水阀（蒸汽管的低点需设疏水器）。

地下敷设管道安装套筒补偿器、波纹管补偿器、阀门、放水和除污装置等设备附件时，应设检查室。检查室及检查平台的结构尺寸，既要考虑维护操作方便，又要尽可能紧凑。

学习单元5.2　建筑小区管网系统施工图识读

5.2.1　学习目标

通过本单元的学习，能够识读小区给排水平面图、管道断面图、节点施工图；能够识读室外供热系统施工图；能够识读室外管道的平面布置及走向；能够识读检查井、阀门井内的布置要求。

5.2.2　学习任务

本学习单元以小区管网系统为例，对小区给排水、供热施工图进行识读。具体学习任务有给水排水平面图识读、给水排水管道断面图识读、给水排水节点图识读、室外供热管道施工图识读。

5.2.3　任务分析

小区管网系统施工图主要有平面图、断面图和节点图三种图样。平面图表示室外管道的平面布置情况。断面图表主要反映室外给水排水平面图中某条管道在沿线方向的标高变化、地面起伏、坡度、坡向、管径和管基等情况。节点图主要表示检查井、消火栓井和阀门井以及其内的附件、管件等的详细情况。

5.2.4 任务实施

5.2.4.1 小区给水排水平面图识读

某室外给排水平面图如图 5.2.1 所示。图中表示了三种管道：给水管道、污水排水管道和雨水排水管道。给水管道由建筑物东侧引入，经给水阀门井分为 4 根引入管进入建筑物。排水管道由 4 根排出管排出进入排水检查井汇合从建筑物北侧排出。

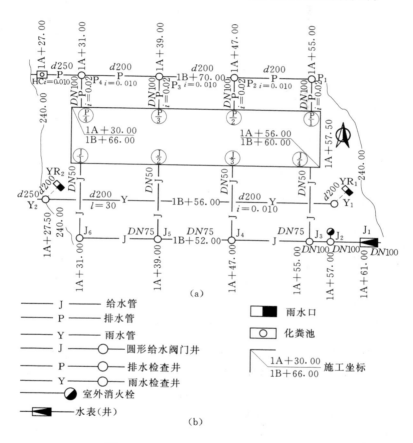

图 5.2.1 某室外给排水平面图及图例
(a) 平面图；(b) 图例

5.2.4.2 小区给水排水管道断面图识读

室外给水排水管道断面图分为给水排水管道纵断面图和给水排水管道横断面图两种，其中，常用给水排水管道纵断面图。室外给水排水管道纵断面图是室外给水排水工程图中的重要图样。这里仅介绍室外给水排水管道纵断面图的识读。

1. **管道纵断面图的识读步骤**

管道纵断面图的识读步骤分为三步：

（1）首先看是哪种管道的纵断面图，然后看该管道纵断面图形中有哪些节点。

（2）在相应的室外给水排水平面图中查找该管道及其相应的各节点。

（3）在该管道纵断面图的数据表格内查找其管道纵断面图形中各节点的有关数据。

2. 管道纵断面图的识读

（1）室外给水管道纵断面图的识读。图 5.2.2 是图 5.2.1（a）中给水管道的纵断面图，从图上可以看出设计地面标高、给水管道的设计标高、检查井的位置、深度以及相互之间的距离等。

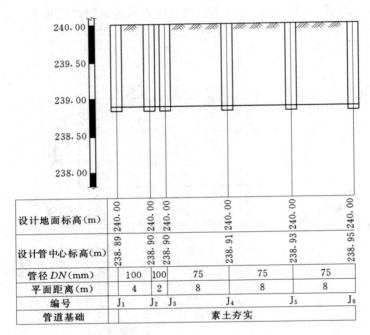

设计地面标高(m)	240.00	240.00	240.00	240.00	240.00	240.00
设计管中心标高(m)	238.89	238.90	238.90	238.91	238.93	238.95
管径 DN(mm)	100	100	75	75	75	
平面距离(m)	4	2	8	8	8	
编号	J₁	J₂	J₃	J₄	J₅	J₆
管道基础	素土夯实					

图 5.2.2　给水管道纵断面图

（2）室外污水排水管道纵断面图的识读。图 5.2.3 是图 5.2.1（a）中污水排水管道的纵断面图，从图上可以看出设计地面标高、污水管道设计管内底标高、坡度、排水检查井的位置、深度和距离等。

（3）室外雨水管道纵断面图的识读。如图 5.2.4 是图 5.2.1（a）中雨水管道的纵断面图，从图上可以看出雨水管设计管内底标高、坡度、雨水井的位置、深度和距离等。

5.2.4.3　小区给水排水节点图识读

在室外给水排水平面图中，对检查井、消火栓井和阀门井以及其内的附件、管件等均不作详细表示。为此，应绘制相应的节点图，以反映本节点的详细情况。

室外给水排水节点图分为给水管道节点图、污水排水管道节点图和雨水管道节点图三种图样。通常需要绘制给水管道节点图，而当污水排水管道、雨水管道的节点比较简单时，可不绘制其节点图。

室外给水管道节点图识读时可以将室外给水管道节点图与室外给水排水平面图中相应的给水管道图相对照，或由第一个节点开始，顺次看至最后一个节点止。图 5.2.5 是图 5.2.1（a）中给水管道的节点图，从图上可以看出，检查井内阀门、水表的设置要求和连接形式等。

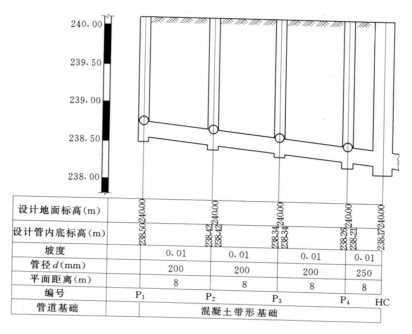

设计地面标高(m)					
设计管内底标高(m)					
坡度	0.01	0.01	0.01	0.01	
管径 d(mm)	200	200	200	250	
平面距离(m)	8	8	8	8	
编号	P₁	P₂	P₃	P₄	HC
管道基础	混凝土带形基础				

图 5.2.3　污水排水管道纵断面图

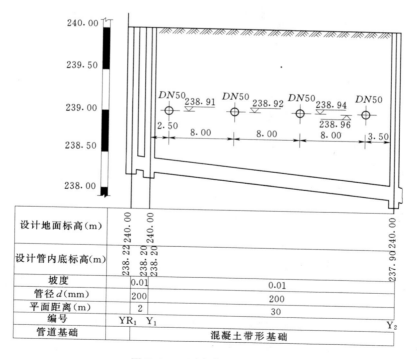

设计地面标高(m)				
设计管内底标高(m)				
坡度	0.01	0.01		
管径 d(mm)	200	200		
平面距离(m)	2	30		
编号	YR₁　Y₁			Y₂
管道基础	混凝土带形基础			

图 5.2.4　雨水管道纵断面图

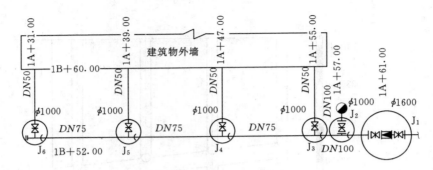

图 5.2.5　给水管道节点图

5.2.4.4　室外供热管道施工图识读

室外供热管道施工图主要反映从热源至用热建筑物热媒入口的管道布置情况。一般都要用供热管沟来作为架设管道的通道，并埋在地下起到防护、保温作用。

图上一般将供暖管沟用虚线表示出轮廓和位置，具体做法一般土建图上均有。供暖管道则用粗线画出，一条为供暖管线用实线表示；另一条为回水管线用虚线表示。

集中供暖工程的供暖管道外线平面示意图如图 5.2.6 所示。

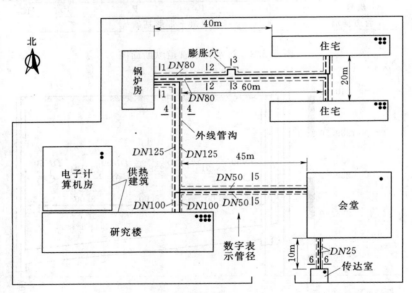

图 5.2.6　管道外线平面示意图

从图 5.2.7 上可以看出，从锅炉房出来有两条管路，一根管供给两栋住宅，管径为 DN80，管路中间设置了方形补偿器；另一根管供给研究楼、会堂和传达室，管径为 DN120。

室外采暖管道进入室内采暖系统需设置引入装置（采暖系统入口装置），用来控制（接通或切断）热媒以及减压、观察热媒的参数。

采暖系统引入装置示意图如图 5.2.7 所示，引入装置通常由温度计、压力表、过滤器、平衡阀、泄水阀等组成。

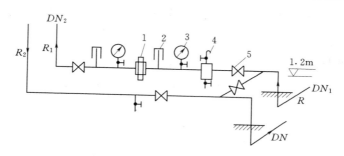

图5.2.7　采暖系统引入装置示意图
1—平衡阀；2—温度计；3—压力表；4—过滤器；5—总管阀门

学习单元5.3　建筑小区管网系统施工与组织

5.3.1　学习目标

通过本单元的学习，能够进行室外给排水管道安装及检查验收；能够进行室外供热地沟管道安装；能够进行室外供热管网系统水压试验及调试。

5.3.2　学习任务

本学习单元以小区管网系统为例，讲述小区管网系统施工过程。具体学习任务有室外给水管道施工、室外排水管道施工、室外给排水管道试验与清洗、室外供热管道施工、室外供热管网试验及调试。

5.3.3　任务分析

在室外给排水、供热工程中目前使用的管材主要有金属和非金属两大类，即钢管、塑料管、混凝土管等，对于大型排水干管，还有管渠等形式。与室内管道安装相比，室外管道拐弯少、分支少、管径大、直管段长，同时由于管道工艺特性不同，其选用的管材、基础类型、施工方法各不相同。

小区管网系统常采用直埋敷设和地沟敷设的形式。具体的施工包括下管、排管、稳管、接口、验收等工序。

5.3.4　任务实施

在管道施工前，要掌握管线沿途的地下其他管线的布置情况。与相邻管线管线之间的水平净距不应小于施工及维护要求的开槽宽度及设置阀门井等附属构筑物要求的宽度，饮用水管道不得敷设在排水管道和污水管道下面。

5.3.4.1　室外给水管道施工

输送生活给水的管道应采用塑料管、复合管、镀锌钢管或给水铸铁管。塑料管、复合管或给水铸铁管的管材、管件应是配套产品。当管径不大于65mm时，常采用镀锌钢管；当管径大于65mm时，常采用给水铸铁管。下面叙述给水铸铁管的安装方式方法。

室外给水管网工程的安装施工程序，一般包括开挖沟槽、检查管材与清理接口、下管、对口、打口及养护、水压试验和回填沟槽等。

5.3.4.1.1　开挖沟槽

沟槽开挖以前，应充分了解开槽地段的土质及地下水情况，根据不同情况及管道直径、埋设深度、施工季节和地面上的建筑物等情况来确定沟槽的形式。管道工程常用的沟槽断面形式有直槽、梯形槽、混合槽和联合槽，如图 5.3.1 所示。小区给水管道埋设深度较浅，一般不应超过 2.0m，可以考虑开直槽。

图 5.3.1　常用沟槽断面形式

铺设铸铁管或钢管时，一般不加任何基础，可用天然土基作为基础。施工时，仅需要将天然地基整平或挖成与管子外形相符的弧形槽。所以，无论采用何种方法挖沟槽，都不能超挖。一旦超挖破坏了天然土基，或被地面水浸泡后，应将这部分土壤挖掉，再铺垫砂石，以确保管基的坚固性。

5.3.4.1.2　给水管道施工

1. 检查管材与清理接口

管道铺设应在沟底标高和管道基础检查合格后进行，在铺设管道前要对管材、管件、橡胶圈、阀门、等做一次外观检查，发现有问题的不得使用。管道安装前应用压缩空气或其他气体吹扫管道内腔，使管道内部清洁。

检查清理好的管子，沿管线非弃土区按管径大小排开，铸铁管的承口应迎着水流方向，其他管路附件也应按设计位置摆放。

2. 下管

准备好下管的机具及绳索，并进行安全检查。对于管径在 150mm 以上的金属管道可用撬压绳法下管，直径大的要启用起重设备。对捻口连接的管道要对接口采取保护措施。

敷设管道时，为减少地沟内的操作量，对焊接连接的管材可在地面上连接到适宜下管的长度；承插连接的在地面连接一定长度，养护合格后下管，黏接连接一定长度后用弹性敷管法下管；橡胶圈柔性连接宜在沟槽内连接。

管道下管时，下管方法可分为人工下管和机械下管、集中下管和分散下管、单节下管和组合下管等方式。下管方法的选择可根据管径大小、管道长度和重量、管材和接口强度、沟槽和现场情况及拥有的机械设备量等条件确定。下管时应精心操作，搬运过程中应慢起轻落，对捻口连接的管道要保护好捻口处，应尽量不要使管口处受力。如图 5.3.2 所示。

在沟槽内施工的管道连接处，便于操作要挖操作坑，如图 5.3.3 所示。

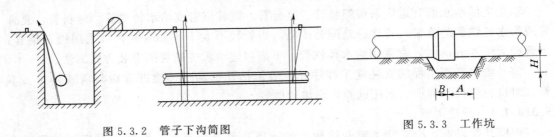

图 5.3.2　管子下沟简图　　　　　　图 5.3.3　工作坑

3. 对口

对口方法要根据管径的大小确定。管径小于 400mm 的管子，可用人工或撬杠顶入对口；管径不小于 400mm 的管子，用吊装机械或倒链对口。

若采用橡胶圈石棉水泥接口时，应将橡胶圈套在插口上，然后将插口顶入或拉入承口内要求承插口对好后，其对口最大间隙不得超过表 5.3.1 所规定的数值，但也不应小于 3mm。

4. 打口及养护

管道打口也称管道接口。小区给水管道的接口方式，一般采用承插式接口，仅在与有法兰盘的配件、阀门的连接时，或其他特殊情况下采用法兰盘接口。

给水铸铁管承插式接口可采用油麻石棉水泥接口、橡胶圈石棉水泥接口、自应力水泥砂浆接口、石膏氯化钙水泥接口、青铅接口等。

表 5.3.1 铸铁管承插口的对口最大间隙

单位：mm

管径	沿直线铺设	沿曲线敷设
75	4	5
100～200	5	7～13
300～500	6	14～22

5.3.4.1.3 回填沟槽

回填沟槽时，除设计要求自然沉实可不夯实外，均应分层回填、分层夯实。回填土应以管子两侧开始，边回填边夯实，至管顶后。再从管顶回填至管顶以上 500mm 处，进行夯实。以后每回填 200～300mm 夯实一次，直至与地面并拢。

5.3.4.1.4 给水管道施工质量检验

（1）给水管道在埋地敷设时，应在当地的冰冻线以下，如必须在冰冻线以上敷设时，应做可靠的保温防潮措施。如无冰冻地区，埋地敷设时，管顶的覆土埋深不得小于 500mm，穿越道路部位的埋深不得小于 700mm。检验方法：现场观察检查。

（2）给水管道不得直接穿越污水井、化粪池、公共厕所等污染源。检验方法：观察检查。

（3）管道的接口法兰、卡口、卡箍等应安装在检查井或地沟内，不应埋在土壤中。检验方法：观察检查。

（4）给水系统的各种井室内的管道安装，如设计无要求，井壁距法兰或承口的距离；管径不大于 450mm 时，不得小于 250mm；管径大于 450mm，时，不得小于 350mm。检验方法：尺量检查。

（5）镀锌钢管、钢管的埋地防腐必须符合设计要求，如设计无规定时，可按表《管道防腐层种类》的规定执行。卷材与管材间应粘贴牢固，无空鼓、滑移、接口不严等。检验方法：观察和切开防腐层检查。

（6）给水管道与污水管道在不同标高平行敷设，其垂直间距在 500mm 以内时，给水管管径不大于 200mm 的，管壁水平间距不得小于 1.5m；管径大于 200mm 的，不得小于 3mm。

5.3.4.2 室外排水管道施工

小区排水管道的管材主要有混凝土管、钢筋混凝土管、陶土管和石棉水泥管等。小区排水管网的安装施工程序与给水管网的安装施工程序基本相同，所不同的和应注意的是沟槽排水、铺筑管基、管材的接口方法和试水检验等。室外排水管道为重力流管道，因此排水管道敷设时必须保证最小的坡度要求。

5.3.4.2.1 管道基础施工

（1）砂石基础。包括原土夯实的弧形素土基础和砂垫层基础。适用于无地下水、土质较好的地区，管径小、埋深不大的管道。①弧形素土基础是在原土层上挖一弧形管槽，管子就铺设在弧形管槽中；②砂垫层基础是在挖好的基槽（或弧形坑）内，铺上一层粗砂，砂层厚度，通常为100~150mm，管子就铺设在砂层上。

（2）混凝土枕基。混凝土枕基是支撑管道接口下边的局部基础。适用于干燥土壤、地质均匀的土质上。通常在管道接口下用75号混凝土做成枕状垫块，有预制和现场浇灌两种做法。

（3）混凝土条形基础。它是沿管道全长放置的基础。这种基础多用于地基松软、土壤潮湿的地区。通常的做法是：先在基础底铺设100mm厚的砂砾石垫层，然后在垫层上浇灌100号混凝土，几何尺寸按设计图纸施工。

5.3.4.2.2 排水管道施工

1. 下管前的准备工作

检查管材、套环及接口材料的质量。管材有破裂、承插口缺肉、缺边等缺陷不允许使用。检查基础的标高和中心线。基础混凝土强度须达到设计强度等级的50%和不小于5MPa时方准下管。

2. 下管

根据管径大小，现场的施工条件，分别采用压绳法、三脚架、木架漏大绳、大绳二绳挂钩法、倒链滑车、列车下管法等，塔架法下管如图5.3.4所示。

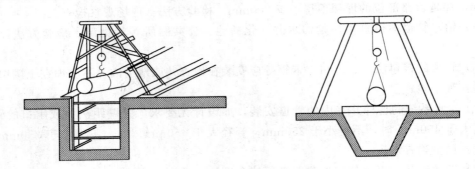

图5.3.4 塔架法下管

下管前要从两个检查井的一端开始，若为承插管铺设时以承口在前。稳管前将管口内外全部刷洗干净，管径在600mm以上的平口或承插管道接口，应留有10mm缝隙，管径在600mm以下者，应留出不小于3mm的对口缝隙。

3. 管道接口

混凝土管及钢筋混凝土管的接口，主要有承插式接口、抹带式接口和套环式接口三种。陶土管接口多为承插式接口，接口填料为水泥砂浆。

混凝土管用水泥砂浆抹口或沥青封口，在承口的1/2深度内，宜用油麻填严塞实，再涂抹1:3水泥砂浆或灌沥青玛碲脂。

承插铸铁管或陶土管一般采用1:9水灰比的水泥打口。先在承口内打好1/3的油麻，将拌和好的水泥，自下向上分层打实再抹光，覆盖湿土养护。

5.3.4.3 室外给排水管道试压

室外给排水管道安装完毕后，应进行压力试验。埋地给水压力管道应在覆土前进行水压试验；排水无压管道应进行闭水试验。

1. 室外给排水管道试压准备

（1）水压试验应在回填土前进行。给水管水压试验的长度一般不宜超过1000m，对非金属管还应短些。

（2）对黏接连接的管道，水压试验必须在黏接连接安装24h后再进行。

（3）对捻口连接的铸铁管道，宜在不大于工作压力的条件下充分浸泡再进行试压，无水泥砂浆衬里，不小于24h；有水泥砂浆衬里，不小于48h。

（4）水压试验前，对试压管段应采取有效的固定和保护措施，但接头部位必须明露。当承插给水铸铁管管径不大于350mm时，试验压力不大于1.0MPa时，在弯头或三通处可不作支墩。

（5）水压试验管段长度一般不要超过1000m，超过长度宜分段试压，并应在管件支墩达到强度后方可进行。

（6）试压管段不得采用闸阀做堵板，不得与消火栓、水泵接合器等附件相连，已设置这类附件的要设置堵板，各类阀门在试压过程中要全部处于开启状态。

（7）冬季进行水压试验应采取防冻措施，试压完毕后要及时放水。

2. 室外给水管道试压及消毒

（1）试压。试压前，对三通、弯头等承受压力较大处，应设置支墩，以避免破坏管道或抵消产生的推力。将堵板、千斤顶、打压泵、压力表等按图5.3.5所示连接好，并对试压管段充水、排气。

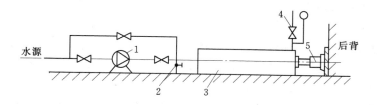

图 5.3.5 室外给水管试压示意图
1—加压泵；2—泄水阀；3—试压管段；4—放气阀；5—千斤顶

试压方法：试压时，应逐步加压，每次升压为0.2MPa为宜，升压时应观察接口处是否渗漏，支墩、管端等处不允许站人，以免受到伤害。当压力升到工作压力时，应停泵检查无漏裂后，继续加压到试验压力，再停泵检查，并观察压力表10min内压降不超过0.05MPa，且在管道附近和接口处不发生漏裂现象，然后将压力降到工作压力，进行外观检查，不漏为合格。

（2）清洗和消毒。对新设管或旧管修检后，均应进行冲洗消毒。消毒前应将水表拆卸，并将其他正常供水管路切断，再用高速水流冲洗管道，直到排出的水中没有杂质后，冲洗结束。

消毒时，先将漂白粉加水搅拌溶解后，随同管内充水一起加到管道中，浸泡 24h 后放水冲洗，并连续测定管内水的漂白粉浓度和细菌含量，直到合格为止。

3. 室外排水管道闭水试验

室外排水管道，由于为无压力管道，故只试水不加压力，常称作闭水（灌水）试验。对于室外非金属污水管道，必须做闭水试验；雨水和与雨水性质相似的管道除大孔性土壤及水源地区外，可不做闭水试验。

闭水试验应在管道覆土前进行。试验时，应对接口和管身进行外观检查，以无漏水和无严重渗水现象为合格；排出带有腐蚀性污水的管道，不允许渗漏。

管道应于充满水 24h 后进行严密性检查，水位应高于检查管段上游端部的管顶。如地下水位高出管顶时，则应高出地下水位。一般采用外观检查，检查中应补水，水位保持规定值不变，无漏水现象则认为合格。按排水检查井分段试验，试验水头应以试验段上游管顶加 1m，时间不少于 30min，逐段观察。

管道的坐标和标高应符合设计要求，安装的允许偏差应符合表 5.3.2 的规定。

表 5.3.2　　　　　　**室外排水管道的安装的允许偏差和检验办法**

项次	项　目		允许偏差（mm）	检验方法
1	坐标	埋地	100	拉线尺量
		敷设在沟槽内	50	
2	标高	埋地	±20	用水平仪、拉线和尺量
		敷设在沟槽内	±20	
3	水平管道纵横向弯曲	每 5m 长	10	拉线尺量
		全长（两井间）	30	

5.3.4.4　室外供热管道施工

5.3.4.4.1　室外供热直埋管道施工

管道直埋敷设也称为无地沟敷设，是将管道直接埋入地下的一种管道敷设方法，此方法可以减少土方量，节约大量的工程材料和缩短建设工期，是一种最为经济的管道敷设方式。适用于地下水位低、土质条件好、土壤无腐蚀的场合。

直埋供热管道最小覆土深度应符合表 5.3.3 的规定，若穿越河底时覆土深度应根据水流冲刷条件和管道稳定条件确定。回填土时要在保温管四周填 100mm 细砂，在填 300mm 素土，用人工分层夯实。管道穿越马路处埋深小于 800mm 时，应做简易管沟，加盖混凝土盖板，沟内填砂处理。

表 5.3.3　　　　　　　　　　**直埋敷设管道最小覆土深度**

管径（mm）	50～125	150～200	250～300	350～400	450～500
车行道下（m）	0.8	1.0	1.0	1.2	1.2
非车行道下（m）	0.6	0.6	0.7	0.8	0.9

直埋敷设的施工程序：放线定位 ──→ 砌井、铺底沙 ──→ 挖管沟 ──→ 防腐保温 ──→ 管道

敷设——补偿器安装——水压试验——防腐保温修补——填盖细沙——回填土夯实。

对于直径 DN≤500mm 的热力管道均可采用埋地敷设。直埋敷设如图 5.3.6 所示。一般使用在地下水位以上的土层内，它是将保温后的管道直接埋于地下，从而节省了大量建造地沟的材料、工时和空间。此外，还要求保温材料除热导率小之外，还应吸水率低，电阻率高，并具有一定的机械强度。为了防水防腐蚀，保温结构应连续无缝，形成整体。

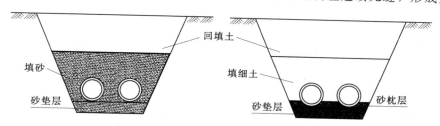

图 5.3.6 管道的直埋敷设
（a）砂子埋管（b）细土埋管

5.3.4.4.2 室外供热地沟管道施工

供热管道地沟敷设，即将供热管道敷设在由砖砌或钢筋混凝土构筑的地沟内。该敷设方式有效地保护管道防止地下水的侵蚀和土壤的土压力作用。安装地沟内的干管，应在管沟砌完后、盖沟盖板前，安装好托吊卡架后进行。

管沟是地下敷设管道的围护构筑物，其作用是承受土压力和地面荷载并防止水的侵入。根据管沟内人行通道的设置情况，分为通行管沟如图 5.3.7 所示、半通行管沟如图 5.3.8 所示和不通行管沟如图 5.3.9 所示。

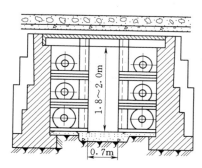

图 5.3.7 通行管沟

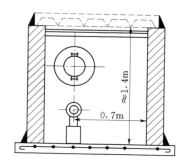

图 5.3.8 半通行管沟

地沟敷设有关尺寸见表 5.3.4 所示。

地沟敷设的施工程序：放线定位——挖土方——砌管沟——卡架制作安装——管道安装——补偿器安装——水压试验——防腐保温——盖沟盖板——回填土。

地沟敷设应符合下列要求：

（1）在不通行地沟安装管道时，应在土建垫层完毕后立即进行安装。

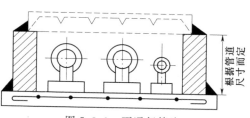

图 5.3.9 不通行管沟

表 5.3.4　　　　　　　　　　　地 沟 敷 设 有 关 尺 寸

尺寸 类别	地沟净高	通道宽	管道（包括保温层）表面			
			与沟壁净距	与沟顶净距	与沟底净距	与管道保温层表面净距
通行地沟	≥1.8	≥0.7	0.1～0.15	0.2～0.3	0.1～0.2	≥0.15
半通行地沟	≥1.2	≥0.6	0.1～0.15	0.2～0.3	0.1～0.2	≥0.15
不通行地沟			0.1～0.15	0.05～0.1	0.1～0.2	≥0.2

（2）土建打好垫层后，按图纸标高进行复查并在垫层弹出底沟的中心线，按规定间距安放支座及滑动支架。

（3）管道应先在沟边分段连接，管道放在支座上时，用水平尺找平找正。安装在滑动支架上时，要在补偿器拉伸并找正位置后才能焊接。

（4）通行底沟的管道应安装在地沟的一侧或两侧，支架应采用型钢，支架的间距要求见表 5.3.5。

表 5.3.5　　　　　　　　　　　支 架 最 大 间 距　　　　　　　　单位：mm

管　径		15	20	25	32	40	50	70	80	100	125	150	200
间距	不保温	2.5	2.5	3.0	3.0	3.5	3.5	4.5	4.5	5.0	5.5	5.5	6.0
	保温	2.0	2.0	2.5	2.5	3.0	3.5	4.0	4.0	4.5	5.0	5.5	5.5

5.3.4.4.3　室外供热架空管道施工

架空敷设在工厂区和城市郊区应用广泛，它是将供热管道敷设在地面上的独立支架或带纵梁的桁架以及建筑物的墙壁上。架空敷设不受地下水和土壤的影响，但保温层在空气中受到风吹雨淋、日晒，管道的热损失大，同时室外架空敷设一般均为空中作业，施工时应制定更为严密的措施。安装架空的干管，应先搭好脚手架，稳装好管道支架后进行。

架空敷设所用的支架按其制成材料可分为砖砌、毛石砌、钢筋混凝土预制或现场浇灌、钢结构、木结构等类型。目前，国内使用较多的是钢筋混凝土支架，这种支架坚固耐久，能承受较大的轴向推力，而且节省钢材，造价较低。

1. 支架的形式

按照支架的高度不同，可把支架分为下列三种：

（1）低支架（如图 5.3.10 所示）在不妨碍交通以及不妨碍厂区、街区扩建的地段，供热管道可采用低支架敷设。此时，最好是沿工厂的围墙或平行于公路、铁路来布线。

（2）中支架（如图 5.3.11 所示）在人行频繁、需要通行大车的地方，可采用中支架敷设。其净高为 2.5～4.0m。

（3）高支架（如图 5.3.11 所示）净空高 4.5～6.0m，在跨越公路或铁路时采用。

为了加大支架间距，可采用各种形式的组合式支架。图 5.3.12 给出了梁式、桁架式、悬索式和桅缆式等支架的原理简图，后两种适用于较小的管径。

按照支架承受的荷载分类时，可分为中间支架和固定支架。

对于中间支架，按照其结构的力学特点，可有三种不同受力性能的支架形式：

1）刚性支架。是一种靠自身的刚性抵抗管道热膨胀引起的水平推力的结构。

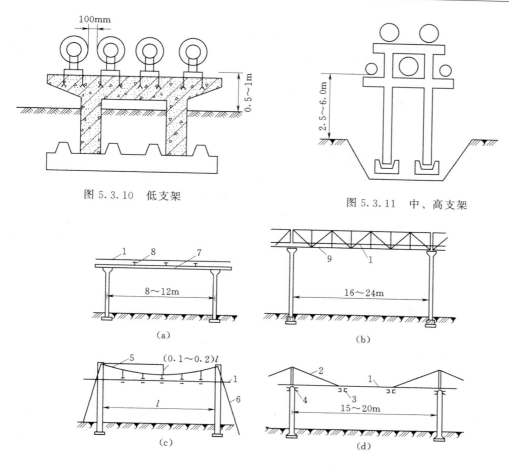

图 5.3.10　低支架

图 5.3.11　中、高支架

(a)

(b)

(c)

(d)

图 5.3.12　几种支架形式

（a）梁式；（b）桁架式；（c）悬索式；（d）桅缆式

2）铰接支架。该支架柱脚与基础的连接，在管道轴向为铰接，在径向为固接。

3）柔性支架。该支架下端为固定，上端为自由。支架沿管道轴线的柔度大（刚度小）。

2. 架空敷设的施工程序和方法

架空敷设的施工程序：放线定位──→卡架制作安装──→管道安装──→补偿器安装──→水压试验──→防腐保温

（1）按设计规定的安装位置、坐标，量出支架上的支座位置，安装支座。架空敷设的供热管道安装高度，如设计无规定时，应符合下列规定（以保温层外表面积计算）：

1）人行地区，不小于 2.5m。

2）通行车辆地区，不小于 4.5m。

3）跨越铁路，距轨顶不小于 6m。

（2）支架安装牢固后，进行架设管道安装，管道和管件应在地面组装，长度以便于吊装为宜。

（3）管道吊装，可采用机械或人工起吊，绑扎管道的钢丝吊点位置，应使管道不产生

221

弯曲为宜。已吊装尚未连接的管段，要用支架上的卡子固定好。

（4）采用丝扣连接的管道，吊装后随即连接；采用焊接时，管道全部吊装完毕后在焊接。焊缝不允许设在托架和支座上，管道间的连接焊缝与支架间的距离应大于150～200mm。

（5）按设计和施工各规定位置，分别安装阀门、集气罐、补偿器等附属设备并与管道连接好。

（6）管道安装完毕，要用水平尺在每段管上进行一次复核。找正调直，使管道在一条直线上。

5.3.4.4.4 供热管道的防腐与保温

保温的目的供热管道进行保温的目的，是为了减少热媒在输送过程中的热损失，使热媒维持一定的参数（压力、温度），以满足生产、生活和采暖的要求。

常用的保温材料供热管道常用的保温材料有以下几种：泡沫混凝土（泡沫水泥）瓦、膨胀珍珠岩及其制品、膨胀石及其制品、矿渣棉、玻璃棉、岩棉、聚氨酯泡沫。

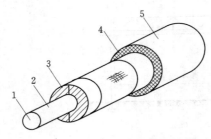

图 5.3.13 供热管道的保温结构
1—供热管道；2—防腐层；3—保温层；
4—保护层；5—色漆（或冷底子油）

保温结构供热管道的保温结构如图5.3.13所示，由内向外是防腐层、保温层、保护层和色漆（或冷底子油）。防腐层为底漆（樟丹或铁红防锈漆）两遍，不涂刷面漆。保温层有选定的保温材料组成。保护层分石棉水泥、沥青玻璃丝布、铝皮、镀锌铁皮等。明装的供热管道为了表示管内输送介质的性质，一般在保护层外涂上色漆，涂漆颜色见表5.3.6，地沟内的供热管道为了防止湿气侵入保温层，不涂色漆而涂刷冷底子油。

表 5.3.6　　　　　　　　　管道涂刷色漆及色环颜色

管道名称	颜　　色		管道名称	颜　　色	
	底色	色环		底色	色环
过热蒸汽管	红	黄	凝结水管	绿	红
饱和蒸汽管	红	—	疏水管	绿	黑
热网输出水	绿	黄	废气管	红	绿
热网返回水	绿	褐	排水管	绿	蓝

供热管道的保温施工保温施工程序：防腐层施工、保温层施工、保护层施工和涂刷色漆或冷底子油。

（1）防腐层施工：管道在铺设之前已涂刷底漆两遍，铺管时若管身漆面有损伤处，应予以补刷。此次应将接口、弯头、和方形补偿器等处涂刷底漆两遍。

（2）保温层施工：保温层施工有预制瓦砌筑、包扎、填充、浇灌、手工涂抹和现场发泡等方法，其中常采用预制瓦砌筑法。施工时在管道的弯头处应留伸缩缝，缝内填石棉绳。在阀门、法兰等处常采用涂抹法施工。

（3）保护层施工：一般为石棉水泥保护层，涂抹厚度为10～15mm，要求厚度一致，光滑美观，底部不得出现鼓包。

（4）涂刷色漆：色漆拌和要均匀，涂刷时，动作要快，要求均匀、美观。

5.3.4.5　室外供热管网试验及调试

5.3.4.5.1　水压试验

（1）试压前，须对全系统或试压管段的最高处防风阀、最低处的泄水阀进行检查。

（2）根据管道进水口的位置和水源距离，设置打压泵，接通上水管道，安装好压力表，监视系统的压力下降。

（3）检查全系统的管道阀门关闭状况，观察其是否满足系统或分段试压的要求。供热管道做水压试验时，试验管道上的阀门应开启，试验管道与非试验管道应隔断。

（4）灌水进入管道，打开防风阀，当防风阀出水时关闭，间隔短时间后在打开防风阀，依次顺序关启数次，直至管内空气放完方可加压。加压至试验压力，热力管网的试验压力应等于工作压力的 1.5 倍，不得小于 0.6MPa，稳压 10min，如压力绛不大于 0.05MPa，即可将压力降到工作压力。可以用重量不大于 1.5kg 的手锤敲打管道局焊口 150mm 处，检查焊缝质量，不渗不漏为合格。

（5）试压合格后，填写试压试验记录。

5.3.4.5.2　系统冲洗及调试

1. 热力管网系统冲洗

（1）热水管的冲洗。用 0.3～0.4MPa 压力的自来水对供水及回水干管分别进行冲洗，当接入下水道的出口流出水洁净时，认为合格。然后再以 1～1.5m/s 的速度进行循环冲洗，延续 20h 以上，直至从回水总干管出口流出的水色透明为止。

（2）蒸汽管的冲洗。在冲洗段末端与管道垂直升高处设冲洗口，冲洗管使用钢管焊接在蒸汽管道下侧，并装设阀门。拆除管道中的流量孔板、温度计、滤网、止回阀、疏水阀等。缓缓开启总阀门，切勿使蒸汽流量和压力增加过快。冲洗时先将各冲洗口阀门打开，再开大总进气阀，增大蒸汽量进行冲洗，延续 20～30min，直至蒸汽完全清洁位置。冲洗后拆除冲洗管及排气管，将水放尽。

2. 热力管网的灌充、通热

（1）先用软化水将热力管网全部充满。

（2）在启动循环水泵，使水缓慢加热，要严防产生过大的温差应力。

（3）同时，注意检查伸缩器支架工作情况，发现异常情况要及时处理，直到全系统达到设计温度为止。

（4）管网的介质为蒸汽时，向管道灌充，要逐渐地缓缓开启分汽缸上的供汽阀门，同时仔细观察管网的伸缩器、阀件等工作情况。

3. 各用户供暖介质的引入与系统调试

（1）若为机械热水供暖系统，首先使水泵运转达到设计压力。

（2）然后开启建筑物内引入管的回、供水（气）阀门。要通过压力表监视水泵及建筑物内的引入管上的总压力。

（3）热力管网运行中，要注意排尽管网内空气后方可进行系统调试工作。

（4）室内进行初调后，可对室外各用户进行系统调节。

（5）系统调节从最远的用户及最不利供热点开始，利用建筑物进户处引入管的供回水温度计，观察其温度差的变化，调节进户流量。

4. 系统调试的步骤

管道冲洗完毕应通水、加热，进行试运行和调试。通热调试，在进户人装置上，回水温度差在±2℃以内，认为达到热力平衡。当不具备加热条件时，应延期进行。

（1）首先将最远用户的阀门开到头，观察其温度差，如温差小于设计温差则说明该用户进户流量大，如温度大于设计温差，则说明该用户进户流量小，可用阀门进行调节。

（2）按上述方法再调节倒数第二户，将这两入户的温度调至相同为止，这说明最后两户的流量平衡。倘若达不到设计温度，须逐一调节、平衡。

（3）再调整倒数第三户，使其与倒数第二户的流量平衡。在平衡倒数第二、三户过程中，允许再适当稍拧动这二户的进口调节阀，此时第一户已定位，该进户调节阀不准拧动，并且作上定位标记。

（4）以此类推，调整倒数第四户使其与倒数第三户的流量平衡。允许在稍拧动第三户阀门，但这第二阀门应作上定位标记，不准拧动。

（5）调完全部进户阀门后，若流量还有剩余，最后可调节循环水泵的阀门。

复 习 思 考 题

1. 室外给排水系统常用管材有哪些？
2. 室外给排水施工图的内容和识读方法有哪些？
3. 室外给排水管道直埋敷设的施工顺序和施工方法是什么？
4. 简述室外给排水管道试验与清洗的步骤和要求。
5. 室外供热管道地沟敷设的施工顺序和施工方法是什么？

附　　录

附录1　学习情境1载体——某综合楼给排水施工图

某综合楼给排水设计说明
（凡√者为本设计所选用）

√一、一般设计说明

√1. 尺寸单位：管道长度和标高以米计，其余以毫米计。

√2. 管道标高的方法：所注管道标高，均以室内首层地面±0.000作基准推算的相对标高，给水管道的标高为管道中心线的标高，例如，H2＋1.200表示该管段安装在2层楼面以上1.200m处；排水管道的标高为管道内底面的标高，例如，－1.3000表示该处管内底面比标高±0.000，低1.300m。

√3. 管道的安装及验收标准，按《中华人民共和国国家标准，采暖与卫生工程施工及验收规范》执行，消防管道按相应的施工及验收规范执行。

√4. 除设计图中已有安装大样外，一般的卫生设备均参照《全国通用给排水标准图集卫生设备安装》进行施工。

√5. 室内生活给水管道，其横管安装时宜有0.002～0.005的坡度泄水装置。

√6. 生活给水管道上的阀门，原则上当$DN \leqslant 50$时采用截止阀门；当$DN > 50$时用闸板阀或碟阀，但在环状管网上的阀门及各种排空泄水阀一律用闸板阀或碟阀。

√7. 室外给水铸铁管埋地敷设时，如地基为一般天然土壤，均可直接埋地，不做管基础，如地基为岩石，应有不小于20mm的砂垫层找平，且管道四周应回填砂或土，如地基为淤泥或其他的劣质土，则视具体情况，由施工单位会同甲方和设计单位共同研究处理。

√8. 室外排水管道在检查井口连接，采用管顶平接，所注标高分别为进出水管口的内底面标高。

√9. 室内排水立管上的检查口，底层和有卫生器具的最高层必须设置，如屋面为上人平屋顶，可利用立管伸顶通气管口清通时，顶层可不设检查口，其他每隔两层（即10m左右）设置，检查口高出地（楼）面一般为1.0m，且应高出该层卫生器具上边缘150mm。

√10. 排水管道的横管与横管，横管与立管的连接，应采用45°、三通或45°、四通和90°斜三通或斜四通，立管底部与排出管连接处，应采用两个45°弯头或采用弯曲半径不小于4倍管径的90°弯头。

√11. 所有卫生器具自带或配套的存水弯，其水封深度不小于50mm。

√12. 管道支架要求

(1) 钢管水平安装支架间距不得大于附表 1-1 的值：

表 1-1　　　　　　　　　　钢管水平安装支架间距

公称直径（mm）		15	20	25	32	40	50	70	80	100	125	150	200	250
支架最大间距（m）	保温管	1.5	2	2	3	3	3	4	4	4.5	5	6	7	8
	不保温管	2.5	3	3.5	4	4.5	5	6	6	6.5	7	8	9.5	11

√（2）给水及热水立管管卡安装要求：

1）层高 H＜5m 时每层设 1 个。

2）层高 H＞5m 时每层设 2 个。

(3) 硬质聚氯乙烯管支架最大间距见附表 1-2：

表 1-2　　　　　　　　　硬质聚氯乙烯管支架最大间距

外径（mm）	最大支架间距（m）		外径（mm）	最大支架间距（m）	
	立管	横管		立管	横管
40		0.40	110	2.0	1.10
50	1.5	0.50	160	2.0	1.60
75	2.0	0.75			

(4) 自动喷水灭火系统配水管网的吊架设置应符合下述要求：

1）吊架与喷头的距离，应不小于 300mm；距末端喷头的距离不大于 750mm。

2）吊架应设在相邻喷头间的管道上，当相邻喷头间距不大于 3.6m 时，可设 1 个，小于 1.8m 时，可允许隔段设置。

√13. 下列符号的意义

DN　　　　　　　给水管道公称直径

Pg　　　　　　　管道允许承受的公称压力

$\phi \times t$　　　　　　　无缝钢管外径和壁厚

D　　　　　　　排水管内径

i　　　　　　　排水管坡度

L　　　　　　　管段长度

$B \times H$　　　　　　矩形排水渠截面的宽度和高度

14. 凡有冷、热水供应的卫生器具，左手开启的龙头为热水，右手开启的龙头为冷水，龙头上的冷、热标志，必须与接管相符。

√15. 管道穿越水池池壁，池底，或穿梁等预埋防水套管时，参照通用图集选用，套管与混凝土接触部分，不得做防腐处理。

√二、给排水及热水供应和消防系统设计说明

√（一）生活给水系统

√1. 室外埋地管道

(1) 管材：

1）DN＞（　）采用球墨承插式给水铸铁管石棉水泥接口或胶圈连接。

226

2）DN＞（　）采用 UPVC 给水管，承插式胶圈接口。

√ 3）DN＞（　）采用衬胶镀锌钢管，丝扣接口。

4）DN＞（　）采用 UPVC 给水管，溶剂粘接。

√（2）管道试验压力：（0.59）MPa

（3）钢管（不论是否镀锌，均须防腐处理）外仿佛层做法：

1）红丹打底，重防腐涂料各两道。

2）冷底子油，三油两布做法。

√ 2. 室内明装管道（含管井内和吊顶内的架空管，泵房管道）

（1）管材：

√ 1）DN＞（25）采用：

1）衬塑镀锌钢管，丝扣连接。

　　焊接钢管，法兰连接。

　　无缝钢管，法兰连接。

2）DN（　）至（　）采用：

衬塑镀锌钢管，丝扣连接。

√ UPVC 给水管，溶剂粘接

铝塑复合管，卡套（或卡扣）连接。

√ 3）DN＜（25）采用：

√ UPVC 给水管，溶剂粘接。

铝塑复合管，卡套（或卡扣）连接。

（2）管道试验压力：（压力表在管网最低处的表压）

水泵至高位水箱的输水管（　）MPa。

配水管减压阀前的管道（　）MPa。

配水管（0.98）MPa。

（3）钢管外防腐做法：

泵房内管道，输水干管，管井及吊顶内采用：

红丹打底，重防腐涂料两道，蓝色

红丹打底，树脂类油漆两道，蓝色

配水管道采用：

红丹打底，银粉漆两道

红丹打底，树脂类油漆两道

√ 3. 室内埋设安装的管道（指埋在楼面砂浆找平层或墙的管槽内）

√（1）管材：

衬胶镀锌钢管，丝扣连接；UPVC 给水管，溶剂粘接；PEX 交联管，卡套连接；

√ 铝塑复合管，卡套（或卡扣）连接

√（2）试验压力：

√ 1）（0.98）MPa。

2）（　）MPa。

钢管外防腐层做法

红丹打底，重防腐涂料各两道

（二）热水供应系统

1. 室外架空或地沟内管道

（1）管材：衬胶镀锌钢管（耐温型），丝扣连接。

（2）试验压力（　）MPa。

（3）保温层做法：冷底子油打底，热沥青粘接聚苯乙烯管瓦；包钢丝网，石棉水泥砂浆抹灰层 25mm 厚。

2. 室内管道

（1）管材

1）DN＞（　）采用：薄壁铜管，承插焊接，衬胶镀锌钢管（耐温型），丝扣连接。

2）DN＞（　）采用：铝塑复合管，卡套（或卡扣）连接，PB 管，卡套连接，衬胶镀锌钢管（耐温型），丝扣连接。

（2）试验压力（　）MPa。

（3）保温层做法：立管，干管；高密度玻璃纤维瓦，外包铝箔；岩棉管瓦，外包铝箔；泡沫塑料管瓦保温层。

√三、生活排水系统

√（一）室内排水管道（含挂外墙明装管道）

√1. 管材

√（1）支管，立管，水平埋地出户管采用：

UPVC 排水管，溶剂粘接。

√（2）悬吊横管及后续的立管，出户管采用：

1）UPVC 排水管，溶剂粘接。

2）UPVC 排水管，承插胶圈接口。

√2. 灌水试验：灌水高度至水平出户管或水平横吊管所在楼面或地面。

√3. 通水试验：按给水系统 1/3 配水点同时开放，应排水畅通无渗漏。

√（二）室外排水管道（管材及基础）

DN≥（200）采用机制钢筋混凝土管，钢丝抹带接口，120°混凝土条形基础。

DN＜（　）UPVC 排水管，溶剂粘接，砂垫层基础 DN＜（　）承插排水铸铁管，1∶2 水泥砂浆接口，砂垫层基础。

√四、雨水排水系统

√（一）室内雨水管道（含挂外墙明装管道及埋地出户管）

√1. 管材

（1）UPVC 排水管，溶剂粘接。

（2）UPVC 给水管，承插胶圈接口。

√2. 灌水试验：灌水高度至各立管的最低支管口，单最大灌水高度为 30m。

√（二）室外雨水管道

采用机制钢筋混凝土管，水泥砂浆抹带接口，120°混凝土条形基础。

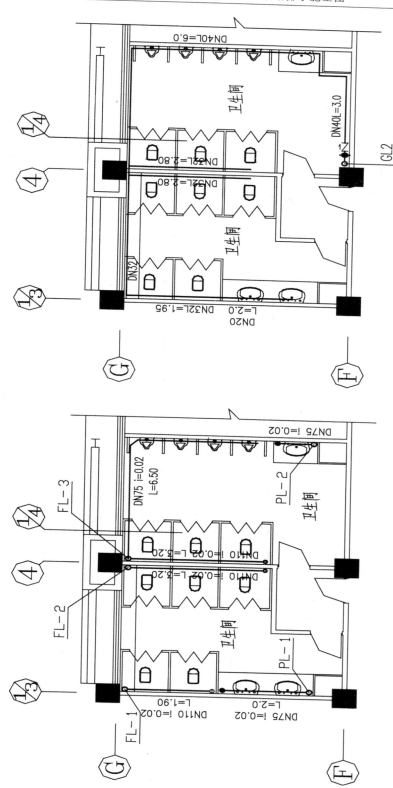

附图 1.2 二到五层卫生间给水平面图 1:50

附图 1.1 二到五层卫生间排水平面图 1:50

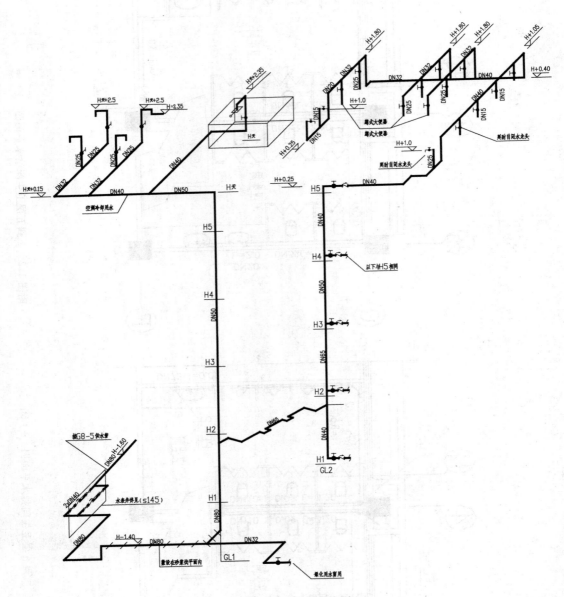

附图 1.3　给水系统图

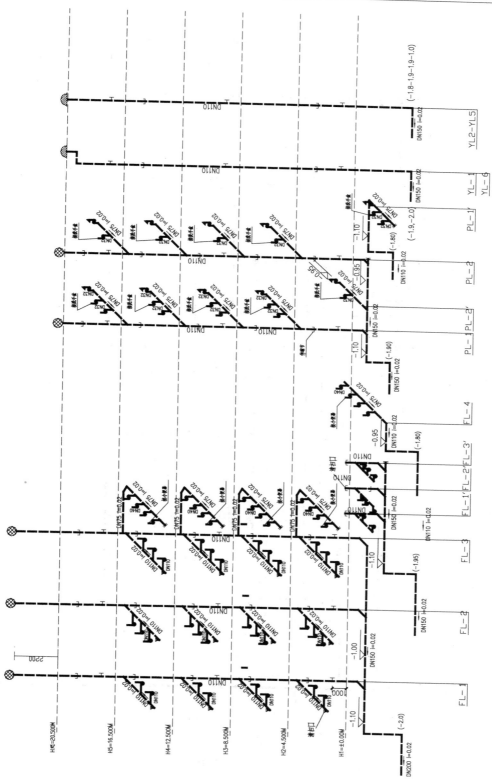

附图 1.4　排水系统图

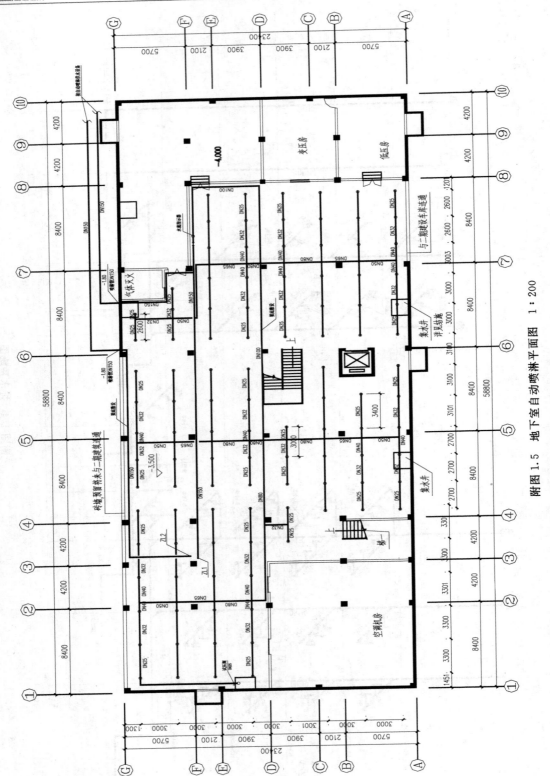

附图1.5　地下室自动喷淋平面图　1：200

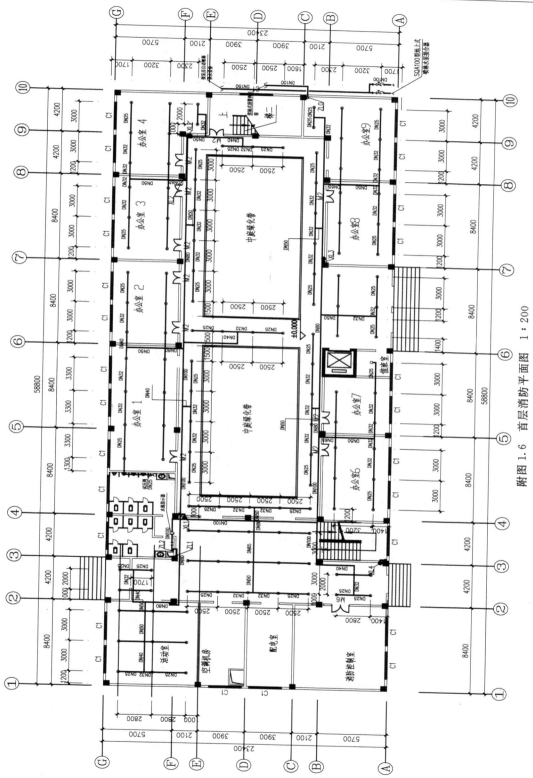

附图 1.6　首层消防平面图　1 : 200

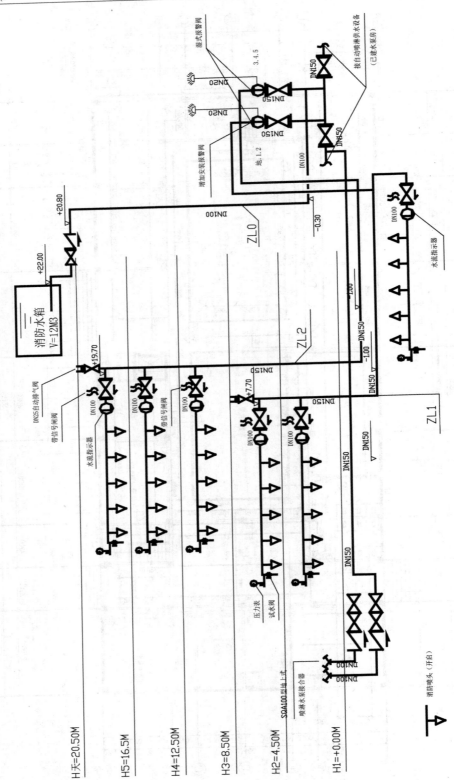

附图 1.7　自动喷淋系统图

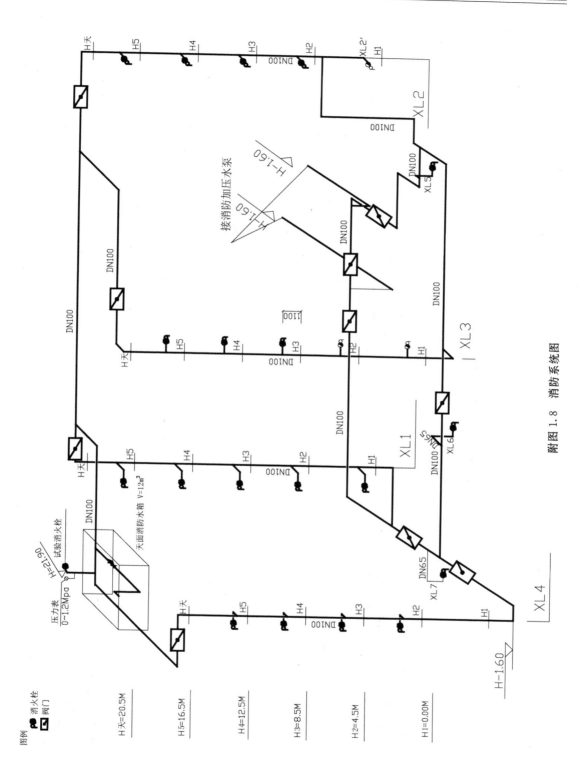

附图 1.8　消防系统图

附录2 学习情境2载体——某综合楼采暖施工图

某综合楼采暖设计及施工说明

一、设计依据

1. 《采暖通风与空气调节设计规范》（GB 50019—2003）
2. 《民用建筑节能设计标准》（采暖居住建筑部分）陕西省市实施细则（DBJ 24—8—27）
3. 《新建集中供暖住宅分户热计量技术规程》（DBJ 01—605—2000）
4. 《低温热水地板辐射供暖应用技术规程》（DBJ/T 01—49—2000）
5. 业主对本工程的有关意见及要求。

二、采暖设计及设计参数

采暖室外设计参数：冬季采暖室外计算温度：−5℃
采暖室外平均风速：1.8m/s

采暖室内设计温度：办公室、卫生间：18℃；卫生间：14℃；空调机房：10℃。

三、围护结构热工计算参数

外门窗：单层双玻璃塑钢门窗，$k=2.6W/（m^2·K）$
外墙：采用内保温复合墙体，$k=1.16W/（m^2·℃）$
屋顶：保温板厚90mm，$k=0.704W/（m^2·℃）$

四、采暖系统

1. 本工程采暖供回水由室外热网提供，采暖供回水温度为95℃/70℃，采暖系统定压及补水由室外管网解决。

2. 采暖系统形式

本工程采暖系统采用上供下回垂直单管串连跨越式系统。
采暖热负荷124kW。

3. 本建筑均采用不锈钢铝复合型散热器。LH—GL—Ⅲ型散热器散热量为105.6kW/片。

五、施工说明

1. 本工程除户内系统及楼梯间采暖同采暖管道均采用镀锌钢管螺纹连接，热镀锌管材标准注管径为公称直径DN××。所有阀门均采用铜管制阀门，要求在频繁使用的条件下保证调节灵活。

2. 楼梯间采暖同水平干管均做保温，采用40mm厚岩棉保温，穿楼板套管应高出地面20mm，套管直径比管子大2号，管道穿墙处应加套管，其套管安装高度距建筑地面150mm。

3. 管道穿墙及楼板处应加套管，穿楼板凝凝土填实，管道立干管及至回水干管保温完。

4. 管子与管之间用石棉绳填实，其套管安装高度距建筑地面150mm。卫生间采暖复合型散热器、办公室散热器，热器的承压1.0MPa。

5. 每组散热器均装距建筑1500mm，系统最高处设置 EN122型。

6. 自动排气阀均装 φ3 手动放气阀，本系统与外网连接做法参照陕02N1《供暖工程》。

7. 凡以上未说明之处，均应按以下规程、规范及图集进行施工。

8. 《建筑给水排水及采暖工程施工质量验收规范》（GB 50242—2002）
《通风与空调工程施工质量验收规范》（GB 50243—2002）
《低温热水地板辐射供暖应用技术规程》（DBJ/T 01—49—2000）
《新建集中供暖住宅分户热计量设计和施工试用图集》（京 01SSB1）

系统设计工作压力：0.6MPa。

附表2.1

供水管	———————————
回水管	———————————
截止阀	●—
自动排气阀	⊲
散热器	▭
固定支架	✕

图 例

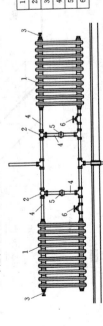

1	散热器
2	温控三通阀DN20
3	手动放气阀
4	热水管DN20
5	活接头
6	黄铜截止阀

附图2.1 带温控阀的垂直单管系统散热器连接图

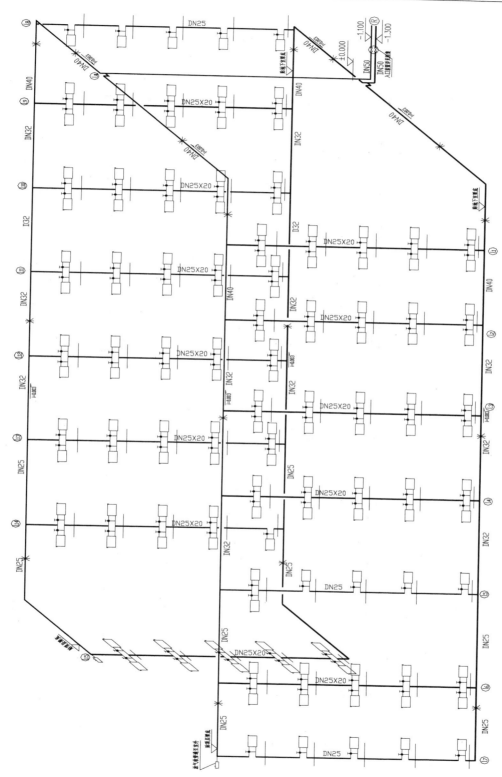

附图 2.2　采暖系统图　1：200

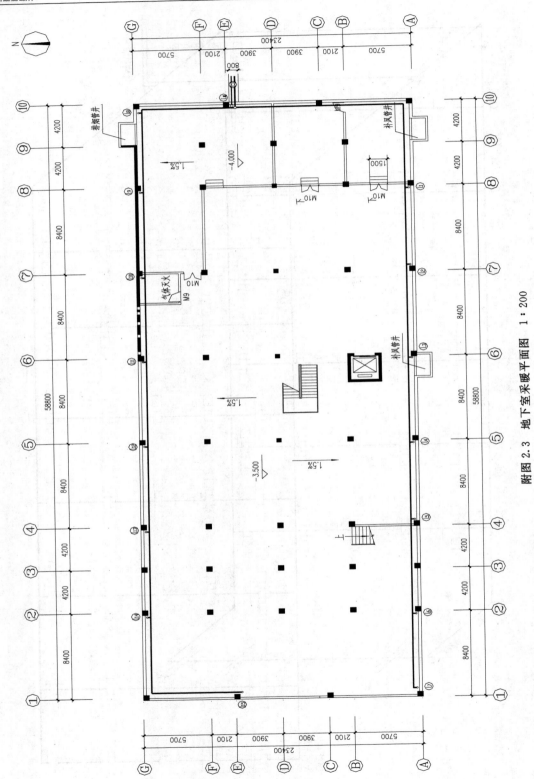

附图 2.3　地下室采暖平面图　1∶200

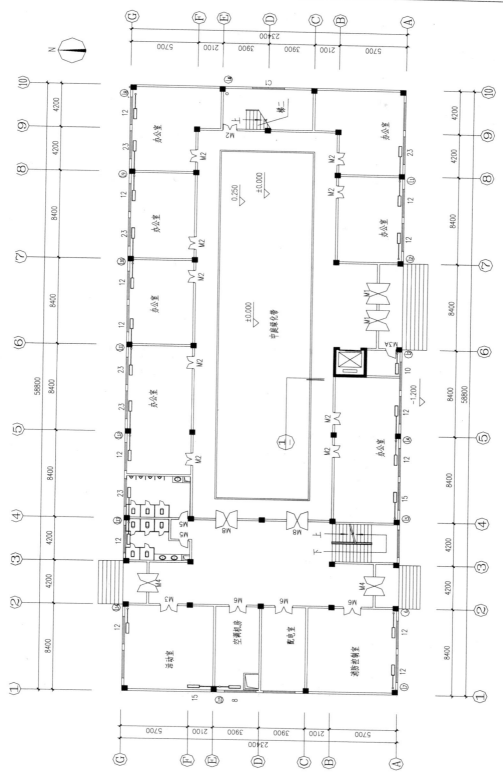

附图 2.4　一层采暖平面图　1：200

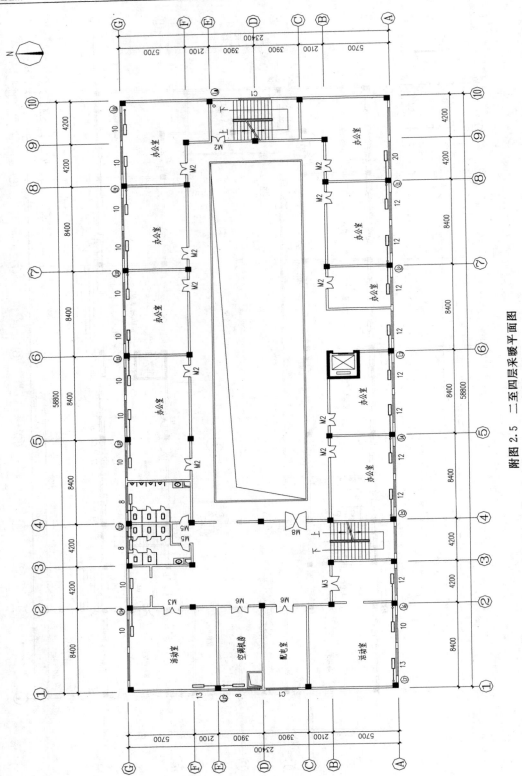

附图 2.5　二至四层采暖平面图

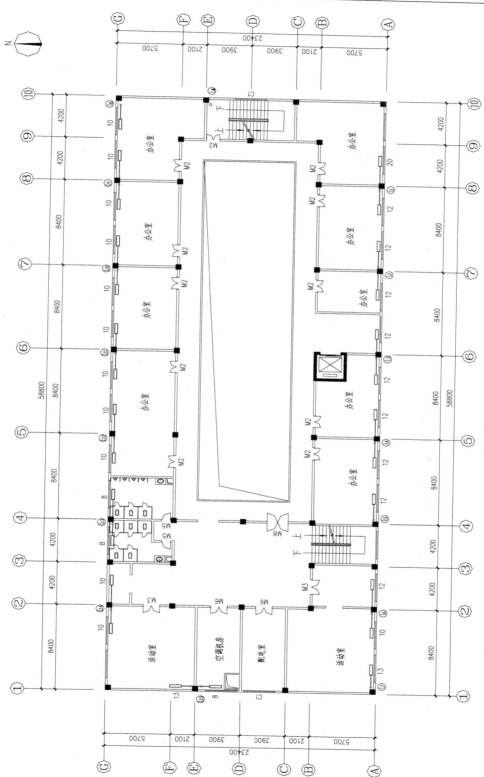

附图 2.6　五层采暖平面图

附录 3 学习情境 3 载体——某综合楼通风与空调施工图

某综合楼空调与通风设计、施工统一说明

一、概述

1. 建筑物性质、规模

本建筑为一座五层办公综合楼,并为拟建活动中心和圆厅预留空调。

2. 设计内容

(1) 本建筑只作夏季空调,冬季不设空调。

(2) 卫生间平时通风。

3. 主要设计依据

(1) 采暖通风与空气调节设计规范 (GBJ 19—87)。

(2) 民用建筑暖通通风设计技术措施。

(3) 兴建单位设计技术任务书。

(4) 各专业设计图。

二、设计参数

1. 室外 (选用地区:西安) 参数见附表 3.1。

附表 3.1

季节	室外参数			
	干球温度 (℃)	湿球温度 (℃)	相对湿度 (%)	大气压力
夏季	35.2	26		

2. 室内参数见附表 3.2。

附表 3.2

功能	室内参数	
	干球温度 (℃)	相对湿度 (%)
办公室	24	65
走道	25	65
中庭		

三、空调水系统

1. 制冷系统:本大楼设置冷冻水系统 1 个

附表 3.3

系统内容	系统所担负的区域与面积		系统总负荷(冷)	机组			冷冻水泵数量	冷却水泵数量	冷冻站位置	膨胀水箱位置	冷却塔位置
	区域	空调面积	(冷吨)	形式	数量	单机容量(冷吨)					
内容	1~5层	560		螺杆式	2	280	3	3	地下室	室内	天面

(1) 冷冻水泵、冷却水泵的容量与冷水机组相匹配。

(2) 冷冻水供水温度分别为 7℃,冷却水进出水温度分别为 32℃,37℃。

(3) 冷冻立管布置成异程式,各层水平管布置成同程式。

四、空调末端

办公室采用风机盘管加新风方式,办公室废气由天花式排气扇排至走道,然后部分废气经火灾时自动关闭,再由屋顶排气扇排至室外,其余废气由中庭排风机平时开启排出室外,火灾时自动关闭,走廊采用全空气系统(吊顶式风柜)。

卫生间公共卫生间:换气次数 15 次/时,排气经天花内的吊顶式排气扇排出室外。

3. 地下室变电房:高压配电房、低压配电房配电房,低压配电房机械排风,通风换气次数为 15 次/h。

五、通风系统

1. 各层公共卫生间:换气次数 6 次/h,送风量为 5 次/h。

2. 地下室设置电房,机械补风,低压配电房机械排风。

3. 地下室变电房,高压配电房,降低噪声源。

六、消声、减震

1. 所有设备选用低噪声型,降低噪声源。

2. 冷水机组、水泵、空调器等均作减震处理,在本工程中:

水泵:橡胶减震胶垫。

空调器:风机、橡胶减震胶垫。

冷冻站:冷水机组、空调机房、风机均作减震基础隔振。

3. 风机出口、空调机房、空调管道由土建专业作隔声处理。

4. 冷水机组、水泵、空调器、风机进出口管均采用橡胶软接头。

5. 空调器、风机进出口风管采用橡胶软接头,本工程选用橡胶软接头。

6. 空调送回风管,平时送排风进出口均设置消声器,送风管 1~2m。

出、回风口先接软接头,后接回风管内贴吸音棉作消控。

棉,出、回风口内贴吸音棉作消控。

七、自动控制

1. 制冷系统:由设置在送回风口(或送回风)处的温度传感器→冷水机组,控制冷却水泵、控制水路电动二通阀。

冷水机组、冷却水泵、冷冻水泵。

2. 空调器:

冷水机组、冷冻水泵→冷冻水泵→冷冻水泵,冷却水泵→冷却水泵,冷却水泵→冷却塔进冷却水机组;

开机程序为:冷却塔进冷却水机组→冷却塔进水机组;

关机程序为:冷却塔进水机组→冷冻水机组;自动控制。

1. 制冷控制:由设置在回风口(或送回风)处的温度传感器,对应连接。

温度控制:由回风口处的温度传感器(或送回风)温度控制。

风机盘管配有机三进手动开关和墙式温度控制器及水路电动二通阀(双位式)。

(比例积分式) 动作、调节水温、达到回风 (或送回风) 温度控制。

(比例积分式) 动作、调节水量、达到回风 (或送回风) 温度控制。

八、防排烟

2. 自动控制

(比例积分式) 动作、调节水量、达到回风 (或送回风) 温度控制。

3. 一般风机盘管应配有电动二通阀。

八、防排烟

一般风机盘管应配有电动二通阀,根据系统冷负荷有变化,控制水路电动二通阀。

1. 当天楼发生火警时,空调、通风设备应自动切断电源,中庭排风机入口处装有 70℃熔断电动防烟防火阀,吊顶式风柜回风短管内贴吸音棉。

熔断电动防烟防火阀,火灾时自动关闭,中庭排风机入口处装有 280℃熔断电动防烟防火阀。

火灾时自动关闭,火灾时熔断电动防火阀打开,电动阀自动打开,排烟风机启动排烟。

火灾时自动打开,排烟防火阀联锁,机械补风,排烟补风系统与排风系统结合共用,平常排风,

火灾时,地下室汽车库设置机械排烟,机械补风,排烟补风系统与排风系统结合共用,平常排风,

3. 穿楼防火阀装置防火阀。

3. 穿楼层风管布置设防火阀。

九、设备安装

设备安装除按设计图纸、设计说明及有关规定、标准内容执行外，尚应满足下列要求：

1. 在本工程除中安装中的设备产品必须是具有产品牌号、注册商标，产品合格证书，产品检验的设备的合格鉴定证书。

2. 防火阀、防（排）烟阀门、电能加压风门等合格产品还需有技术性能的测试报告。

3. 管道的伸缩节或其他伸缩补偿：一般采用自然补偿，若自然补偿不能满足时，可采用不锈钢波纹管伸缩节或其他伸缩措施。

4. 管道的清洗：在安装之前，管道及其配件的内外壁必须用100~300kPa的高压水冲洗干净后，才安装。

（一）水平安装：管道吊装：管道及其配件必须用吊马吊装稳固，不得把管道的重量传递给设备承受，垂直安装的管道（含水平内安装），应首先满足设计图纸要求。

（1）水平内安装：在多层的楼板之间中支顶。

（2）冷冻水管与管支架之间应垫以经过沥青煮沸以防再蒸发的硬木，垫木的厚度与保温层厚度相同。

（3）管道的间距及固定按安装单位的习惯进行，亦可参阅安装标准图集。

4. 管道其他安装高度：除图中已标明外，若在相应的地点分别设置放水点或放气点。若安装过程中出现局部的最高点（应尽量避免）和最低点，必须增设放气点或放水装置。

冷冻水管、空调器泄水点或冷凝水管，应设水封。

（三）管道试压

1. 冷冻水和冷却水系统管网安装完毕后，除用水压试验，试压力为600kPa（不得少于工作压力），承压24h，作水压观测，以不漏为合格。

2. 冷凝水管网安装完毕后，应进行充水试验，应进行无水试验。

注：水压试验的压力试验的压力试验，试压力是，先把网络水管灌满，观测10min，以不漏为合格。

（四）管道试验

管网系统试压合格后，清除管道表面的铁锈、镀锌钢管焊接处水压试验，无缝钢管的外壁，应首刷灰漆二度。

（五）管道保温

在上述工作完成后，冷冻水管的保温可采用10mm厚黑色泡沫胶管（猪肠胶）。

带保温的接头处或面盖玻璃纤维做保温，在保温层涂水泥处理。

的接头处或管道保温保温胶管与管壁之间做胶水粘贴，在保温层厚度：50mm。

冷凝水管保温采用：30mm

带保温保温层厚度为64kg/m³，保温胶管做处理。

风机盘管与管网系统出口处采用保冷保温的保温层厚度采用1度，当冷却水保温时，保温层厚度为：30mm

冷冻水管和冷却水管的保温的保温层厚度为32kg/m³，容量为32kg/m³，玻璃棉毡与风管毡与风管壁同塑料钉架固定，钉子的间距为300mm为宜，玻璃棉毡的搭接处带筋毡搭接口处用带有泄漏空气的，不得有泄漏空气，保温层厚度：25mm。

十、水泵

1. 水泵防腐

（一）冷冻水管或阀件连接的管道均用法兰或标准镀锌钢管及其标准配件，管螺纹连接。

（二）水泵安装

（六）风机系统安装完毕后，冷却水箱和冷却水塔灌满水，打开自动放空气阀门，放出系统内的空气，检查Y型水过滤器，冷凝水泵使水管灌满水。冷冻后系统水放空后，冷冻水系统管网清洗止。

（七）水系统完毕后，调整各种阀门的整定值，使通各用电路的放空气的工作，以便可以在冷冻水系再次向膨胀水箱和冷却水塔灌满水，打开自动放空气阀门，并接通各用电路，以便可以在冷冻水系统的正常运行作好准备工作。

（八）调整各个系统、湿度传感器的整。

十二、调试

1. 务必安装完毕并各个送风系统达到设计的新风量。

2. 务必使每个系统的工作达到设计的新风量。

3. 按设计图调整各个系统的整。

4. 调整各个系统、湿度传感器的整。

5. 务必把各种调整整定值设工况下运行。

为延长水系统的使用寿命，请兴建单位的有关调试部门联系，冷却水系统中投入化学缓蚀剂。

十三、竣工验收

按国家有关规范和标准验收。

附表 3.4　一般通风和空调风管板厚及连接方式

圆形风管直径或矩形风管最长边长 (mm)	钢板厚度 (mm)	连接方式	法兰 (mm)	地下室钢板厚度
100~200	0.5	咬口		0.75
300~600	0.75	咬口		1.00
600~1000	1	法兰	L30×4	1.20
1000 以上	1.2	法兰	L40×4	

2. 防火阀与防火墙之间的风管：采用 △=1.5mm 厚钢板制作。

3. 风管加固：矩形风管边长不小于长不小于800mm外，一般风管边风管壁与风管支架的，应采用加固措施。

4. 吊与风管支架：除在软风管软风软管支架外，矩形风管每隔2m左右单独采用吊风管支架壁与风管支架横担一个，吊与风管支架每隔2m左右设风管支架。保温保温处需作保温处理，木工程选用。

5. 风管风管面或面玻璃选用风管面需作保温处理，玻璃棉毡与风管毡与风管壁同塑料钉架固定，不得有泄漏空气的隐患。

附表 3.5　冷冻水管和冷却水管管径、管材及管道连接方式

管名	管材	管道连接方式	备注
风机盘管连接管 DN≤32	紫铜管	喇叭口	进出口 1m 左右
32<DN≤150	标准镀锌钢管及配件	焊接或螺纹	见附注
DN>150	无缝钢管、冲压弯头	焊接	见附注
冷冻水管、冷却水管	标准镀锌钢管及配件	管螺纹	

注：1. 凡与设备或阀件连接的管道均用法兰或标准镀锌钢管及其标准配件、管螺纹连接。

2. 冷冻水管、冷却水管的保温及其标准配件与标准钢管连接。

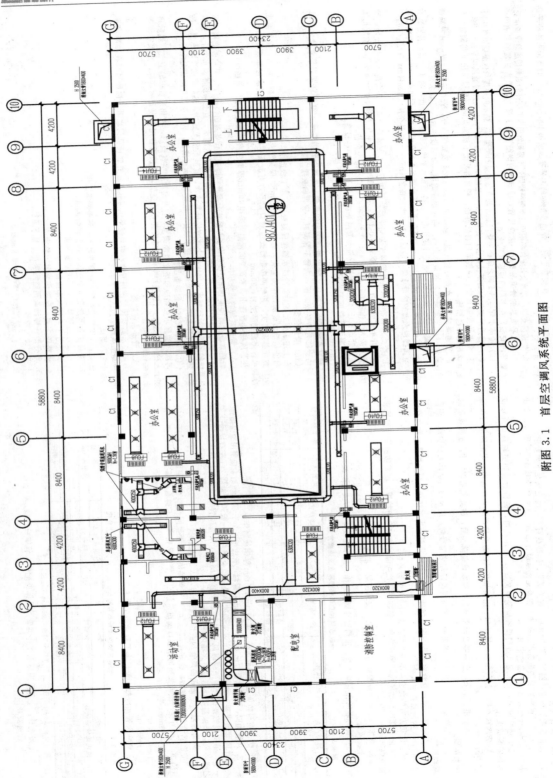

附图 3.1　首层空调风系统平面图

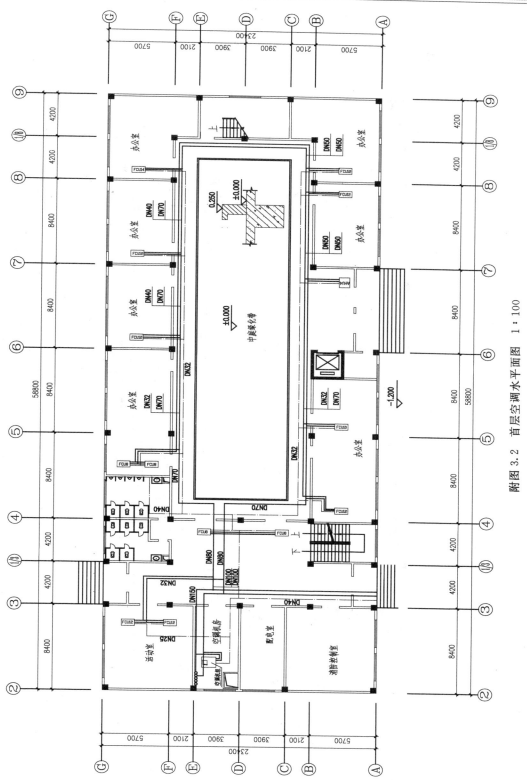

附图 3.2 首层空调水平面图 1：100

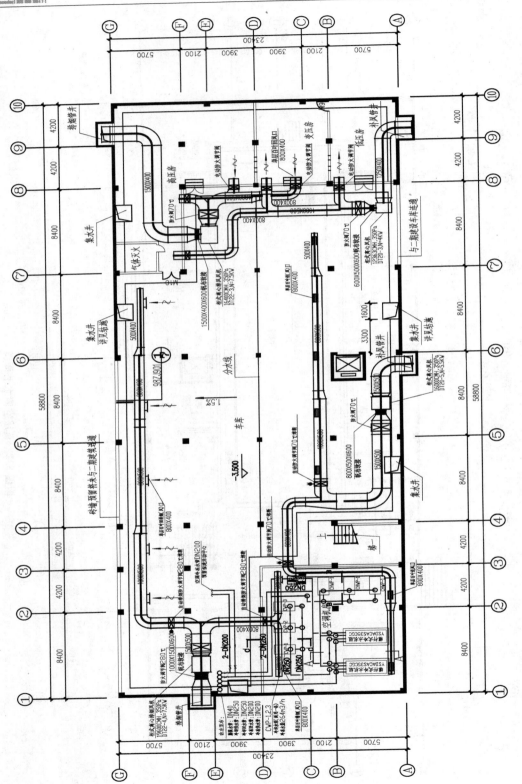

附图 3.3 地下室平面图

附录4 学习情境4载体——某综合楼电气施工图

某综合楼建筑电气施工设计通用说明

一、电源设置

低压电源由本变电所供给。

二、线路的敷设

1. 380V/220V低压配电回路中，使用绝缘导线，其额定电压应不低于500V，电力电缆的额定电压不低于1000V。电力电缆线路，按国标图集D164按图中有关施工，电缆。

2. 电力电缆线路，采用阻燃ZR（难燃NR）塑料绝缘铜芯导线、电缆。

3. 凡穿管和在线槽内敷设导线，在管内和槽板内导线不得有接头，电线管的弯曲半径，应不小于其外径的15倍。电缆的弯曲半径，应不小于其外径的6倍。管路的弯曲半段使用水管三通，金属管的连接处，应加接地跨接头，管内导线同管内导线间的绝缘电阻应不小于0.5兆欧。

(1) 管敷线路采用难燃PVC塑料管暗敷。

(2) 管敷线路采用镀锌厚壁钢管配线。

(3) 防爆线路采用镀锌厚壁钢管配线。

(4) 不同回路的导线不宜共管、共槽敷设。

三、电器安装

1. 装在电缆井内，车间内的配电箱，采用明装挂壁式，其底边距本层地板高度为1.6~1.8m。当箱体高度大于80cm时，箱体的水平中线距地为1.6m。

2. 装在走廊、梯间、客房、住宅、办公室、实验室、教室、厨房内的配电箱，嵌入墙内安装，其底边距本层地板的高度为1.82m。电能表箱装在配电箱上部，当安装单独安装时，其安装高度为1.719m。

3. 插座的计算负荷及安装高度，除平面图上标注外，均按每个插座300W，安装高度为0.3m。

4. 实验室开关与插座箱，安装高度为1.5m。

5. 配电设备、控制设备、用电设备，均应标注相应设计图上相同的编号。

符号或用途，方便操作与维修。

6. 漏电开关的安装，漏电开关后的N线不准共用，不同支路不准共用（或则误动作），不准作保护线（或则拒动）。应另敷设双重保护，插头。漏电开关保护的380V/220V移动设备宜用五芯线插座，插头。

7. 本工程照明灯采用节能开关。

8. 本工程日光灯采用电子镇流器（必须经检验符合国家标准的产品）。

9. 本工程采用电子节能灯泡、灯管（采用经检验符合国家标准的产品）。

四、建筑物防雷

1. 建筑物防雷等级的划分

本工程属于民用建筑第二类防雷。

2. 避雷带采用 Φ10 镀锌圆钢，其支持卡子的间距应不大于 1m，可以利用儿女墙顶的扶手作为避雷带。

3. 凡突出屋面的金属物体（如爬梯、水管、透水管等），均应与就近的避雷带相连。

出屋面的非金属物体（如烟囱肉等），应加独立小针，并与就近的避雷带相连。

4. 利用竖向结构主钢筋作防雷引下线，按平面图中指定的部位将柱内或剪力墙内靠外墙侧的两根主钢筋，由基础至天面，凡接驳处均加焊，并在天面外引 Φ12 圆钢（L=1.5m），与避雷带相连。

五、接地

1. 电气安装的方式

本工程采用接地保护。

2. 电气设备的接地

本工程的接（零）线、保护线（平面图中一般不示出），其允许载流量应不小于子火线的1/2，未端支路导线截面积不小于铜芯1.5mm²。采用TNP方式时N线只能在始端接地，不能重复接地。

3. 等电位连接措施：用电设备外壳与装置外可导电体进行等电位连接，可以减少它们之间可能出现的危险电位。
等电位连接：主水泵房的进出水总管、空调主机房的冷冻水管、总冷却水管、采暖热水总管、变配电房内的金属门窗、沟盖板、平台、独立防雷系统的建筑物钢筋和金属构件采用BV16mm² 或 φ10镀锌圆钢与配电系统最近供给保护（PE）或接地（零）干线（可用螺栓或电焊条连接）。

4. 本工程的电气保安、建筑防雷、共用接地装置时，其接地电阻应不小于4Ω。当火灾自动报警系统单独设置接地装置时，其接地电阻应不小于4Ω。

5. 本工程利用建筑物钢筋混凝土基础物作接地装置，按平面图中指定的桩台、地梁及柱位，参照DSB24图，将有关单独钢筋在连接处加油焊。接地点、测试点，应涂红色油漆，并加挂薄铁皮制成的标志牌，写明用途。

6. 本工程采用人工接地装置中，所有关联钢筋均在连接处加焊，按平面图上指定位置，参照DT5211图埋设接地体。

7. 在防雷与接地工程中，扁钢为其宽度的2倍接驳处外露处在空中时，接驳长度、焊缝长度、圆钢为其直径的6倍，隐蔽工程应有施工记录，作为工程验收的依据。

建筑电气图例

序号	图例	名称与型号、规格	备注
1	⊢	单管日光灯 1×40W	吸顶安装
2	⊨	嵌入式格栅顶灯 2×40W	—
3	◗	吸顶灯 1×32W	吸顶安装
4	○	筒灯 2×18W	—
5	⊗	吸顶灯 1×60W	—
6	▭	镜前灯 1×32W	壁上安装
7	▱	出口批示灯 2×8W	装高 2.5m
8	▱	诱导灯 2×8W	—
9	▦	嵌入式格栅吸顶灯 3×40W	—
10	⟍	应急灯 在其位置安装一个单相三极开关	装高 2.2m
11	⌐	100W 声控开关	装高 1.4m
12	⟋	单联单控开关 10A250V B31/1	装高 1.4m
13	⟋	双联单控开关 10A250V B32/1	装高 1.4m
14	⟋	三联单控开关 10A250V B33/1	装高 1.4m
15	4号	四联单控开关 10A250V B34/1	装高 1.4m
16	5号	五联单控开关 10A250V B35/1	装高 1.4m
17	▲	二极及三极插座（带保护门）10A250V B4/10US	装高 0.3m
18	▮	照明配电箱	—
19	⊗	螺座头灯 1×60W	—

图纸目录

序号	图例	图纸名称	备注
1	D-1	建筑电气施工设计通用说明	
2	D-2	地下室电照平面图	
3	D-3	首层电照平面图	
4	D-4	首层插座平面图	
5	D-5	二~五层电照	
6	D-6	二~五层插座平面图	
7	D-7	天面电照平面图	
8	D-8	防雷接地装置图	
9	D-9	天面防雷平面图	
10	D-10	照明配电系统图	

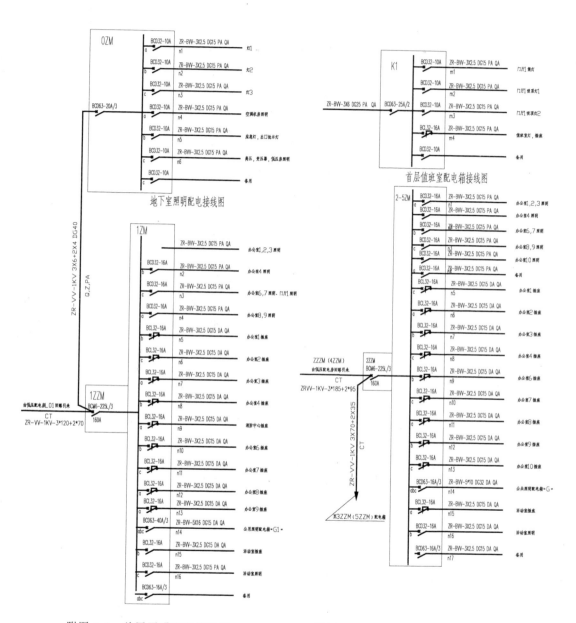

附图 4.1　首层照明配电接线图

附图 4.2　二至五层照明配电接线图

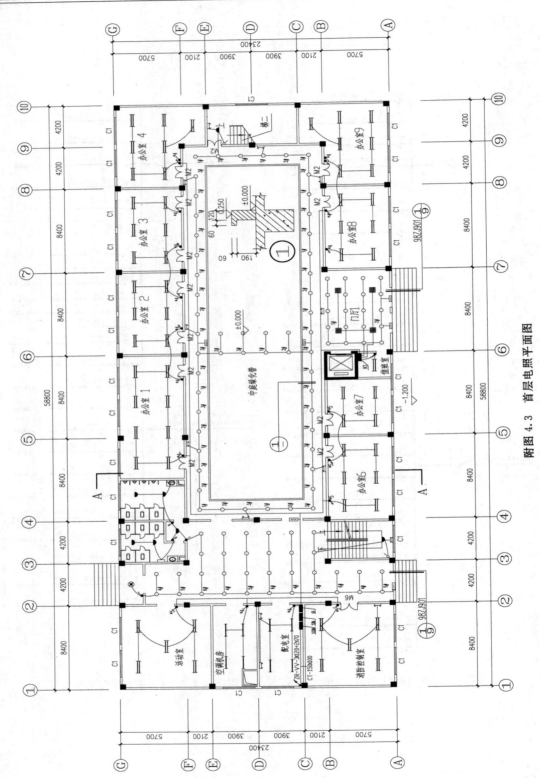

附图 4.3　首层电照平面图

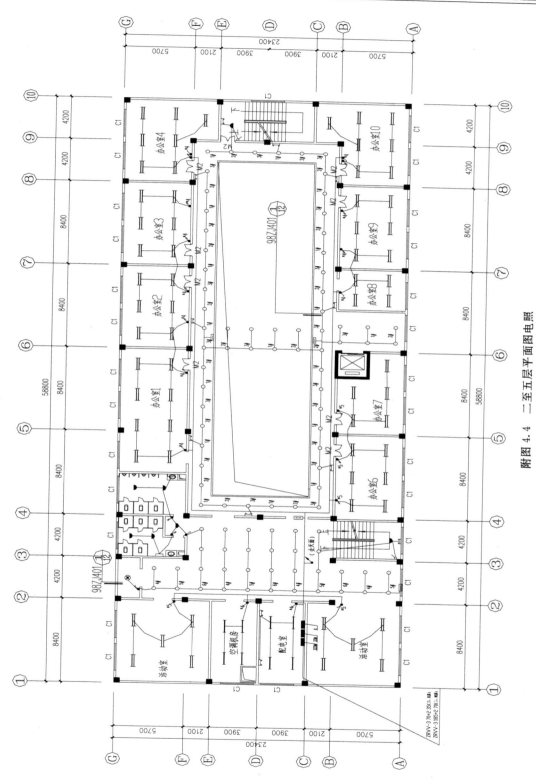

附图 4.4　二至五层平面图电照

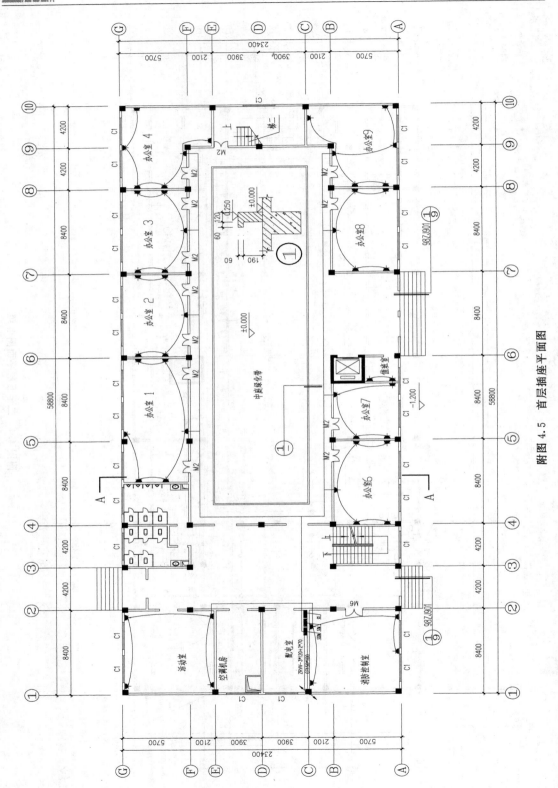

附图 4.5　首层插座平面图

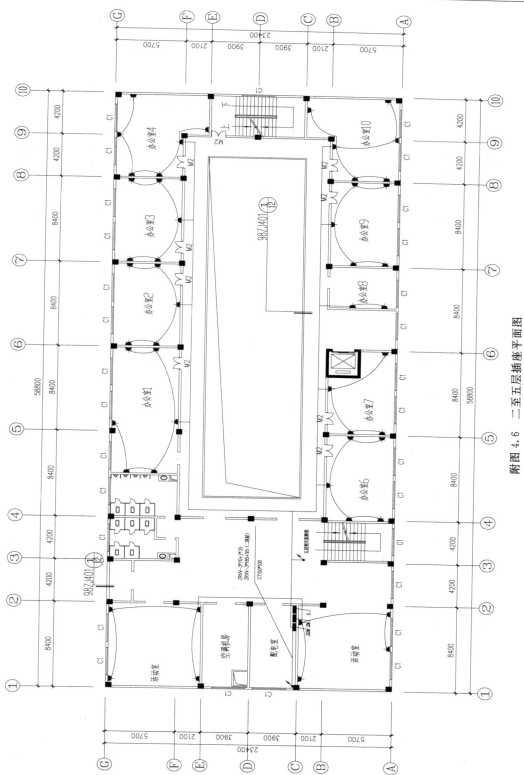

附图 4.6　二至五层插座平面图

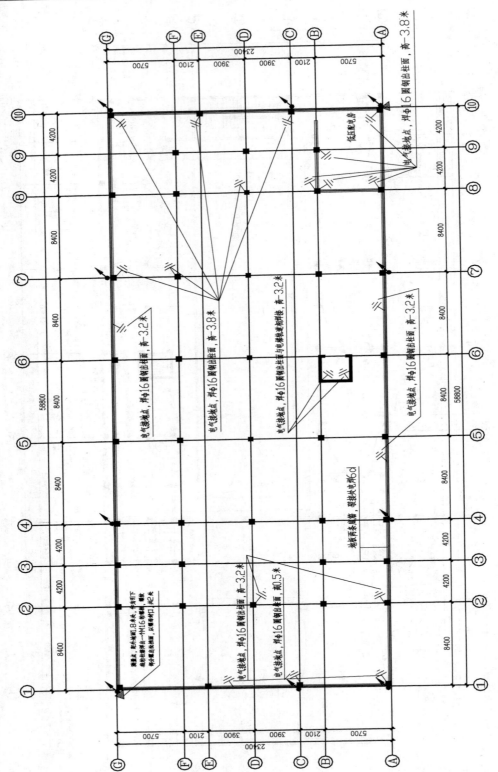

附图 4.7 防雷接地装置图

附录5 学习情境5载体——某小区给排水施工图

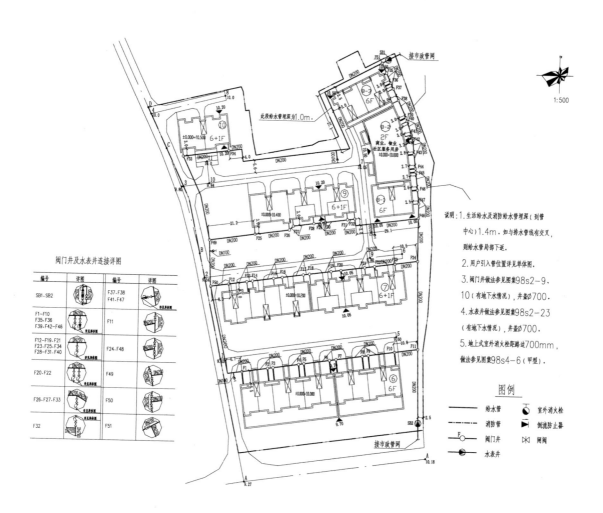

附图5.1（一） 某小区给排水施工图

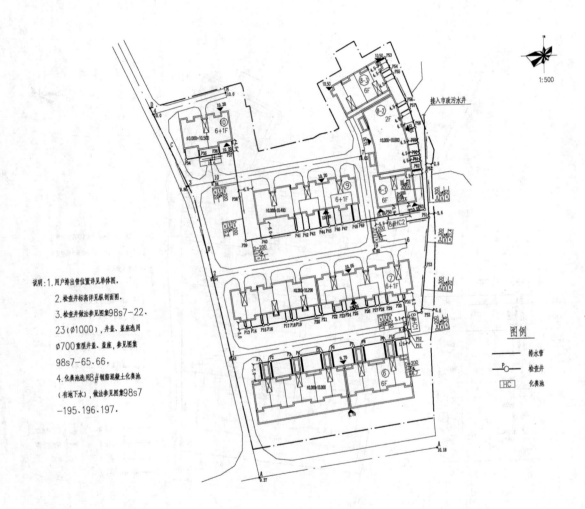

说明：1.用户排出管位置详见单体图。

　　　2.检查井标高详见纵剖面图。

　　　3.检查井做法参见图集98s7-22.
23(∅1000)，井盖、盖座选用
∅700重型井盖、盖座，参见图集
98s7-65.66。

　　　4.化粪池选用8#钢筋混凝土化粪池
（有地下水），做法参见图集98s7
-195.196.197.

图例

——————　排水管

　P○　　　检查井

HC　　　化粪池

附图 5.1（二）　　某小区给排水施工图

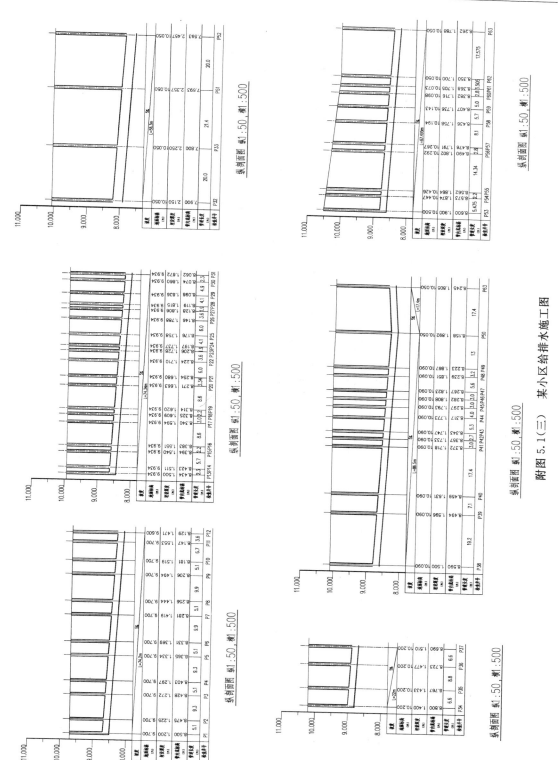

附图 5.1（三）　某小区给排水施工图

参 考 文 献

[1] 中华人民共和国国家标准. 建筑给排水及采暖工程质量验收规范（GB 50243—2002）[S]. 北京：中国建筑工业出版社，2002.

[2] 中华人民共和国国家标准. 通风与空调工程施工质量验收规范（GB 50242—2002）[S]. 北京：中国建筑工业出版社，2002.

[3] 中华人民共和国国家标准. 建筑电气工程施工质量验收规范（GB 50303—2002）[S]. 北京：中国建筑工业出版社，2002.

[4] 蔡秀丽，鲍东杰. 建筑设备工程 [M]. 北京：科学出版社，2005.

[5] 张建. 建筑给水排水工程 [M]. 北京：中国建筑工业出版社，2005.

[6] 马仲元. 供热工程 [M]. 北京：中国电力出版社，2004.

[7] 杨婉. 通风与空调工程 [M]. 北京：中国建筑工业出版社，2005.

[8] 吴耀伟. 供热通风与空调工程施工技术 [M]. 北京：中国电力出版社，2004.

[9] 李明. 电机与电力拖动 [M]. 北京：电子工业出版社，2007.

[10] 袁灿英. 电工与电气 [M]. 河南：黄河水利出版社，2004.

[11] 汪永华. 建筑电气 [M]. 北京：机械工业出版社，2007.

[12] 韩永学. 建筑电气施工技术 [M]. 北京：中国建筑工业出版社，2008.

[13] 刘昌明. 建筑供配电系统安装 [M]. 北京：机械工业出版社，2007.

[14] 李英姿. 建筑电气施工技术 [M]. 北京：机械工业出版社，2003.

[15] 邱关源. 电路 [M]. 北京：高等教育出版社，1994.

[16] 许晓峰. 电机与拖动 [M]. 北京：高等教育出版社，2000.

[17] 叶选、丁玉林. 电缆电视系统 [M]. 北京：中国建筑工业出版社，1996.

[18] 姜久超. 建筑弱电系统安装 [M]. 北京：中国电力出版社，2007.